Das Buch

Das zweibändige Lehrbuch ist eine Einführung in die Grundgebiete der modernen Logik. Im Unterschied zu anderen Logiklehrbüchern wird der Stoff mit größtmöglicher Genauigkeit und Ausführlichkeit dargestellt. Die Definitionen und Sätze werden sorgfältig formuliert, und die Beweise stehen lückenlos da, so daß sie schrittweise nachvollziehbar sind. Dem Anfänger bleiben dadurch unzumutbare Gedankensprünge erspart. In dieser Einführung wird weniger auf Stofffülle als vielmehr auf Exaktheit und Gründlichkeit Wert gelegt. Der Text sieht dadurch auf den ersten Blick schwieriger aus, als er in Wahrheit ist. Wer sich etwas in die Symbolik eingearbeitet hat, wird allen Argumentationen unschwer folgen können. Das Buch ist daher besonders zum Selbststudium geeignet. Es soll nicht nur ein Lehrbuch sein, sondern zugleich auch ein Übungsbuch für klares und geordnetes logisches Denken.

Die Autoren

sind wissenschaftliche Assistenten am Institut für Philosophie der Technischen Universität München.

W0188868

Reinhard Kleinknecht
Eckehard Wüst:
Lehrbuch der elementaren Logik

Band 1: Aussagenlogik

Deutscher
Taschenbuch
Verlag

Die Verfasser danken Herrn FRIEDRICH KUR für seine vielen wert-
vollen sachlichen und stilistischen Verbesserungsvorschläge sowie
für seine äußerst sorgfältige redaktionelle Bearbeitung des Manu-
skripts. Sie danken auch Fräulein BRIGITTE RUDOLPH für ihre Hilfe
beim Lesen der Korrekturen. Nicht zuletzt sind sie dem Leiter des
Instituts für Philosophie der Technischen Universität München,
Herrn Prof. Dr. JAN BERG, zu Dank verpflichtet, der die Entstehung
des Buches freundlich unterstützte.

Originalausgabe
August 1976
© Deutscher Taschenbuch Verlag GmbH & Co. KG,
München
Umschlaggestaltung: Celestino Piatti
Gesamtherstellung: Brühlsche Universitätsdruckerei,
Gießen
Printed in Germany · ISBN 3-423-04118-8

Inhaltsverzeichnis

A book should have either intelligibility or correctness; to combine the two is impossible — BERTRAND RUSSELL

Logic is logic. That's all I say — OLIVER WENDEL HOLMES

Die Logik wird häufig die »Wissenschaft von den *logischen Wahrheiten*« genannt. Dies sind Aussagen, deren Wahrheit nicht von der Beschaffenheit der Welt abhängt, sondern die bereits aufgrund ihrer *Form* wahr sein müssen. Logisch wahr ist beispielsweise die Aussage »Kopernikus starb 1543, oder Kopernikus starb nicht 1543«. Dagegen ist die Aussage »Kopernikus starb 1543« keine logische Wahrheit. Um festzustellen, ob sie wahr ist, genügt es nicht, ihre Form zu betrachten, sondern man muß dazu auch auf historisches Wissen zurückgreifen. Man nennt die Logik, weil sie sich nur mit der Form der Aussagen befaßt, auch »*formale Logik*«.

Nach traditioneller Auffassung besteht die Logik aus drei Teildisziplinen, nämlich der Lehre vom Begriff, der Lehre vom Urteil und der Lehre vom Schluß. In der Lehre vom Begriff werden Fragen untersucht wie »Was ist ein Begriff?«, »Welche Arten von Begriffen gibt es?«, »In welchen logischen Beziehungen können Begriffe zueinander stehen?«. Darüber hinaus wird erörtert, wie eine Begriffsdefinition beschaffen sein muß, um adäquat zu sein. In der Lehre vom Urteil werden die verschiedenen Urteilsformen behandelt. In der Lehre vom Schluß, dem wichtigsten Teil der Logik, geht es schließlich um die Bedingungen, die ein Argument oder Schluß erfüllen muß, um *korrekt*, d. h. folgerichtig zu sein. Ein klassisches Beispiel für ein korrektes Argument stellt die folgende Figur dar:

Alle Menschen sind sterblich

Sokrates ist ein Mensch

Sokrates ist sterblich

Diese Darstellungsweise soll zum Ausdruck bringen, daß aus den beiden Aussagen »Alle Menschen sind sterblich« und »Sokrates ist ein Mensch« die Aussage »Sokrates ist sterblich« logisch folgt. Die ersten beiden Aussagen sind die »Prämissen«, die letzte ist die »Konklusion« des Schlusses. Seine Folgerichtigkeit beruht darauf, daß die Aussage »Wenn alle Menschen sterblich sind und Sokrates ein Mensch ist, dann ist Sokrates sterblich« eine logische Wahrheit darstellt. Die Frage, ob ein vorgegebener Schluß folgerichtig ist, läßt sich also offensichtlich auf die Frage zurückführen, ob die entsprechende Konditionalaussage logisch wahr ist. Die Antwort auf diese Frage hängt, wie wir schon erwähnt haben, nur von der Form, nicht aber vom Inhalt der betreffenden Aussage ab. So findet man bei der Analyse des obigen Schlusses, daß jede Aussage der Form »Wenn alle Dinge von der Art S auch von der Art P sind und a ein Ding von der Art S ist, dann ist a von der Art P« logisch wahr ist. Also ist jedes Argument der folgenden Gestalt korrekt:

Alle Dinge von der Art S sind von der Art P
a ist ein Ding von der Art S
_____
a ist ein Ding von der Art P

Die Prämissen eines korrekten Schlusses müssen nicht wahr sein. Es gibt korrekte Schlüsse mit falschen Prämissen und wahrer bzw. falscher Konklusion. Dies zeigen die folgenden beiden Beispiele:

(I) Alle Fische sind Philosophen
Sokrates ist ein Fisch
_____
Sokrates ist ein Philosoph

(II) Alle Chinesen sind Fische
Sokrates ist ein Chinese
_____
Sokrates ist ein Fisch

(I) und (II) stellen folgerichtige Argumente dar, obwohl bei (I) die Prämissen und bei (II) sogar Prämissen und Konklusion falsch sind. Sind jedoch alle Prämissen eines folgerichtigen Schlusses wahr, so muß auch seine Konklusion wahr sein.

Angesichts der Tatsache, daß die Folgerichtigkeit der meisten im Alltag vorkommenden Schlüsse unmittelbar einleuchtet, könnte man die Frage aufwerfen, ob nicht die Beschäftigung mit der Logik im Grunde genommen überflüssig sei. Tatsächlich meinte man lange Zeit, die Logik sei eine mehr oder weniger triviale, keiner nennenswerten Erweiterung fähige Disziplin, die, nach einem oft zitierten Ausspruch KANTs, seit ARISTOTELES keinen Schritt vorwärts habe tun können. So wurde die Logik denn auch von vielen berühmten Leuten als banal und lebensfremd verspottet (z. B. von GOETHE: »Da wird der Geist Euch wohl dressiert, in spanische Stiefel eingeschnürt«). Dieser Beurteilung steht aber die Tatsache entgegen, daß seit den Anfängen der Philosophie nahezu alle Philosophen dem Studium der Logik eine erhebliche Bedeutung beimaßen. Im klassischen Altertum und im Mittelalter war Logik an den jeweiligen Bildungsstätten ein zentrales Unterrichtsfach. Dem lag die Erkenntnis zugrunde, daß logisches Denken eine Fähigkeit ist, die man normalerweise nur durch gründliche Ausbildung im erforderlichen Maße erwirbt. Durch das Studium der Logik lernt man nicht nur, logische Fehler zu vermeiden, sondern auch, die Ursachen dieser Fehler einzusehen und zu beschreiben. Als eine Schule des genauen und gründlichen Denkens ist sie überall dort unentbehrlich, wo es auf präzise Begriffsbildungen und korrekte Argumente ankommt. Sie ist daher eine hervorragende Propädeutik für alle anderen Wissenschaften.

Historisch gesehen ist die Logik eine der ältesten Wissenschaften überhaupt. Bereits im 5. Jahrhundert v. Chr. beschäftigten sich nachweislich Inder, Chinesen und Juden mit logischen Problemen. Den größten Anteil an der Entwicklung der Logik im Altertum hatten indessen die Griechen. In der Schule der Eleaten waren es vor allem PARMENIDES (540–480) und dessen Schüler ZENON (490–430), die die Bedeutung logischer Prinzipien für die Erkenntnis der Wirklichkeit hervorgehoben haben. Die von den Eleaten entwickelte Technik der logischen Argumentation wurde später von den Sophisten für die Zwecke des Rhetorikunterrichts übernommen und verbessert. Die Sophisten erlagen jedoch bald der Versuchung, die Logik in Rede und Diskussion zu rhetorischen Kunststücken zu mißbrauchen, in der Absicht, um jeden Preis – auch um den Preis der Wahrheit – als Sieger hervorzugehen. Manche Sophisten prahlten damit, daß sie auf Wunsch jede beliebige Aussage beweisen oder widerlegen könnten (»Sophistik«). Um die Trugschlüsse der Sophisten zu entlarven, mußte zunächst die Waffe der Logik weiter geschärft werden. Es ist vor allem das Verdienst von SOKRATES (469–399) und PLATON (427–347), nachgewiesen zu haben, daß die Erfolge der Sophisten hauptsächlich auf einer ungenügenden Klärung der Begriffe sowie auf einer bewußten Ausnützung sprachlicher Mehrdeutigkeiten beruhten.

Der eigentliche Begründer der Logik als selbständiger Wissenschaft ist jedoch ARISTOTELES (384–322). Das Kernstück seiner Logik bildet ein in sich zusammenhängendes logisches System (die sog. *Syllogistik*), das er nach eigenem Zeugnis ex nihilo geschaffen hat. Die logischen Schriften des ARISTOTELES wurden später von seinen Nachfolgern, den Peripatetikern, unter dem Namen »Organon« (d. h. »Werkzeug«) zusammengefaßt. Sie galten bis ins 19. Jahrhundert hinein als *die* Quelle der abendländischen Logik.

In der späteren Antike haben vor allem die Philosophen aus der Schule der Stoiker – insbesondere CHRYSIPPOS (ca. 280–205) – zur Entwicklung der Logik beigetragen. Die Scholastiker des Mittelalters haben die aristotelische Logik zwar intensiv gepflegt, aber nicht wesentlich bereichert. In der Renaissance trat dann die Logik

eine Zeitlang in den Hintergrund. Dies erklärt sich aus der Feind-
schaft der Renaissance gegen die scholastische Denkweise. Erst im
Zeitalter der experimentellen Naturwissenschaft erhielt die Logik
neue Impulse. Um die methodischen Grundlagen der naturwissen-
schaftlichen Erkenntnis zu klären, befaßte man sich allerdings
besonders mit dem Problem des »induktiven Schließens«. F. BACON
(1561–1626), der Verfasser des ›Novum Organum Scientiarum‹,
war einer der ersten Philosophen, welche die Bedeutung der auf
Erfahrung gegründeten, nichtspekulativen Denkweise erkannten.
Die Analyse der induktiven Methoden, an der neben BACON später
vor allem auch J. S. MILL (1806–1873) einen bedeutenden Anteil
hatte, führte allerdings nicht zu einer Weiterentwicklung der Logik
im eigentlichen Sinn. Diese Weiterentwicklung, die sich zunächst
ganz unbemerkt vollzog, begann erst mit den logischen Untersuchungen von G. W. LEIBNIZ (1646–1716). LEIBNIZ versuchte,
logische Gesetzmäßigkeiten unter Verwendung mathematischer
Begriffe und Methoden zu beschreiben. Seine Untersuchungen
wurden jedoch zum Teil nicht bekannt, zum Teil blieben sie unbeachtet oder unverstanden; sie gelangten deshalb nicht zu historischer
Wirkung.

Das Bestreben, die Logik zu »mathematisieren«, setzte erst um
die Mitte des 19. Jahrhunderts wieder ein; die dabei erzielten Erfolge
waren so groß, daß es nicht übertrieben ist, von einer Renaissance
der Logik zu sprechen. Diese Entwicklung entsprang weniger
philosophischen als vielmehr rein mathematischen Frägestellungen.
Schon in den Anfängen der Differential- und Integralrechnung
traten zahlreiche logische Probleme auf, zu deren Lösung sich die
Mittel der herkömmlichen Logik als untauglich erwiesen. Zur
expliziten Darstellung der Struktur mathematischer Beweise benötigte man ein wesentlich leistungsfähigeres logisches Instrumen-
tarium als die aristotelische Syllogistik. Dabei erwies es sich als vor-
dringlich, eine Theorie der Relationsschlüsse zu entwickeln. Denn
im Rahmen der Syllogistik ist es beispielsweise nicht möglich, aus
der Aussage »Alle Pferde sind Tiere« die Aussage »Alle Pferdeköpfe
sind Tierköpfe« logisch zu folgern.

Die für eine tiefergehende Analyse mathematischer Probleme
unerläßliche Neugestaltung der Logik begann um die Mitte des
19. Jahrhunderts mit den Arbeiten von BOLZANO, BOOLE und DE
MORGAN. Von größter Bedeutung für die Entwicklung der modernen
Logik war jedoch G. FREGE (1848–1925). FREGES Werk ›Begriffsschrift, eine der arithmetischen nachgebildete Formelsprache des
reinen Denkens‹ (1879) enthält das erste in einer symbolischen

Kunstsprache formulierte axiomatische System der Logik. Dieses sollte nach FREGEs eigenen Worten »zunächst dazu dienen, die Bündigkeit einer Schlußkette auf die sicherste Weise zu prüfen und jede Voraussetzung, die sich unbemerkt einschleichen will, anzuzeigen, damit letztere auf ihren Ursprung untersucht werden könne«.

In der Tat stellt FREGEs Begriffsschrift eine nahezu vollkommene Realisierung der LEIBNIZschen Idee einer *lingua characteristica* dar, nämlich einer symbolischen Präzisionssprache, in der genau das logisch Relevante von Aussage- und Begriffsformen exakt zum Ausdruck kommt. FREGE selbst sagt: »Das Verhältnis meiner Begriffsschrift zu der Sprache des Lebens glaube ich am deutlichsten machen zu können, wenn ich es mit dem des Mikroskops zum Auge vergleiche. Das Letztere hat durch den Umfang seiner Anwendbarkeit, durch die Beweglichkeit, mit der es sich den verschiedensten Umständen anzuschmiegen weiß, eine große Überlegenheit vor dem Mikroskop. Als optischer Apparat betrachtet, zeigt es freilich viele Unvollkommenheiten, die nur in Folge seiner innigen Verbindung mit dem geistigen Leben gewöhnlich unbeachtet bleiben. Sobald aber wissenschaftliche Zwecke große Anforderungen an die Schärfe der Unterscheidung stellen, zeigt sich das Auge als ungenügend. Das Mikroskop hingegen ist gerade solchen Zwecken auf das vollkommenste angepaßt, aber eben dadurch für alle andern unbrauchbar«.

Mit seiner Begriffsschrift hat FREGE die Epoche der modernen Logik eingeleitet. Wegen ihrer symbolsprachlichen Gestalt und ihrer engen Verbindung zur Mathematik wird die moderne Logik oft auch »symbolische Logik« bzw. »mathematische Logik« genannt. Es wird heute allgemein anerkannt, daß nur mit Hilfe symbolischer Kunstsprachen mathematische Beweise explizit und lückenlos dargestellt werden können.

FREGE hat mit seiner Begriffsschrift noch eine weitere LEIBNIZsche Idee verwirklicht: die Idee eines *calculus ratiocinator*, d. h. eines Kalküls, der eine rein rechnerische Behandlung der in der lingua characteristica formulierbaren Aussagen gestattet. Das Wesentliche daran ist, daß die Lehrsätze einer Theorie auf rein syntaktische Weise, also nur durch Bezugnahme auf ihre Form und nicht auch auf ihren Inhalt, ausgezeichnet werden sollen.

Heute gibt es viele Verfahren, die eine rein syntaktische Auszeichnung der Lehrsätze einer Theorie ermöglichen. Das von FREGE entwickelte Verfahren besteht darin, daß man bestimmte syntaktisch festgelegte Ausdrücke der Symbolsprache als *Axiome* wählt und rein mechanisch anwendbare, nur auf die Form der Ausdrücke bezogene logische *Ableitungsregeln* angibt, aufgrund deren man von gewissen Ausdrücken zu anderen übergehen darf. Die *beweisbaren* Sätze der betreffenden Theorie – die *Theoreme* oder *Lehrsätze* – sind dann die Axiome und alle Ausdrücke, die man durch Anwendung der Ableitungsregeln auf vorgegebene Theoreme erhält. In seinem zweibändigen Werk ›Grundgesetze der Arithmetik‹ (1893–1903) hat FREGE die Klassenlogik sowie die Grundlagen der Arithmetik und Analysis in dieser Weise axiomatisiert.

Das FREGEsche Programm einer logischen Fundierung der Mathematik wurde jedoch in Frage gestellt, als B. RUSSELL (1872–1970) im Jahre 1902 – kurz vor Erscheinen des zweiten Bandes der ›Grundgesetze‹ – der Nachweis gelang, daß in FREGEs System eine Kontradiktion, d. h. eine widersprüchliche Aussage, beweisbar ist. Beweisbare Kontradiktionen werden auch »*Antinomien*« genannt. Die von RUSSELL entdeckte Antinomie – sie wird »*Russellsche Antinomie*« genannt – tritt in der von FREGE axiomatisierten Klassenlogik auf. Sie beruht auf dem (uneingeschränkten) *Komprehensionsprinzip*:

Zu jeder Eigenschaft E gibt es eine Menge M derart, daß für jedes Objekt gilt: es ist ein Element von M dann und nur dann, wenn es die Eigenschaft E besitzt.

RUSSELL wählte nun die Eigenschaft, kein Element von sich selbst zu sein. Aufgrund des Komprehensionsprinzips gibt es dann eine Menge R derart, daß für jedes Objekt gilt: es ist ein Element von R dann und nur dann, wenn es kein Element von sich selbst ist. Also muß insbesondere gelten:

($*_1$) R ist ein Element von R dann und nur dann, wenn R kein Element von R ist.

Ferner gilt aus rein logischen Gründen:

($*_2$) R ist ein Element von R oder R ist kein Element von R.

Angenommen nun, R ist ein Element von R. Dann ist R wegen ($*_1$) kein Element von R. Wäre die Annahme richtig, so müßte also gelten: R ist ein Element von R und R ist kein Element von R. Da dies aber unmöglich ist, kann sie nicht richtig sein. Folglich ist wegen ($*_2$) bewiesen, daß R kein Element von R ist. Nehmen wir nun andererseits an, daß R kein Element von R ist, so ergibt sich mit ($*_1$), daß R ein Element von R ist. Somit müßte wiederum gelten: R ist ein Element von R und R ist kein Element von R. Folglich ist auch die zweite Annahme widerlegt, und es ist wegen ($*_2$) gezeigt, daß R ein Element von R ist. Auf der Grundlage des Komprehensionsprinzips kann also die folgende Kontradiktion bewiesen werden: R ist ein Element von R und R ist kein Element von R (Russellsche Antinomie).

Vor RUSSELL war bereits der Begründer der Mengenlehre G. CANTOR (1845–1918) in den Jahren 1895 und 1899 auf zwei Antinomien der (noch nicht formalisierten) Mengenlehre gestoßen. Die erste der beiden wurde 1897 von BURALI-FORTI wiederentdeckt und erstmalig veröffentlicht. Obwohl weder CANTOR noch BURALI-FORTI zu diesem Zeitpunkt in der Lage waren, das Antinomienproblem zu lösen, wurde es nicht sehr ernst genommen. Man glaubte offenbar, daß die Antinomien durch eine verhältnismäßig kleine Modifikation des Systems der Mengenlehre beseitigt werden könnten. Dieser Optimismus wurde jedoch durch die Entdeckung RUSSELLs ernsthaft erschüttert. Denn die Russellsche Antinomie tritt schon in den ersten Schritten der in den FREGschen ›Grundgesetzen‹ formalisierten Mengenlehre auf. Nun wurde deutlich, daß bereits die Grundlagen dieser Disziplin nicht in Ordnung waren.

Erst durch RUSSELLs Entdeckung wurde man sich der prinzipiellen Bedeutung des Antinomienproblems für den formalen axiomatischen Aufbau der Mathematik voll bewußt. Denn FREGEs System stellte an Präzision und Durchsichtigkeit alles in den Schatten, was es bis dahin in der Mathematik gegeben hatte. FREGE selbst schrieb in der Einleitung zum ersten Band der ›Grundgesetze‹, es sei »von vornherein unwahrscheinlich, daß ein solcher Bau sich auf einem unsicheren, fehlerhaften Grunde aufführen lassen sollte«. In der Folgezeit wurden noch weitere Antinomien gefunden, wodurch die Revisionsbedürftigkeit der Grundlagen der klassischen Logik und Mathematik immer deutlicher wurde.

In der vor allem durch das Auftreten der Antinomien ausgelösten sogenannten *Grundlagendiskussion* versuchte man, sich über die Ursachen der Antinomien Klarheit zu verschaffen und die Mengenlehre bzw. Mathematik als widerspruchsfreie Systeme neu aufzubauen.

Um die in der CANTORschen Mengenlehre auftretenden Antinomien zu beseitigen, hat man von mehreren Ansätzen aus die Mengenlehre neu begründet. Dabei war der Wunsch maßgebend, Systeme zu finden, die einerseits widerspruchsfrei sind, andererseits aber auch stark genug, um die klassischen Resultate unter möglichst geringfügigen Modifikationen zu liefern. In der Entwicklung der Mengenlehre bildeten sich insbesondere zwei Richtungen heraus: die »typentheoretische« und die »axiomatische«. Die typentheoretische Richtung schlugen B. RUSSELL und A. N. WHITEHEAD in ihrem dreibändigen Werk ›Principia Mathematica‹ (1910–1913) ein. Die Ableitung einiger wichtiger Lehrsätze innerhalb der hierin entwickelten sogenannten *Typentheorie* führte jedoch zu Schwierigkeiten, die nur durch einige höchst bedenkliche Zusatzaxiome behoben werden konnten. Die axiomatische Richtung der Mengenlehre wurde durch die Untersuchungen von E. ZERMELO eingeleitet. ZERMELO gab schon 1908 einen Weg an, die Russellsche Antinomie auch ohne den technischen Aufwand der Typentheorie zu beseitigen. Er legte einen *typenfreien* axiomatischen Aufbau der Mengenlehre vor, der in den zwanziger Jahren von A. FRAENKEL und T. SKOLEM ergänzt und präzisiert wurde und heute als »*Zermelo-Fraenkelsche Mengenlehre*« bekannt ist. 1925 gelang J. V. NEUMANN ein anderer typenfreier axiomatischer Ansatz der Mengenlehre; dieser führte zur »*Neumann-Bernaysschen Mengenlehre*«.

Den axiomatischen Ansätzen der Mengenlehre ist gemeinsam, daß sie von einer Abschwächung des Komprehensionsprinzips ausgehen, um so die Nichtableitbarkeit der bekannten Antinomien zu erreichen.

In einem anderen Licht stellt sich das Antinomienproblem im Rahmen des mathematischen *Intuitionismus* dar. Dieser – besonders von L. E. J. BROUWER, H. WEYL und A. HEYTING vertretenen – Richtung in der Grundlagendiskussion liegt die Auffassung zugrunde, daß die mathematischen Objekte nicht als an sich vorhanden betrachtet werden dürfen, sondern Produkte gedanklicher Konstruktionen seien. Bei der Konstruktion seien nur evidente, einer »Urintuition« entstammende Konstruktionsprinzipien zulässig. Der Intuitionismus wendet sich daher auch gegen jene Ansicht, nach welcher das Unendliche als eine fertige Gesamtheit (als »Aktual-Unendliches«) aufzufassen sei. Für ihn ist das Unendliche nur etwas Potentielles, d. h. die Möglichkeit unbegrenzten Fortschreitens in der Konstruktion. Das Auftreten von Antinomien ist für ihn nur ein Symptom für den unkritischen Umgang mit dem Unendlichen. Das einzige zugelassene Mittel zur Definition mathematischer Begriffe und zur Durchführung von Existenzbeweisen ist nach intuitionistischer Auffassung die effektive, nach endlich vielen Schritten abbrechende Konstruktion. Dementsprechend werden auch indirekte Beweise für Existenzbehauptungen abgelehnt; ebenso wird die axiomatische Methode verworfen, soweit diese eine Überschreitung des konstruktiv Erreichbaren mit sich bringt. Da der Intuitionismus gezwungen ist, die Geltung gewisser logischer Prinzipien einzuschränken, muß er einen beträchtlichen Teil der klassischen Mathematik preisgeben.

Dieser unerwünschten Konsequenz versuchte D. Hilbert (1862 bis 1943) bei prinzipieller Anerkennung der intuitionistischen Kritik durch seine formalistische Grundlegung der Mathematik zu entgehen. Das von ihm zwischen 1904 und 1918 entwickelte Programm des *Formalismus* läßt sich kurz folgendermaßen umreißen: Die gesamte Mathematik, einschließlich der Cantorschen Mengenlehre, ist aus einem widerspruchsfreien Axiomensystem abzuleiten, wobei die mathematischen Sätze durch die Formeln einer symbolischen Kunstsprache repräsentiert werden. Diese sind als bloße graphische Gebilde aufzufassen, denen keinerlei inhaltliche Bedeutung zugeschrieben wird. Eine solche »Formalisierung« der Mathematik muß auch die Angabe aller für den Beweis mathematischer Formeln erforderlichen formalen Ableitungsregeln einschließen. Ein Beweis ist dann nichts anderes als eine Folge von Formeln, die gewisse Bedingungen erfüllt. Gibt es nun für wenigstens eine Formel keinen Beweis, so ist das System widerspruchsfrei; denn in einem widersprüchlichen System ist jede beliebige Formel beweisbar. Ein Widerspruchsfreiheitsbeweis für ein in Hilberts Sinne aufgebautes formales System sollte nun innerhalb der sog. *Beweistheorie* oder *Metamathematik* erbracht werden. Gegenstand der Beweistheorie sind die anschaulich gegebenen Ausdrücke und Ausdrucksfolgen der formalisierten Mathematik. Während diese alle problematischen, möglicherweise für das Auftreten der Antinomien verantwortlichen Schlußweisen in formalisierter Gestalt enthält, sind in der Beweistheorie nur unproblematische, auf endliche Mengen von graphischen Gebilden bezogene, sog. *finite Methoden*, die auch von den Intuitionisten anerkannt werden, zulässig. Das Interesse Hilberts und seiner Schüler richtete sich vor allem darauf, einen Widerspruchsfreiheitsbeweis zunächst für die formalisierte Arithmetik der natürlichen Zahlen zu erbringen. Doch stieß man bereits bei der Verfolgung dieses relativ bescheidenen Ziels bald auf völlig unerwartete Schwierigkeiten. Wie K. Gödel 1931 in einer bahnbrechenden Arbeit gezeigt hat, reichen die von Hilbert ursprünglich für die Beweistheorie zugelassenen finiten Methoden zur Durchführung des formalistischen Programms grundsätzlich nicht aus. Ferner zeigte Gödel in dieser Arbeit, daß es unmöglich ist, alle zahlentheoretischen Wahrheiten auf axiomatischem Wege durch ein widerspruchsfreies formales System auszuzeichnen. Diese Untersuchungen Gödels haben sich für die weitere Entwicklung der mathematischen Logik als grundlegend erwiesen.

Die heutige mathematische Logik ist kein Teil der Philosophie, wie es die traditionelle Logik war, sondern eine inzwischen in der ganzen Welt etablierte wissenschaftliche Spezialdisziplin, die sich vor allem mit dem Aufbau symbolischer Sprachen und formaler Systeme beschäftigt. Dabei muß sie bereits von intuitiven logischen Prinzipien Gebrauch machen, ohne diese rechtfertigen zu können. Zweifellos kann das Verständnis dieser Prinzipien durch das Studium der mathematischen Logik erheblich vertieft werden. Als Theorie formaler Systeme wird die mathematische Logik neuerdings oft auch treffend »*Metalogik*« genannt. In den letzten Jahrzehnten haben die Forschungen in dieser Disziplin ein solches Ausmaß angenommen, daß es heute schon für einen einzelnen unmöglich ist, das gesamte Gebiet in allen Details zu überblicken. Einige der wichtigsten Teilgebiete sind: die Aussagen- und Prädikatenlogik, die formale Zahlentheorie, die Theorie der rekursiven Funktionen, die Modelltheorie, die axiomatische Mengenlehre und die intuitionistische Logik. Von besonderem Interesse sind auch die mehrwertige Logik und die Modallogik. Seit den dreißiger Jahren hat die mathematische Logik auch in der Technik ein Anwendungsfeld gefunden, das zunehmend an Bedeutung gewinnt. Schaltalgebra, Informatik und Kybernetik sind ohne sie kaum denkbar. Die Tatsache, daß viele Vertreter der mathematischen Logik zugleich auch Philosophen waren und sind, wirkte sich auch auf die Entwicklung der modernen Philosophie aus. Besonders Wissenschaftstheorie und Analytische Philosophie wurden durch die mathematische Logik aufs stärkste beeinflußt.

Der vorliegende erste Band handelt von der (zweiwertigen) *Aussagenlogik* als der einfachsten Theorie der mathematischen Logik. Die Aussagenlogik ihrerseits ist eine Teiltheorie der *Prädikatenlogik*, die im zweiten Band dargestellt wird. Wegen ihres grundlegenden Charakters wird die Prädikatenlogik auch »elementare Logik« genannt. Daß die Aussagenlogik in dieser Einführung von der Prädikatenlogik getrennt behandelt wird, hat weniger systematische als vielmehr didaktische Gründe. Denn viele Begriffe und Beweisverfahren, die in der Prädikatenlogik eine wichtige Rolle spielen, treten bereits in der Aussagenlogik auf, wo sie sich unabhängig von den spezifisch prädikatenlogischen Problemen darstellen lassen.

0. Präliminarien

In diesem Kapitel werden wir einige grundlegende Begriffe definieren, die in der mathematischen Logik für eine kurze und präzise Formulierung vieler Definitionen und Sätze benötigt werden. Es handelt sich darum, Ausdrucksweisen zur Verfügung zu stellen, mit deren Hilfe überlange Formulierungen und gewisse, durch die Vagheiten der Umgangssprache bedingte Ungenauigkeiten vermieden werden können. Dazu sind in erster Linie die Ausdrucksweisen der Mengenlehre geeignet. Wir werden daher im ersten Abschnitt dieses Kapitels die wichtigsten Grundbegriffe der Mengenlehre, wie sie auch bei vielen mathematischen Vorlesungen vorausgesetzt werden, behandeln. Im Abschnitt 0.2 werden wir dann ausführlich erörtern, was es mit der sog. vollständigen Induktion auf sich hat. Dieses Beweisverfahren, das dem Leser vielleicht schon von der Mathematik her bekannt sein wird, ist für die Beweise vieler Sätze der mathematischen Logik ein unentbehrliches Hilfsmittel. In 0.3 treffen wir einige wichtige zeichentheoretische Unterscheidungen, wie beispielsweise die Unterscheidung zwischen Gebrauch und Erwähnung graphischer Gebilde, deren häufige Nichtbeachtung – auch in der logischen Lehrbuchliteratur – bei Anfängern oft zu mißlichen Konfusionen führt. In den Abschnitten 0.4 und 0.5 werden wir die Begriffe der formalen Sprache und des formalen Systems allgemein erörtern, was als Vorbereitung für das Studium der speziellen formalen Sprachen und Systeme dieses Buches von Nutzen ist. In 0.6 endlich behandeln wir auf intuitiver Basis einige Grundbegriffe der Algorithmentheorie, die ebenfalls für die Formulierung einiger Lehrsätze dieses Buches benötigt werden.

Es sei noch vorausgeschickt, daß die Buchstaben »n«, »m«, »i«, »j«, »k«, »r« und »s« (auch indiziert) in diesem Buch als Variable für natürliche Zahlen dienen. Ferner bezeichnet das Symbol »$\mathbb{N}$« die Klasse aller natürlichen Zahlen einschließlich Null und »$\mathbb{N}^+$« die Klasse der positiven natürlichen Zahlen.

0.1. Klassen

Um möglichst kurze und präzise Ausdrucksweisen zur Verfügung zu haben, führen wir in diesem Abschnitt einige Begriffe aus der Mengenlehre ein.

Wir gehen aus von dem Begriff der Klasse. (Die Ausdrücke »Klasse« und »Menge« setzen wir als synonym voraus.) In Anlehnung an G. CANTOR, den Begründer der Mengenlehre, versteht man unter einer *Klasse* eine abstrakte Zusammenfassung beliebiger Objekte zu einem Ganzen. Diese Objekte werden die »*Elemente*« der betreffenden Klasse genannt. Jede Klasse ist durch ihre Elemente eindeutig bestimmt, d. h., Klassen die durch Zusammenfassung derselben Objekte gebildet sind, sind identisch. Von den Elementen einer Klasse sagen wir, daß sie in ihr »*enthalten*« sind, oder auch, daß sie zu ihr »*gehören*«.

Um auszudrücken, daß ein Objekt a zu einer Klasse K gehört, schreibt man einen Namen von a, dann das Zeichen »$\in$« und schließlich einen Namen von K.

So besagt der Ausdruck »$1 \in \mathbb{N}$«, daß 1 zur Klasse der natürlichen Zahlen gehört, d. h., daß 1 ein Element dieser Klasse ist.

Wollen wir hingegen zum Ausdruck bringen, daß a nicht zu K gehört, so schreiben wir statt »$\in$« das Zeichen »$\notin$«.

0.1.1. Klassenbezeichnungen

Wird eine Klasse durch Zusammenfassung endlich vieler Objekte gebildet, so kann sie durch Aufzählung ihrer sämtlichen Elemente beschrieben werden. Dabei ist es gleichgültig, in welcher Reihenfolge man die betreffenden Objekte aufzählt, da eine Klasse durch ihre Elemente eindeutig bestimmt ist. Hieraus ergibt sich die Möglichkeit, endliche Klassen gemäß der folgenden Festlegung zu bezeichnen:

Ist K irgendeine endliche Klasse, so bezeichne jeder Ausdruck, der dadurch entsteht, daß man von jedem in K enthaltenen Objekt wenigstens einen Namen hinschreibt, diese durch Kommata voneinander trennt und das Ganze mit den geschweiften Klammern »{« und »}« umschließt, diese Klasse.

So bezeichnet z. B. der Ausdruck »$\{1, 2, 3\}$« diejenige Klasse, welche genau die Zahlen 1, 2 und 3 enthält. Andere Namen für diese Klasse sind etwa die Ausdrücke »$\{3, 1, 2\}$« und »$\{1, 2, 3, 3\}$«.

Allerdings ist das Verfahren, eine Klasse durch Aufzählung ihrer Elemente zu beschreiben, bei großen endlichen Klassen praktisch undurchführbar, und bei unendlichen Klassen, wie etwa der Klasse aller natürlichen Zahlen, ist es sogar prinzipiell undurchführbar. In solchen Fällen wird die Klasse mit Hilfe einer *definierenden Eigen-*

schaft eingeführt. Darunter sei eine Eigenschaft verstanden, die ein Objekt genau dann besitzt, wenn es ein Element der betreffenden Klasse ist.

Ist nun E eine definierende Eigenschaft für eine Klasse K, so kann man K mit einem Ausdruck der Form

die Klasse aller Dinge mit der Eigenschaft E

bezeichnen. Als eine Klassenbezeichnung dieser Art haben wir bereits den Ausdruck »die Klasse der natürlichen Zahlen« verwendet. Weitere Beispiele für derartige Klassenbezeichnungen sind die Ausdrücke

die Klasse der evangelischen Einwohner Münchens,
die Klasse aller natürlichen Zahlen, die größer als 1 und kleiner
   als 1000 sind,
die Klasse aller reellen Zahlen, die größer als 0 und kleiner oder
   gleich 1 sind.

Man kann auch die Eigenschaft, nicht mit sich selbst identisch zu sein, als eine definierende Eigenschaft auffassen. Man erhält so die *leere Klasse* als die Klasse derjenigen Dinge, die nicht mit sich selbst identisch sind. Wir wollen sie mit dem Symbol »∅« bezeichnen. Die leere Klasse enthält kein Element, da jedes Ding mit sich selbst identisch ist.

0.1.2. Teilklasse, Durchschnitt, Vereinigung und Differenz

Seien K, K_1, K_2 und K_3 im folgenden irgendwelche Klassen.

K_1 ist eine *Teilklasse* von K_2 genau dann, wenn es kein Objekt a gibt, für das gilt: $a \in K_1$ und $a \notin K_2$ [1].

Um auszudrücken, daß K_1 eine Teilklasse von K_2 ist, schreiben wir einen Namen von K_1, dann das Zeichen »⊆« und schließlich einen Namen von K_2. So besagt beispielsweise der Ausdruck

$$\{1\} \subseteq \{1, 2, 3\},$$

daß $\{1\}$ eine Teilklasse von $\{1, 2, 3\}$ ist. Es gilt aufgrund der Definition von »Teilklasse«:

(1) $\emptyset \subseteq K$.
(2) $K \subseteq K$.
(3) Wenn $K_1 \subseteq K_2$ und $K_2 \subseteq K_3$, dann $K_1 \subseteq K_3$.

---

[1] »genau dann, wenn« bedeutet dasselbe wie »dann und nur dann, wenn«.

Der Leser mache sich klar, daß die Klassen

Ø,
{1}, {2}, {3},
{1, 2}, {1, 3}, {2, 3},
{1, 2, 3}

sämtliche Teilklassen von {1, 2, 3} sind.

Aufgabe: Man gebe alle Teilklassen von {1, 2, 3, 4, 5} an.

K_1 ist eine *Oberklasse* von K_2 genau dann, wenn K_2 eine Teilklasse von K_1 ist.

K_1 ist eine *echte Teilklasse* von K_2 genau dann, wenn $K_1 \subseteq K_2$ und $K_1 \neq K_2$.

Um auszudrücken, daß K_1 eine echte Teilklasse von K_2 ist, schreiben wir statt »$\subseteq$« einfach »$\subset$«.

Unter dem *Durchschnitt* von K_1, K_2 versteht man die Klasse derjenigen Objekte, die sowohl in K_1 als auch in K_2 enthalten sind.

Sind K_1 und K_2 irgendwelche Klassen, so bezeichne derjenige Ausdruck, der entsteht, wenn man einen Namen von K_1 schreibt, dann das Zeichen »$\cap$« und schließlich einen Namen von K_2, den Durchschnitt von K_1, K_2.

So bezeichnet z. B. der Ausdruck

{1}$\cap${1, 2, 3}

den Durchschnitt von {1}, {1, 2, 3}, nämlich die Klasse {1}. Es gilt:

(1) $K \cap \emptyset = \emptyset$.
(2) $K \cap K = K$.
(3) $K_1 \cap K_2 = K_2 \cap K_1$.
(4) $K_1 \cap K_2 \subseteq K_1$ und $K_1 \cap K_2 \subseteq K_2$.

Unter der *Vereinigung* von K_1, K_2 versteht man die Klasse derjenigen Objekte, die in K_1 oder K_2 oder sowohl in K_1 als auch in K_2 enthalten sind.

Sind K_1 und K_2 irgendwelche Klassen, so bezeichne derjenige Ausdruck, der entsteht, wenn man einen Namen von K_1 schreibt, dann das Zeichen »∪« und schließlich einen Namen von K_2, die Vereinigung von K_1, K_2.

Es gilt:

(1) $K \cup \emptyset = K$.
(2) $K \cup K = K$.
(3) $K_1 \cup K_2 = K_2 \cup K_1$.
(4) $K_1 \subseteq K_1 \cup K_2$ und $K_2 \subseteq K_1 \cup K_2$.

Unter der *Differenz* von K_1, K_2, versteht man die Klasse derjenigen Objekte, die in K_1, nicht jedoch in K_2 enthalten sind.

Sind K_1 und K_2 irgendwelche Klassen, so bezeichne derjenige Ausdruck, der entsteht, wenn man einen Namen von K_1 schreibt, dann das Zeichen »\« und schließlich einen Namen von K_2, die Differenz von K_1, K_2.

Es gilt:

(1) $K \setminus \emptyset = K$.
(2) $K \setminus K = \emptyset$.
(3) $K_1 \setminus K_2 \subseteq K_1$.

0.1.3. Geordnete Paare

Da man beliebige Objekte zu Klassen zusammenfassen kann, ist es auch möglich, Klassen von Klassen zu bilden. Beispiele für Klassen von Klassen sind

$\{\{1\}\}$,
die Klasse aller Teilklassen von $\{1, 2, 3\}$,
die Klasse aller derjenigen Klassen, welche genau ein Element enthalten.

Wir wollen uns nun mit einer wichtigen Art solcher Klassen, den sog. geordneten Paaren, beschäftigen.

Sind a und b irgendwelche Objekte, so versteht man unter dem *geordneten Paar von* a, b die Klasse $\{\{a\}, \{a, b\}\}$.

Man nennt a das *Erstglied* und b das *Zweitglied* des geordneten Paares von a, b.

Das geordnete Paar von a, b bezeichnen wir auch abkürzend durch denjenigen Ausdruck, der entsteht, wenn man zuerst einen Namen von a hinschreibt, dann ein Komma, danach einen Namen von b

und das Ganze schließlich in die Zeichen »⟨« und »⟩« einschließt. So bezeichnet z. B. der Ausdruck »⟨1, 2⟩« das geordnete Paar von 1,2.

Oft verwendet man auch den Ausdruck »geordnetes Paar«, der folgendermaßen definiert wird:

> K ist ein *geordnetes Paar* genau dann, wenn es Objekte a und b gibt, so daß K das geordnete Paar von a, b ist.

Für geordnete Paare gilt nun der wichtige Satz:

> Seien a, b, c und d irgendwelche (nicht notwendig verschiedene) Objekte. Dann ist $\langle a, b \rangle = \langle c, d \rangle$ genau dann, wenn $a = c$ und $b = d$.

Aus diesem Satz ergibt sich, daß für beliebige Objekte a und b gilt:

(1) Wenn $a = b$, dann $\langle a, b \rangle = \langle b, a \rangle$.
(2) Wenn $a \neq b$, dann $\langle a, b \rangle \neq \langle b, a \rangle$.

Hinsichtlich des letzten Satzes unterscheidet sich das geordnete Paar $\langle a, b \rangle$ von der Klasse $\{a, b\}$. Denn $\{a, b\} = \{b, a\}$ gilt auch dann, wenn $a \neq b$.

Der folgende Begriff ist eine Generalisierung des Begriffs des geordneten Paares.

> K ist ein *n-Tupel von* $a_1, \ldots, a_n$ genau dann, wenn sich dies aufgrund folgender Bestimmungen ergibt:
>
> (1) Jedes Objekt a ist ein 1-Tupel von a.
> (2) Ist K ein n-Tupel von $a_1, \ldots, a_n$ und ist a_{n+1} ein beliebiges Objekt, so ist dasjenige geordnete Paar, dessen Erstglied K und dessen Zweitglied a_{n+1} ist, ein $(n+1)$-Tupel von $a_1, \ldots, a_{n+1}$.

Es seien a, b und c irgendwelche Objekte. Wir wollen die obige Definition erläutern, indem wir zeigen, daß das geordnete Paar $\langle \langle a, b \rangle, c \rangle$ ein 3-Tupel von a, b, c ist.

Nach (1) ist a ein 1-Tupel von a. Nun gilt nach (2): Ist a ein 1-Tupel von a, so ist dasjenige geordnete Paar, dessen Erstglied a und dessen Zweitglied b ist, ein 2-Tupel von a, b. Also kann man darauf schließen, daß gilt:

$(*_1)$ Das geordnete Paar $\langle a, b \rangle$ ist ein 2-Tupel von a, b.

Aus (2) ergibt sich auch:

$(*_2)$ Ist $\langle a, b \rangle$ ein 2-Tupel von a, b, so ist dasjenige geordnete Paar, dessen Erstglied $\langle a, b \rangle$ und dessen Zweitglied c ist, ein 3-Tupel von a, b, c.

Aus $(*_1)$ und $(*_2)$ zusammen folgt dann:

Das geordnete Paar $\langle\langle a, b\rangle, c\rangle$ ist ein 3-Tupel von a, b, c.

Es ist klar, daß es genau ein n-Tupel von $a_1, ,, a_n$ gibt. Daher können wir von *dem* n-Tupel von $a_1, ..., a_n$ sprechen.

Ist $1 \leqq i \leqq n$, so nennen wir a_i das i-te *Glied* des n-Tupels von $a_1, ..., a_n$.

Das n-Tupel von $a_1, ..., a_n$ bezeichnen wir durch denjenigen Ausdruck, der entsteht, wenn man (von links nach rechts) einen Namen von a_1 hinschreibt, dann einen Namen von $a_2, ...,$ dann einen Namen von a_n, alle diese Namen durch Kommata voneinander trennt und das Ganze schließlich in die Zeichen »$\langle$« und »$\rangle$« einschließt. So bezeichnet z. B. der Ausdruck »$\langle 1, 3, 5\rangle$« das 3-Tupel von $1, 3, 5$. Es gilt:

$$\langle 1, 3, 5\rangle = \langle\langle 1, 3\rangle, 5\rangle = \{\{\langle 1, 3\rangle\}, \{\langle 1, 3\rangle, 5\}\}$$
$$= \{\{\{\{1\}, \{1, 3\}\}\}, \{\{\{1\}, \{1, 3\}\}, 5\}\}.$$

Aufgabe: Man gebe einen Namen der Klasse $\langle 1, 3, 5, 7\rangle$ an, in welchem die Zeichen »$\{$« und »$\}$«, aber nicht die Zeichen »$\langle$« und »$\rangle$« vorkommen.

Der Begriff des n-Tupels wird folgendermaßen definiert:

K ist ein n-*Tupel* genau dann, wenn es Objekte $a_1, ..., a_n$ gibt, so daß K das n-Tupel von $a_1, ..., a_n$ ist.

3-Tupel werden auch *Tripel* genannt, 4-Tupel auch *Quadrupel*, 5-Tupel auch *Quintupel* usw.

Definitionsgemäß ist jedes n-Tupel mit $n \geqq 2$ ein geordnetes Paar und jedes geordnetes Paar ein 2-Tupel. Für n-Tupel gilt nun der Satz:

Seien $a_1, ..., a_n$, $b_1, ..., b_n$ irgendwelche Objekte. Dann ist $\langle a_1, ..., a_n\rangle = \langle b_1, ..., b_n\rangle$ genau dann, wenn $a_1 = b_1$ und ... und $a_n = b_n$.

Unter der n-ten *Cartesischen Potenz* einer Klasse K versteht man die Klasse aller n-Tupel T, für die gilt:

es gibt Elemente $a_1, ..., a_n$ von K, so daß T das n-Tupel von $a_1, ..., a_n$ ist.

Ist K irgendeine Klasse und n irgendeine natürliche Zahl, so bezeichne derjenige Ausdruck, der entsteht, wenn man an einen Namen von K rechts oben einen Namen von n anfügt, die n-te Cartesische Potenz von K. So bezeichnet z. B. der Ausdruck »$\{1, 2, 3\}^2$« die 2-te Cartesische Potenz von $\{1, 2, 3\}$. Es gilt:

$$\{1, 2, 3\}^2 = \{\langle 1, 1\rangle, \langle 1, 2\rangle, \langle 1, 3\rangle, \langle 2, 1\rangle, \langle 2, 2\rangle, \langle 2, 3\rangle,$$
$$\langle 3, 1\rangle, \langle 3, 2\rangle, \langle 3, 3\rangle\}.$$

Es gilt ferner:

(1) Für jedes n mit $n \geq 1$: $\emptyset$ ist die n-te Cartesische Potenz von $\emptyset$.
(2) Für jede Klasse K: K ist die 1-te Cartesische Potenz von K.

Aufgabe: Man gebe alle Elemente von $\{1, 2, 3\}^3$ an.

0.1.4. Relationen

Wir sind nun in der Lage, den grundlegenden Begriff der Relation zu definieren.

R ist eine *Relation in* einer Klasse K genau dann, wenn R eine Teilklasse der 2-ten Cartesischen Potenz von K ist.

So ist z. B.

$\{\langle 1, 2\rangle\}$ eine Relation in $\{1, 2\}$,
$\{\langle 1, 3\rangle, \langle 2, 5\rangle, \langle 3, 7\rangle\}$ eine Relation in $\{1, 2, 3, 4, 5, 6, 7, 8\}$ und
$\{\langle 1, 2\rangle, \langle \text{München}, 1\rangle, \langle \text{Aristoteles}, 1, \text{München}\rangle, \langle 2, 5, 7, 8\rangle\}$
    eine Relation in
$\{1, 2, 8, \text{München}, \langle \text{Aristoteles}, 1\rangle, \langle 2, 5, 7\rangle\}$.

Das einstellige Prädikat »Relation« wird folgendermaßen definiert:

R ist eine *Relation* genau dann, wenn es eine Klasse K gibt, so daß R eine Relation in K ist.

Es gilt:

(1) $\emptyset$ ist eine Relation.
(2) Jede Klasse von geordneten Paaren ist eine Relation.

In 0.1.1 haben wir gesagt, daß Klassen durch Aufzählung ihrer Elemente oder mit Hilfe einer definierenden Eigenschaft beschrieben werden. Will man nun eine Relation R mit Hilfe einer definierenden Eigenschaft einführen, so muß man eine Eigenschaft wählen, die ein geordnetes Paar genau dann besitzt, wenn es ein Element von R ist.

Die folgenden Ausdrücke bezeichnen Relationen:

die Klasse aller geordneten Paare, deren Erstglied eine natürliche Zahl ist,

die Klasse aller geordneten Paare, deren Erst- und Zweitglied natürliche Zahlen sind,

die Klasse aller geordneten Paare K, für die gilt: das Erst- und Zweitglied von K sind natürliche Zahlen und das Erstglied von K ist kleiner als das Zweitglied von K,

die Klasse aller geordneten Paare K, für die gilt: das Erst- und Zweitglied von K sind Menschen und das Erstglied von K ist Vater des Zweitgliedes von K,

die Klasse aller geordneten Paare K, für die gilt: das Erst- und Zweitglied von K sind Christen und das Erstglied von K ist verheiratet mit dem Zweitglied von K.

Unter dem *Definitionsbereich (Argumentbereich)* einer Relation R versteht man die Klasse aller Objekte a, für die gilt:

R enthält ein geordnetes Paar, dessen Erstglied a ist.

Zum Beispiel ist $\{1, 2, 5\}$ der Definitionsbereich von $\{\langle 1, 2 \rangle, \langle 1, 3 \rangle, \langle 5, 9 \rangle, \langle 5, 4 \rangle, \langle 2, 7 \rangle\}$.

Unter dem *Wertebereich* einer Relation R versteht man die Klasse aller Objekte a, für die gilt:

R enthält ein geordnetes Paar, dessen Zweitglied a ist.

Zum Beispiel ist $\{2, 3, 4, 7, 9\}$ der Wertebereich von $\{\langle 1, 2 \rangle, \langle 1, 3 \rangle, \langle 5, 9 \rangle, \langle 5, 4 \rangle, \langle 2, 7 \rangle\}$.

Ist R irgendeine Relation, so bezeichne derjenige Ausdruck, der entsteht, wenn man einen Namen von R in die beiden Klammern »(« und »)« setzt und dem so entstandenen Ausdruck das Symbol »db« (bzw. »wb«) voranstellt, den Definitionsbereich (bzw. den Wertebereich) von R.

Die Elemente des Definitionsbereichs einer Relation R werden die *Argumente* von R genannt; die Elemente des Wertebereichs von R heißen die *Werte* von R.

Seien a und b irgendwelche Objekte und sei R eine Relation. Gilt nun $\langle a, b \rangle \in R$, so sagen wir, daß R dem Objekt a das Objekt b *zuordnet*.

Man betrachte die Relation $\{\langle 1, 2 \rangle, \langle 1, 3 \rangle, \langle 5, 9 \rangle, \langle 5, 4 \rangle, \langle 2, 7 \rangle\}$. Wie man sieht, ordnet sie der Zahl 1 die Zahlen 2 und 3, der Zahl 5 die Zahlen 4 und 9 und der Zahl 2 die Zahl 7 zu.

Unter dem *Feld* einer Relation versteht man die Vereinigung ihres Definitions- und Wertebereichs.

Zum Beispiel ist $\{1, 2, 3, 4, 5, 7, 9\}$ das Feld von $\{\langle 1, 2 \rangle, \langle 1, 3 \rangle, \langle 5, 9 \rangle, \langle 5, 4 \rangle, \langle 2, 7 \rangle\}$.

Unter der *Konversion* einer Relation R versteht man die Klasse der geordneten Paare K, für die gilt:

R enthält ein geordnetes Paar, dessen Erstglied das Zweitglied von K und dessen Zweitglied das Erstglied von K ist.

Zum Beispiel ist $\{\langle 2, 1 \rangle, \langle 3, 1 \rangle, \langle 9, 5 \rangle, \langle 4, 5 \rangle, \langle 7, 2 \rangle\}$ die Konversion von $\{\langle 1, 2 \rangle, \langle 1, 3 \rangle, \langle 5, 9 \rangle, \langle 5, 4 \rangle, \langle 2, 7 \rangle\}$.

R ist eine *n-stellige Relation in* einer Klasse K genau dann, wenn R eine Teilklasse der n-ten Cartesischen Potenz von K ist. So ist z. B.

$\{1, 3\}$ eine 1-stellige,
$\{\langle 1, 2 \rangle, \langle 2, 2 \rangle, \langle 3, 3 \rangle\}$ eine 2-stellige und
$\{\langle 1, 2, 1 \rangle, \langle 1, 3, 2 \rangle, \langle 2, 1, 1 \rangle\}$ eine 3-stellige

Relation in $\{1, 2, 3\}$.

R ist eine *n-stellige Relation* genau dann, wenn es eine Klasse K gibt, so daß R eine n-stellige Relation in K ist. Es gilt:

(1) Für jedes n mit $n \geq 1$: $\emptyset$ ist eine n-stellige Relation.
(2) Für jedes n mit $n \geq 2$ und jedes R: Ist R eine n-stellige Relation, so ist R eine Relation.

0.1.5. Funktionen

Wir wenden uns nun einer bestimmten Art von Relationen, den sog. Funktionen, zu.

F ist eine *Funktion* gdw [1]
(1) F ist eine Relation;
(2) es gibt keine Objekte a, b und c derart, daß gilt:
$\langle a, b \rangle \in F$, $\langle a, c \rangle \in F$ und $b \neq c$.

Beispiele für Funktionen sind:

$\{\langle 1, 1 \rangle, \langle 2, 4 \rangle, \langle 3, 9 \rangle\}$;
$\{\langle 1, 1 \rangle, \langle 2, 1 \rangle, \langle 3, 1 \rangle, \langle 4, 2 \rangle, \langle 5, 1 \rangle\}$;
die Klasse aller geordneten Paare K, für die gilt: das Erst- und Zweitglied von K sind Christen und das Erstglied von K ist verheiratet mit dem Zweitglied von K.

---

[1] »gdw« steht hier und im folgenden abkürzend für »genau dann, wenn«.

Es gilt:

(1) Ø ist eine Funktion.
(2) Eine Funktion ordnet jedem Element ihres Definitionsbereiches wenigstens und höchstens ein Element, d. h. genau ein Element ihres Wertbereichs zu.

Sei F eine Funktion und a ein Argument von F. Dann ordnet F dem Argument a genau ein Element des Wertebereichs von F zu. Man erhält nun einen Namen dieses Wertes, wenn man

(1) einen Namen von a in die Klammern »(»und«)« setzt und dem so entstandenen Ausdruck einen Namen von F voranstellt, oder
(2) an einen Namen von F rechts oben das Zeichen »'« anfügt und dem so entstandenen Ausdruck einem Namen von a voranstellt.

Bezeichnet »f« etwa die Funktion $\{\langle 1,1\rangle, \langle 2,4\rangle, \langle 3,9\rangle\}$, so gilt:

$f(1) = 1$ bzw. $f'1 = 1$;
$f(2) = 4$ bzw. $f'2 = 4$;
$f(3) = 9$ bzw. $f'3 = 9$.

Funktionswertbezeichnungen, die gemäß (1) oder (2) gebildet sind, werden *Funktionsterme* genannt.

Sei F irgendeine Funktion und seien a, b und c irgendwelche Objekte. Dann gilt:

(1) Wenn $\langle a,b\rangle \in F$ und $\langle a,c\rangle \in F$, dann $b = c$.
(2) Wenn $\langle a,b\rangle \in F$, dann $F(a) = b$.
(3) Jede Teilklasse von F ist eine Funktion.

Sei F irgendeine Funktion und seien K, K_1 und K_2 irgendwelche Klassen. Wir definieren:

F ist eine *Funktion auf* K gdw db$(F) = K$.
F ist eine *Funktion von* K_1 *in* K_2 gdw db$(F) = K_1$ und wb$(F) \subseteq K_2$.
F ist eine *Funktion von* K_1 *auf* K_2 gdw db$(F) = K_1$ und wb$(F) = K_2$.
F ist eine *Funktion aus* K_1 *in* K_2 gdw db$(F) \subseteq K_1$ und wb$(F) \subseteq K_2$.
F ist eine *Funktion aus* K_1 *auf* K_2 gdw db$(F) \subseteq K_1$ und wb$(F) = K_2$.

F ist eine *eineindeutige Funktion* gdw

(1) F ist eine Funktion;
(2) die Konversion von F ist eine Funktion.

Eine eineindeutige Funktion ist beispielsweise die Funktion

$$\{\langle 1,1\rangle, \langle 2,4\rangle, \langle 3,9\rangle\};$$

keine eineindeutige Funktion hingegen ist die Funktion

$$\{\langle 1, 1 \rangle, \langle 2, 1 \rangle, \langle 3, 1 \rangle, \langle 4, 2 \rangle, \langle 5, 1 \rangle\}.$$

Sei F irgendeine eineindeutige Funktion und seien a, b Elemente des Definitionsbereichs von F. Dann gilt:

(1) $F(a) = F(b)$ genau dann, wenn $a = b$.
(2) Jede Teilklasse von F ist eine eineindeutige Funktion.

F ist eine *n-stellige Operation in* einer Klasse K gdw F eine Funktion von der n-ten Cartesischen Potenz von K in K ist. So ist z. B. $\{\langle 1, 1 \rangle, \langle 2, 1 \rangle\}$ eine 1-stellige und $\{\langle 1, 1, 1 \rangle, \langle 1, 2, 1 \rangle, \langle 2, 1, 2 \rangle, \langle 2, 2, 2 \rangle\}$ eine 2-stellige Operation in $\{1, 2\}$.

F ist eine *n-stellige Operation* gdw es eine Klasse K gibt, so daß F eine n-stellige Operation in K ist.

Es ist klar, daß für jedes n mit $n \geqq 1$ und für jedes F gilt:

(1) Ist F eine n-stellige Operation, so ist F eine Funktion.
(2) Ist F eine n-stellige Operation, so ist F eine $(n+1)$-stellige Relation.

0.1.6. Endliche und unendliche Klassen

Eine Klasse ist endlich, wenn sie nur endlich viele Elemente enthält, und unendlich, wenn man aus ihr beliebig oft ein Element entfernen kann, ohne je zur leeren Klasse zu gelangen. Diesen Gedanken wollen wir noch etwas präzisieren.

Eine Klasse K_1 ist *gleichmächtig* mit einer Klasse K_2 gdw es eine eineindeutige Funktion von K_1 auf K_2 gibt.

Seien K, K_1, K_2 und K_3 irgendwelche Klassen. Dann gilt:

(1) K ist gleichmächtig mit K.
(2) Wenn K_1 mit K_2 gleichmächtig ist, dann ist auch K_2 mit K_1 gleichmächtig.
(3) Wenn K_1 mit K_2 und K_2 mit K_3 gleichmächtig ist, dann ist auch K_1 mit K_3 gleichmächtig.

Eine Klasse K ist *endlich* gdw K die leere Klasse ist oder eine natürliche Zahl n existiert, so daß K mit der Klasse $\{0, \dots, n\}$ gleichmächtig ist.

Eine Klasse K ist *unendlich* gdw K nicht endlich ist.

Man unterscheidet zwei Arten von unendlichen Klassen: die abzählbar unendlichen und die überabzählbaren Klassen.

Eine Klasse K ist *abzählbar unendlich* gdw K mit der Klasse der natürlichen Zahlen gleichmächtig ist.

Eine Klasse K ist *abzählbar* gdw K endlich oder abzählbar unendlich ist.

Eine Klasse K ist *überabzählbar* gdw K nicht abzählbar ist.

Es gilt:

(1) Die Klasse der geraden natürlichen Zahlen ist abzählbar unendlich.
(2) Die Klasse der rationalen Zahlen ist abzählbar unendlich.
(3) Die Klasse aller reellen Zahlen r mit $0 < r < 1$ ist überabzählbar.

Beweis:

Ad (1): Sei ϕ eine Funktion auf $\mathbb{N}$ derart, daß für jede natürliche Zahl n gilt: $\phi(n) = 2n$.

Der Leser mache sich mit Hilfe des folgenden Diagramms klar, daß ϕ eine eineindeutige Funktion von $\mathbb{N}$ auf die Klasse der geraden natürlichen Zahlen ist.

n:	0	1	2	3	4	5	...
	$\updownarrow$	$\updownarrow$	$\updownarrow$	$\updownarrow$	$\updownarrow$	$\updownarrow$	
$\phi(n)$:	0	2	4	6	8	10	...

Ad (2): Der Beweis beruht auf dem sog. *ersten* Cantor*schen Diagonalverfahren.*

Man denke sich die rationalen Zahlen nach folgendem Schema angeordnet:

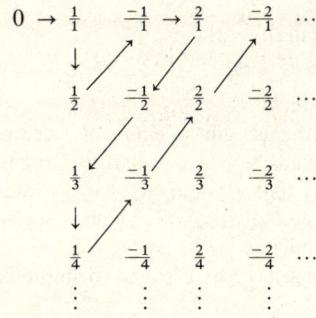

In diesem Schema kommen offenbar alle rationalen Zahlen vor. Wir bilden nun eine Folge F der rationalen Zahlen, indem wir das Schema in Pfeilrichtung durchlaufen und dabei diejenigen Zahlen fortlassen, die bereits aufgetreten sind. F ist also die Folge

$$0, 1, \tfrac{1}{2}, -1, 2, \tfrac{-1}{2}, \tfrac{1}{3}, \tfrac{1}{4}, \tfrac{-1}{3}, -2, \dots$$

Sei nun ϕ eine Funktion auf $\mathbb{N}$ derart, daß für jede natürliche Zahl n gilt: $\phi(n)$ ist das $(n+1)$-te Glied von F. Dann ist ϕ eine eineindeutige Funktion von $\mathbb{N}$ auf die Klasse der rationalen Zahlen.

Ad (3): Die folgende Beweismethode wird *zweites* CANTOR*sches Diagonalverfahren* genannt.

Sei I die Klasse aller reellen Zahlen r mit $0 < r < 1$. Beim Beweis der Überabzählbarkeit von I wird von der Tatsache Gebrauch gemacht, daß I mit einer bestimmten Klasse von normierten Dezimalbrüchen gleichmächtig ist.

Ein Dezimalbruch heiße *normiert* gdw er unendlich viele von 0 verschiedene Stellen besitzt. Sei D die Klasse aller normierten Dezimalbrüche der Form $0, \dots$. Es gilt dann: I ist gleichmächtig mit D.

Der Beweis der Überabzählbarkeit von I erfolgt nun indirekt. Angenommen, I ist gleichmächtig mit $\mathbb{N}$. Dann ist $\mathbb{N}$ gleichmächtig mit I, und es gibt folglich eine eineindeutige Funktion ϕ von $\mathbb{N}$ auf I. Andererseits gibt es, da I mit D gleichmächtig ist, eine eineindeutige Funktion ψ von I auf D. Die Werte von ψ seien so dargestellt:

$$\psi(\phi(0)) = 0, a_{00} a_{01} a_{02} \dots$$
$$\psi(\phi(1)) = 0, a_{10} a_{11} a_{12} \dots$$
$$\psi(\phi(2)) = 0, a_{20} a_{21} a_{22} \dots$$
$$\vdots \qquad \vdots$$

Wir legen fest:

Für jedes i mit $i \geqq 0$ sei $b_i = \begin{cases} 1, \text{ falls } a_{ii} = 2; \\ 2, \text{ falls } a_{ii} \neq 2. \end{cases}$

Ferner sei b der Dezimalbruch $0, b_0 b_1 b_2 \dots$.

Offenbar ist b ein Element von D. Also gibt es ein r aus I derart, daß $\psi(r) = b$. Folglich muß es ein n aus $\mathbb{N}$ geben, so daß $r = \phi(n)$. Es ergibt sich somit $\psi(\phi(n)) = b$. Da $\psi(\phi(n)) = 0, a_{n0} a_{n1} a_{n2} \dots a_{nn} \dots$, muß also gelten $a_{n0} = b_0$, $a_{n1} = b_1$, $a_{n2} = b_2, \dots, a_{nn} = b_n$. Nun ist aber $a_{nn} \neq b_n$. (Denn es gilt: $a_{nn} = 2$ oder $a_{nn} \neq 2$. Ist $a_{nn} = 2$, so ist definitionsgemäß $b_n = 1$. Ist hingegen $a_{nn} \neq 2$, so ist definitionsgemäß $b_n = 2$.)

Unsere Annahme, daß I mit $\mathbb{N}$ gleichmächtig ist, führt somit zu einem Widerspruch. Also ist I nicht abzählbar unendlich. Da I andererseits auch nicht endlich ist, folgt schließlich, daß I überabzählbar ist.

Unter der *Kardinalität* einer endlichen Klasse K versteht man die Anzahl der Elemente von K.

Ist K irgendeine endliche Klasse, so bezeichne derjenige Ausdruck, der entsteht, wenn man einen Namen von K in zwei senkrechte Striche einschließt, die Kardinalität von K. So ist beispielsweise $|\{2, 4, 5\}| = 3$. Es gilt:

(1) $|\emptyset| = 0$.
(2) Wenn $|K| = n$ und $a \notin K$, dann $|K \cup \{a\}| = n + 1$.

Aufgabe: Der Leser zeige, daß gilt:

Jede Teilklasse einer abzählbaren Klasse ist abzählbar.

0.2. Vollständige Induktion

Aussagen der folgenden beiden Formen können häufig durch *vollständige Induktion* (kurz: *Induktion*) bewiesen werden:

Jede natürliche Zahl, die größer oder gleich einer bestimmten natürlichen Zahl ist, hat eine gewisse Eigenschaft.

Jede natürliche Zahl, die größer oder gleich einer bestimmten natürlichen Zahl und kleiner oder gleich einer anderen bestimmten natürlichen Zahl ist, hat eine gewisse Eigenschaft.

Aussagen der ersten Form werden durch *unendliche vollständige Induktion*, Aussagen der zweiten Form durch *endliche vollständige Induktion* bewiesen. So kann man z. B. durch unendliche vollständige Induktion beweisen, daß jede natürliche Zahl n, die größer oder gleich 1 ist, die Eigenschaft hat, daß

$$1 + 2 + 3 + \cdots + n = \frac{n}{2}(n + 1).$$

0.2.1. Unendliche Induktion

Sätze, die durch unendliche Induktion bewiesen werden können, haben stets die Form

(a) Jede natürliche Zahl, die größer oder gleich einer natürlichen Zahl n_0 ist, hat eine bestimmte Eigenschaft E.

Wir unterscheiden zwei Arten von unendlicher Induktion: die *schwache* und die *starke* unendliche Induktion.

(A) Schwache unendliche Induktion

Um einen Satz der Form (a) zu beweisen, verfährt man bei der schwachen unendlichen Induktion folgendermaßen: Man zeigt erstens

(b) n_0 hat die Eigenschaft E

und zweitens

(c)   Für alle k mit $k \geq n_0$ gilt:
Wenn k die Eigenschaft E hat, dann hat auch $k+1$ die Eigenschaft E.

Aus (b) und (c) zusammen folgt dann (a). Wir wollen diesen Schluß erläutern. Angenommen, es gilt sowohl (b) als auch (c). Aus (c) kann man durch Spezialisierung auf die Aussage schließen

$(*_1)$ Wenn n_0 die Eigenschaft E hat, dann hat auch n_0+1 die Eigenschaft E.

Aus (b) und $(*_1)$ folgt aber die Aussage

$(*_2)$ n_0+1 hat die Eigenschaft E.

Aus (c) ergibt sich nun durch eine weitere Spezialisierung die Aussage

$(*_3)$ Wenn n_0+1 die Eigenschaft E hat, dann hat auch n_0+2 die Eigenschaft E.

Aufgrund von $(*_2)$ und $(*_3)$ ist also auch die folgende Aussage richtig:

$(*_4)$ n_0+2 hat die Eigenschaft E.

Ganz analog kann man weiter darauf schließen, daß die Zahlen n_0+3, n_0+4 usw. die Eigenschaft E haben. Also besitzen alle natürlichen Zahlen, die größer oder gleich n_0 sind, diese Eigenschaft.

Wir wollen unsere Argumentation noch einmal schematisch darstellen:

   (b)
   (c)
   $(*_1)$ aus (c)
   $(*_2)$ aus (b) und $(*_1)$
   $(*_3)$ aus (c)
   $(*_4)$ aus $(*_2)$ und $(*_3)$
   ⋮

Als Beispiel für einen Beweis durch schwache unendliche Induktion zeigen wir, daß für jede natürliche Zahl n mit $n \geq 1$ gilt:

$$1 + 2 + 3 + \cdots + n = \frac{n}{2}(n+1).$$

Wir müssen also zeigen, daß die folgenden beiden Aussagen richtig sind:

$$1 = \tfrac{1}{2}(1+1).$$

Für alle k mit $k \geq 1$ gilt:

Wenn $1 + 2 + 3 + \cdots + k = \dfrac{k}{2}(k+1)$, dann $1 + 2 + 3 + \cdots + (k+1)$

$$= \frac{k+1}{2}((k+1)+1).$$

Da die erste Behauptung trivialerweise richtig ist, brauchen wir nur die zweite zu beweisen. Hierzu machen wir die folgende Annahme: Sei k irgendeine natürliche Zahl mit $k \geq 1$, für die gilt

$$1 + 2 + 3 + \cdots + k = \frac{k}{2}(k+1).$$

Wir addieren nun auf beiden Seiten dieser Gleichung $k+1$ und erhalten

$$1 + 2 + 3 + \cdots + k + (k+1) = \frac{k}{2}(k+1) + (k+1).$$

Durch einfache arithmetische Umformungen ergibt sich daraus

$$1 + 2 + 3 + \cdots + (k+1) = \frac{k+1}{2}((k+1)+1).$$

Es gilt also für jede natürliche Zahl k mit $k \geq 1$:

Wenn $1 + 2 + 3 + \cdots + k = \dfrac{k}{2}(k+1)$, dann $1 + 2 + 3 + \cdots + (k+1)$

$$= \frac{k+1}{2}((k+1)+1).$$

Damit ist der Induktionsbeweis abgeschlossen.

(B) Starke unendliche Induktion

Um einen Satz der Form (a) zu beweisen, verfährt man bei der starken unendlichen Induktion folgendermaßen: Man zeigt erstens (b) und zweitens

(c′) Für alle k mit $k \geq n_0$ gilt:

Wenn jedes i mit $n_0 \leq i \leq k$ die Eigenschaft E hat, dann hat auch $k+1$ die Eigenschaft E.

Aus (b) und (c') zusammen folgt dann (a). Auch diesen etwas komplizierteren Schluß wollen wir erläutern. Angenommen, es gilt sowohl (b) als auch (c'). Aus (c') folgt die Aussage

$(*'_1)$ Wenn jedes i mit $n_0 \leq i \leq n_0$ die Eigenschaft E hat, dann hat auch $n_0 + 1$ die Eigenschaft E.

Sei nun i irgendeine natürliche Zahl mit $n_0 \leq i \leq n_0$. Dann ist $i = n_0$. Aufgrund von (b) ergibt sich somit, daß i die Eigenschaft E hat. Also gilt:

$(*'_2)$ Jedes i mit $n_0 \leq i \leq n_0$ hat die Eigenschaft E.

Aus $(*'_1)$ und $(*'_2)$ folgt aber

$(*'_3)$ $n_0 + 1$ hat die Eigenschaft E.

Aus (c') folgt auch

$(*'_4)$ Wenn jedes i mit $n_0 \leq i \leq n_0 + 1$ die Eigenschaft E hat, dann hat auch $n_0 + 2$ die Eigenschaft E.

Sei i irgendeine natürliche Zahl mit $n_0 \leq i \leq n_0 + 1$. Dann ist $i = n_0$ oder $i = n_0 + 1$. Ist $i = n_0$, so hat i wegen (b) die Eigenschaft E. Ist $i = n_0 + 1$, so hat i wegen $(*'_3)$ die Eigenschaft E. Also gilt:

$(*'_5)$ Jedes i mit $n_0 \leq i \leq n_0 + 1$ hat die Eigenschaft E.

Aus $(*'_4)$ und $(*'_5)$ folgt

$(*'_6)$ $n_0 + 2$ hat die Eigenschaft E.

Ganz analog ergibt sich, daß die Zahlen $n_0 + 3$, $n_0 + 4$ usw. die Eigenschaft E haben. Also besitzen alle natürlichen Zahlen, die größer oder gleich n_0 sind, diese Eigenschaft.

0.2.2. Endliche Induktion

Die Sätze, welche durch endliche Induktion bewiesen werden können, haben die Form

(d) Jede natürliche Zahl, die größer oder gleich n_0 und kleiner oder gleich m_0 ist, hat eine bestimmte Eigenschaft E.

Dabei wird selbstverständlich vorausgesetzt, daß n_0 und m_0 zwei natürliche Zahlen sind, für die gilt: $n_0 < m_0$.

Wir unterscheiden zwei Arten der endlichen Induktion: die *schwache* und die *starke* endliche Induktion.

(A) Schwache endliche Induktion

Um einen Satz der Form (d) zu beweisen, verfährt man bei der schwachen endlichen Induktion folgendermaßen: Man zeigt erstens

(e) n_0 hat die Eigenschaft E

und zweitens

(f) Für alle k mit $n_0 \leqq k < m_0$ gilt:
Wenn k die Eigenschaft E hat, dann hat auch $k+1$ die Eigenschaft E.

Aus (e) und (f) folgt dann (d), wie man sich anhand der Erläuterung der schwachen unendlichen Induktion sofort klarmacht.

(B) Starke endliche Induktion

Um einen Satz der Form (d) zu beweisen, verfährt man bei der starken endlichen Induktion folgendermaßen: Man zeigt erstens (e) und zweitens

(f') Für alle k mit $n_0 \leqq k < m_0$ gilt:
Wenn jedes i mit $n_0 \leqq i \leqq k$ die Eigenschaft E hat, dann hat auch $k+1$ die Eigenschaft E.

Aus (e) und (f') folgt dann (d), wovon man sich anhand der Erläuterung der starken unendlichen Induktion sofort überzeugt.

Bei einem Beweis durch unendliche oder endliche Induktion heißt (a) bzw. (d) die *Induktionsbehauptung*, (b) bzw. (e) die *Basisbehauptung* und (c) sowie (c') bzw. (f) sowie (f') die *Schrittbehauptung*.

Ein Beweis für die Basisbehauptung wird *Induktionsbasis* (kurz: *Basis*) genannt, ein Beweis für die Schrittbehauptung dementsprechend *Induktionsschritt* (kurz: *Schritt*).

Um die Schrittbehauptung zu beweisen, nimmt man an, daß k irgendeine natürliche Zahl ist, welche die im Wenn-Satz der Schrittbehauptung ausgedrückte Bedingung erfüllt. Diese Annahme heißt *Induktionsvoraussetzung* (kurz: *I.V.*).

Beweist man durch vollständige Induktion, daß alle n mit $n \geqq n_0$ bzw. mit $n_0 \leqq n \leqq m_0$ eine bestimmte Eigenschaft haben, so sagt man mitunter auch, daß der betreffende Beweis durch vollständige Induktion *nach n* geführt wird.

0.3. Semiotische Vorbemerkungen

Bei einer Untersuchung graphischer Gebilde ist es wichtig, diese nicht mit derjenigen Sprache zu vermischen, in der die Untersuchung erfolgt. Nun haben wir es in diesem Buch stets mit graphischen Gebilden zu tun. Deshalb stellen wir, um derartige Verwechslungen zu vermeiden, zunächst einige semiotische (zeichentheoretische) Betrachtungen an.

0.3.1. Gebrauch und Erwähnung

Daß ein Satz, der etwas über einen bestimmten Gegenstand aussagt, eine Bezeichnung dieses Gegenstandes enthalten muß, mag auf den ersten Blick als eine triviale und daher keiner Erwähnung bedürftige Tatsache erscheinen. Denn der Gegenstand kann nicht selbst im Satz vorkommen und muß daher durch einen sprachlichen Ausdruck darin vertreten sein. Bedenkt man aber, daß in einem Satz nicht nur von außersprachlichen Gegenständen, sondern auch von graphischen Gebilden (z. B. Wörtern) die Rede sein kann, so ändert sich die Sachlage. Man betrachte etwa die folgenden drei Sätze:

$(*_1)$ München ist eine Großstadt.
$(*_2)$ München besteht aus sieben Buchstaben.
$(*_3)$ »München« besteht aus sieben Buchstaben.

Während die Sätze $(*_1)$ und $(*_3)$ wahr sind, ist $(*_2)$ offensichtlich falsch. Denn nicht die Stadt München besteht aus sieben Buchstaben, sondern der Ausdruck »München«. Gerade dies ist aber der Inhalt von $(*_3)$. Der Gegenstand, von dem in $(*_3)$ etwas ausgesagt wird, ist nicht die Stadt München, sondern das graphische Gebilde »München«. Satz $(*_3)$ enthält den Ausdruck »»München««, der hier als Name von »München« und somit als Name eines Namens von München fungiert.

Man kann nun den Unterschied zwischen $(*_1)$ und $(*_3)$ so beschreiben: Während das Wort »München« in $(*_1)$ *gebraucht* wird, um etwas über München auszusagen, wird es in $(*_3)$ nur *erwähnt*. $(*_3)$ handelt somit vom Namen »München« und nicht von dem, was er benennt. Der Ausdruck »»München«« wird also in $(*_3)$ gebraucht, um den Ausdruck »München« zu erwähnen.

Die in $(*_3)$ verwendete Methode der Erwähnung graphischer Gebilde besteht darin, daß man das entsprechende Gebilde in Anführungszeichen setzt. Sie ist praktisch die einzige Methode, die in der geschriebenen Alltagssprache angewendet wird.

Um graphische Gebilde zu erwähnen, muß man nicht unbedingt Anführungszeichen verwenden. Selbstverständlich kann man sie auch in anderer Weise benennen. So könnte man z. B. festsetzen, daß ein aus lateinischen Buchstaben zusammengesetzter Ausdruck durch den entsprechenden aus deutschen Buchstaben gebildeten Ausdruck benannt wird. In diesem Falle ergäben sich die Namen – wie bei der Anführungszeichenmethode – nach einer bestimmten Vorschrift. Oder man versieht ein graphisches Gebilde mit einem völlig willkürlich gebildeten Namen. Nichts könnte uns z. B. daran hindern, dem Wort »München« den Namen »Abex« zu geben.

Es ist auch möglich, graphische Gebilde ohne den Gebrauch von Namen zu erwähnen. So besteht eine in der Literatur gelegentlich verwendete Methode darin, daß man den fortlaufenden Text unterbricht und den zu erwähnenden Ausdruck ohne Anführungszeichen in eine eigene Zeile setzt. Anstatt zu schreiben:

… Der Satz »München ist eine Großstadt« besteht aus vier Wörtern …

kann man nach dieser Methode schreiben:

… Der Satz

    München ist eine Großstadt

besteht aus vier Wörtern ….

In diesem Buch werden alle soeben geschilderten Methoden der Erwähnung graphischer Gebilde angewendet.

Es sei noch darauf hingewiesen, daß eine korrekte Unterscheidung zwischen Gebrauch und Erwähnung oft eine etwas umständliche Ausdrucksweise erfordert. Deshalb wird in der logisch-mathematischen Literatur häufig auf eine konsequente Durchführung dieser Unterscheidung verzichtet, in der Hoffnung, daß die Leser aus dem jeweiligen Kontext heraus erraten können, was gemeint ist. Wir wollen dies kurz an einem Beispiel illustrieren. In der Literatur wird die Bezeichnungsweise des Durchschnitts zweier Klassen oft so eingeführt:

Sind K_1 und K_2 irgendwelche Klassen, so bezeichne $K_1 \cap K_2$ den Durchschnitt von K_1, K_2.

In diesem Satz wird offenbar der Ausdruck »$K_1 \cap K_2$« weder gebraucht noch erwähnt. Vielmehr handelt es sich hier um eine elliptische Ausdrucksweise, mit der dasselbe gemeint ist, was wir in 0.1.2 hinsichtlich der Bezeichnungsweise des Klassendurchschnitts gesagt haben.

0.3.2. Objekt- und Metasprache

Es versteht sich von selbst, daß man nur dann Aussagen über die Elemente eines vorgegebenen Gegenstandsbereichs machen kann, wenn man über eine verständliche Sprache verfügt, in der die entsprechenden Sachverhalte formuliert werden können. In den einzelnen Wissenschaften wird zur Formulierung der Aussagen im allgemeinen die um gewisse Symbole und technische Termini erweiterte Umgangssprache verwendet. Natürlich muß die Bedeutung dieser zusätzlichen sprachlichen Hilfsmittel im jeweiligen Kontext festgelegt sein.

Nun kann man insbesondere auch eine Sprache zum Gegenstand der Untersuchung machen. (Der Begriff der Sprache sei hier so weit gefaßt, daß jede Klasse von graphischen Gebilden darunter fällt.) Dabei ist diejenige Sprache, welche den Gegenstand der Untersuchung bildet, von derjenigen Sprache strikt zu unterscheiden, in welcher die betreffende Untersuchung erfolgt. Eine Sprache S, mit deren Hilfe man Aussagen über eine Sprache L macht, wird *Metasprache* bezüglich L genannt, während die Sprache L, die das Objekt der Betrachtung darstellt, *Objektsprache* bezüglich S heißt.

Verwendet man beispielsweise die deutsche Sprache, um Aussagen über die englische zu machen, so fungiert die deutsche Sprache als Metasprache (bezüglich der englischen), während die englische Sprache in diesem Kontext die Objektsprache (bezüglich der deutschen) bildet. Natürlich kann man auch im Deutschen über die deutsche Sprache reden. Dann fungiert die deutsche Sprache als Metasprache bezüglich der deutschen Sprache.

In diesem Buch werden wir zwei (formale) Objektsprachen der mathematischen Logik angeben und näher untersuchen. Unter einer *formalen Sprache* versteht man, kurz gesagt, eine Klasse von gewissen, nach bestimmten Regeln aufgebauten graphischen Gebilden (sog. *Formeln*). Hierbei handelt es sich um völlig bedeutungslose Ausdrücke, die sich lediglich aufgrund ihrer graphischen Gestalt voneinander unterscheiden (vgl. 0.4.1).

Wir werden als Metasprache für jene logischen Objektsprachen die (um technische Termini und gewisse Symbole erweiterte) deutsche Umgangssprache verwenden. Denn diese Metasprache erfüllt u. a. die folgenden Bedingungen:

1. Man kann in ihr alle Ausdrücke der Objektsprache bezeichnen, d. h. man kann in ihr Namen dieser Ausdrücke bilden.
2. Man kann in ihr die relevanten Eigenschaften der einzelnen objektsprachlichen Ausdrücke beschreiben.
3. Man kann in ihr die syntaktischen und semantischen Eigenschaften der Objektsprache beschreiben.

Es ist natürlich auch möglich, eine Metasprache (bezüglich einer Objektsprache) zum Gegenstand der Betrachtung zu machen. Dies geschieht dann in einer Sprache, die bezüglich jener Objektsprache *Metametasprache* genannt wird.

0.3.3. Syntax und Semantik

Man nennt ganz allgemein eine sprachliche Untersuchung *syntaktisch*, wenn sie sich nur auf die Ausdrücke (Wörter, Sätze usw.) einer Sprache bezieht, also lediglich auf die Art und Weise Bezug nimmt, wie diese Ausdrücke aus bestimmten Zeichen zusammengesetzt sind. Wird hingegen neben der Gestalt der Ausdrücke auch ihre Bedeutung berücksichtigt, so spricht man von einer *semantischen* Untersuchung. Diese Charakterisierung einer semantischen Untersuchung ist natürlich nur im Hinblick auf solche Sprachen zutreffend, deren Ausdrücke bedeutungsvoll sind.

Die folgenden Unterscheidungen beziehen sich nun speziell auf formale Sprachen: Unter der *Syntax* einer formalen Sprache versteht man ein System von Regeln, das festlegt, wie aus einer gegebenen Klasse von Grundzeichen die zulässigen Ausdrücke der Sprache zu bilden sind. Unter der *Semantik* einer formalen Sprache versteht man eine Theorie, die auf Regeln der Inbeziehungsetzung von Ausdrücken der Sprache zu gewissen Objekten (»Bedeutungen«) basiert.

Nun interessiert man sich im allgemeinen für bestimmte Teilklassen einer formalen Sprache. Zur Auszeichnung derartiger Teilklassen konstruiert man sog. formale Systeme. Ein *formales System* stellt, grob gesprochen, ein System von Regeln dar, mit dessen Hilfe gewisse Formeln einer formalen Sprache ausgezeichnet werden können (vgl. 0.5). Dabei sind diese Regeln so beschaffen, daß sie nur auf die graphische Gestalt der Formeln Bezug nehmen. Aus diesem Grunde empfiehlt es sich, Betrachtungen, die sich auf den Aufbau und die Eigenschaften eines formalen Systems beziehen, ebenfalls als syntaktisch zu bezeichnen. Dementsprechend versteht man unter der *theoretischen Syntax* eines formalen Systems diejenige Theorie, welche sich mit den syntaktischen Eigenschaften des Systems befaßt. Die theoretische Syntax eines formalen Systems wird in einer Metasprache bezüglich der dem System zugrundeliegenden formalen Sprache entwickelt und bildet einen Teil der *Metatheorie* des formalen Systems. Zur Metatheorie eines formalen Systems gehört auch noch das Studium der Beziehungen zwischen den syntaktischen Eigenschaften des Systems und den semantischen Eigenschaften der zugrundeliegenden formalen Sprache. Die einzelnen Aussagen einer Metatheorie werden auch *Metatheoreme* genannt – im Unterschied zu denjenigen (objektsprachlichen) Formeln der zugrundeliegenden Objektsprache, die im System beweisbar sind, den *Theoremen* des Systems.

0.3.4. Zeichentyp und Zeichenvorkommnis

Bei Untersuchungen, die sich auf graphische Gebilde beziehen, muß man sich darüber im klaren sein, ob die betreffenden graphischen Gebilde als einzelne materielle Objekte oder als Ausdruckstypen aufgefaßt werden sollen. Was mit dieser Unterscheidung gemeint ist, wollen wir kurz anhand eines Beispiels verdeutlichen. Schreibt man etwa mit einem Bleistift den Buchstaben »x« zweimal auf ein Blatt Papier, so erzeugt man zwei materielle Gegenstände von bestimmter Form und Größe. Der Buchstabe »x« ist aber mit keiner dieser beiden konkreten Inschriften identisch: man kann ihn nicht dadurch zerstören, daß man einige seiner Inschriften vernichtet. Als die gemeinsame typographische Gestalt der einzelnen Inschriften ist er vielmehr etwas Abstraktes. Dementsprechend unterscheidet man allgemein bei einem (graphischen) Ausdruck zwischen dem Ausdruck als *Typ* und dem Ausdruck als *Inschrift* oder *Vorkommnis*.

Betrachten wir noch ein weiteres Beispiel. Wenn jemand den Ausdruck »aba« auf ein Blatt Papier schreibt, so erzeugt er eine Inschrift, die aus drei Buchstabenvorkommnissen besteht, nämlich zwei Vorkommnissen von »a« und einem Vorkommnis von »b« (»a« und »b« als Typen verstanden). Im Unterschied zur Inschrift besteht nun der Ausdruck »aba« (als Typ) aus zwei Buchstaben (als Typen), dem Buchstaben »a« und dem Buchstaben »b«. Daß ersterer zweimal, letzterer nur einmal in »aba« vorkommt, kann man auch dadurch ausdrücken, daß man sagt: der Ausdruck »aba«

(als Typ) enthält drei *Vorkommen* von Buchstaben, nämlich zwei Vorkommen von »a« und ein Vorkommen von »b«.

Abschließend sei noch darauf hingewiesen, daß wir in diesem Buch mit Wörtern wie »Ausdruck«, »Symbol«, »Zeichen« u. dgl. stets die entsprechenden graphischen Typen meinen.

0.4. Formale Sprachen

In diesem Abschnitt soll der Begriff der formalen Sprache definiert werden. Wir haben schon in 0.3 etwas über formale Sprachen gesagt und darauf hingewiesen, daß von »Sprache« hier nur in einem übertragenen Sinn die Rede sein kann. Denn es handelt sich bei einer formalen Sprache um nichts anderes als um eine Klasse von graphischen Gebilden, die keinerlei Bedeutung haben und sich nur hinsichtlich ihrer Gestalt voneinander unterscheiden.

0.4.1. Syntax formaler Sprachen

Seien X und Y graphische Gebilde. Dann verstehen wir unter der *Verkettung von* X, Y dasjenige graphische Gebilde, welches entsteht, wenn man X hinschreibt und rechts daneben Y. So ist z. B. die Verkettung von »a«, »b« das komplexe graphische Gebilde »ab«.

Unter einem *Alphabet* wollen wir eine endliche, nichtleere Klasse von wohlunterschiedenen graphischen Gebilden verstehen.

Ein graphisches Gebilde ist ein *Ausdruck über* einem Alphabet A gdw sich dies aufgrund folgender Bestimmungen ergibt:

(1) Jedes Element von A ist ein Ausdruck über A.
(2) Sind X und Y Ausdrücke über A, so ist auch die Verkettung von X, Y ein Ausdruck über A.

Wir erläutern diese Definition anhand zweier Beispiele:

Sei A_1 dasjenige Alphabet, welches nur das Zeichen »|« enthält. (A_1 ist also die Klasse {»|«}.) Aufgrund von (1) ist »|« ein Ausdruck über A_1. Nun gilt aufgrund von (2): Sind »|« und »|« Ausdrücke über A_1, so ist auch die Verkettung von »|«, »|« ein Ausdruck über A_1. Man kann daher folgern, daß das graphische Gebilde »||« ein Ausdruck über A_1 ist. Wir haben bereits gefunden, daß »|« und »||« Ausdrücke über A_1 sind. Also ergibt sich durch eine weitere Anwendung von Bestimmung (2), daß auch »|||« ein Ausdruck über A_1 ist. Wie man sieht, sind auch die Zeichenreihen »||||«, »|||||« usw. Ausdrücke über A_1.

Sei A_2 dasjenige Alphabet, welches genau die Zeichen »▲«, »●« und »■« enthält. (A_2 ist also die Klasse {»▲«, »●«, »■«}.) Nach (1) sind diese drei Zeichen Ausdrücke über A_2. Daher ergibt sich wegen (2), daß z. B. auch die Zeichenreihen »▲●«, »■▲●«, »■▲●▲●« und »■▲●▲●■« Ausdrücke über A_2 sind.

Es ist etwas umständlich, Ausdrücke über einem Alphabet stets mit Hilfe von Anführungszeichen zu erwähnen. Daher treffen wir eine (für das ganze Buch verbindliche) Konvention, die es ermöglicht, sie auf geschicktere Art zu benennen:

Seien X und Y graphische Gebilde. Sei ferner ξ ein Name von X und η ein Name von Y. Dann bezeichne die Verkettung von ξ, η die Verkettung von X, Y.

Ist also beispielsweise »a« ein Name von »▲▲●« und »b« ein Name von »■●«, so bezeichnet »ab« den Ausdruck »▲▲●■●«.

Um ein weiteres Beispiel zu geben, setzen wir nun fest, daß die Elemente von A_1 und A_2 durch die entsprechenden dünn gedruckten Zeichen benannt werden, d. h. »|« durch »|«, »▲« durch »△« usw. Aufgrund unserer obigen Konvention ist dann etwa »||« ein Name von »‖«, »|||« ein Name von »⦀«, »△△○« ein Name von »▲▲●« usw.

Aus der Klasse aller Ausdrücke über einem Alphabet kann man mittels gewisser Bestimmungen Teilklassen aussondern. Die formalen Sprachen sollen nun derartige Teilklassen sein. Wir setzen dabei allerdings voraus, daß man stets in endlich vielen Schritten effektiv feststellen kann, ob ein vorgegebener Ausdruck über dem entsprechenden Alphabet ein Element der Sprache ist. Diese Voraussetzung ist genau dann erfüllt, wenn die formale Sprache entscheidbar ist bezüglich der Klasse aller Ausdrücke über dem Alphabet[1]. Wir definieren nun:

S ist eine *formale Sprache über A* gdw
(1) A ist ein Alphabet;
(2) S ist eine Teilklasse der Klasse aller Ausdrücke über A;
(3) S ist entscheidbar bezüglich der Klasse aller Ausdrücke über A.

Durch »Wegbinden« der Variablen »A« gelangen wir schließlich zu folgender Definition:

S ist eine *formale Sprache* gdw es ein A gibt, so daß S eine formale Sprache über A ist.

Ist S eine formale Sprache, so nennen wir die Elemente von S auch *Formeln* von S.

---

[1] Zum Begriff der Entscheidbarkeit vgl. Abschnitt 0.6.3.

Wie man leicht einsieht, kann ein und dieselbe Ausdrucksklasse eine formale Sprache über mehreren Alphabeten sein. Ferner kann man leicht zeigen, daß gilt:

(1) Die Klasse aller Ausdrücke über einem Alphabet ist abzählbar unendlich.
(2) Jede Teilklasse der Klasse aller Ausdrücke über einem Alphabet ist abzählbar.
(3) Jede formale Sprache ist abzählbar.

Im Hinblick auf unsere nächsten Beispiele definieren wir nun zwei (sehr einfache) formale Sprachen S_1 und S_2, wobei wir auf die bereits eingeführten Alphabete A_1 und A_2 Bezug nehmen:

S_1 sei die Klasse aller derjenigen Ausdrücke über A_1, die eine ungerade Anzahl von Vorkommen des Zeichens »|« enthalten.

S_2 sei die Klasse aller derjenigen Ausdrücke über A_2, die mit dem Zeichen »■« beginnen.

0.4.2. Semantik formaler Sprachen

Die Entwicklung der Semantik einer formalen Sprache S vollzieht sich so, daß zunächst eine bestimmte Klasse von Funktionen definiert wird, welche gewissen Ausdrücken über dem Alphabet von S gewisse, im einzelnen näher zu spezifizierende Objekte zuordnen. Unter Bezugnahme auf diese Funktionen wird dann eine Teilklasse von S definiert, die Klasse der *gültigen* Formeln von S.

Betrachten wir zur Verdeutlichung des soeben Gesagten ein einfaches Beispiel. Dazu definieren wir:

Sei F eine Funktion auf S_1, für welche gilt: Ist X irgendein Element von S_1 und n die Anzahl der Vorkommen des Zeichens | in X, so ist $F^I X = n$.

F ordnet also jeder Formel von S_1 eine ungerade natürliche Zahl zu. Unter Bezugnahme auf F definieren wir nun die Klasse der gültigen Formeln von S_1:

X ist S_1-*gültig* gdw X eine Formel von S_1 ist und $F^I X$ (ohne Rest) durch 3 teilbar ist.

S_1-gültige Formeln sind also die Ausdrücke |||, |||||||||, ...
Die Festlegung der Klasse der gültigen Formeln einer formalen Sprache erfolgt im allgemeinen nicht völlig willkürlich, sondern im Hinblick auf eine intendierte Anwendung der formalen Sprache.

47

0.5. Formale Systeme

Ein formales System wird in Bezug auf eine formale Sprache definiert. Mit seiner Hilfe soll eine (meist semantisch festgelegte) Teilklasse dieser formalen Sprache auf rein syntaktische Weise ausgezeichnet werden. Zu diesem Zweck wird für das formale System ein geeigneter Beweisbegriff eingeführt; dabei ist der Gedanke maßgebend, daß alle im System beweisbaren Formeln in jener Teilklasse der formalen Sprache enthalten sein sollen.

0.5.1. Syntax formaler Systeme

Wir wollen einen Gegenstand τ ein *formales Objekt bezüglich S* nennen, wenn gilt:

(1) S ist eine formale Sprache;
(2) τ ist ein n-Tupel ($n \geqq 1$), dessen n-tes Glied ein Element von S ist.

Man beachte, daß bereits jedes Element einer formalen Sprache S (also jede Formel von S) ein formales Objekt bezüglich S ist.

Unter einer *Ableitungsregel R* für eine formale Sprache S versteht man eine syntaktische Bestimmung, die es gestattet, von einer Folge $\tau_1, \ldots, \tau_n$ bestimmter formaler Objekte bezüglich S zu einer Folge $\tau_1, \ldots, \tau_n, \tau_{n+1}$ derartiger Objekte überzugehen, falls die Folge $\tau_1, \ldots, \tau_n$ gewisse Bedingungen erfüllt. Dabei wird vorausgesetzt, daß man stets in einer endlichen Anzahl von Schritten effektiv feststellen kann, ob $\tau_1, \ldots, \tau_n, \tau_{n+1}$ durch Anwendung von R aus $\tau_1, \ldots, \tau_n$ hervorgeht.

Die nun folgende Definition des Begriffs des formalen Systems nimmt auf eine formale Sprache S, eine Teilklasse P von S und eine Klasse R von Ableitungsregeln für S Bezug.

Φ ist ein *formales System bezüglich S, P, R* gdw
(1) S ist eine formale Sprache;
(2) $P \subseteq S$;
(3) R ist eine endliche Klasse von Ableitungsregeln für S;
(4) $P \cup R \neq \emptyset$;
(5) $\Phi = \langle S, P, R \rangle$.

Ferner definieren wir:

Φ ist ein *formales System* gdw es S, P und R gibt, so daß Φ ein formales System bezüglich S, P, R ist.

Ist Φ ein formales System, so heiße das erste Glied von Φ *die Sprache von Φ*, das zweite Glied von Φ *die Axiomenklasse von Φ* und das dritte Glied von Φ *die Regelklasse von Φ.*

Schließlich sollen die Elemente der Axiomenklasse eines formalen Systems Φ die *Axiome* von Φ und die Elemente der Regelklasse von Φ die *Regeln* von Φ heißen.

Wie aus der Definition des Begriffs des formalen Systems hervorgeht, kann die Axiomenklasse eines formalen Systems auch leer sein. Damit ergibt sich die Möglichkeit, die Klasse der formalen Systeme in zwei Teilklassen zu gliedern: in die Klasse der axiomatischen Systeme und die Klasse der Regelsysteme.

Φ ist ein *axiomatisches System* bezüglich S, P, R gdw
(1) Φ ist ein formales System bezüglich S, P, R;
(2) $P \neq \emptyset$.

Φ ist ein *Regelsystem* bezüglich S, P, R gdw
(1) Φ ist ein formales System bezüglich S, P, R;
(2) $P = \emptyset$.

Um nun mit Hilfe eines formalen Systems Φ eine bestimmte Teilklasse der Sprache von Φ auf rein syntaktische Weise auszuzeichnen, legt man für Φ einen geeigneten Beweisbegriff fest. Für axiomatische Systeme entspricht eine solche Festlegung der folgenden allgemeinen Definition:

$\mathfrak{B}$ ist ein *Beweis* in einem axiomatischen System Φ gdw $\mathfrak{B}$ eine Folge $C_1, \ldots, C_n$ von Formeln der Sprache von Φ ist, so daß gilt:
(1) C_1 ist ein Axiom von Φ;
(2)   ist $n \geq 2$, so gilt für jedes i $(2 \leq i \leq n)$:
      C_i ist ein Axiom von Φ oder die Folge $C_1, \ldots, C_i$ geht durch Anwendung einer Regel von Φ aus der Folge $C_1, \ldots, C_{i-1}$ hervor.

Da eine allgemeine Definition des Beweisbegriffs in bezug auf Regelsysteme ziemlich kompliziert ausfallen würde, wollen wir auf eine solche Definition verzichten. Für das Folgende ist nur der Hinweis wichtig, daß jeder Beweis in einem Regelsystem Φ eine endliche Folge von Formeln der Sprache von Φ ist.

Hat man für ein formales System Φ den Beweisbegriff festgelegt, so ist damit die Klasse der Theoreme von Φ, d. h. die Klasse der in Φ beweisbaren Formeln, syntaktisch ausgezeichnet.

$\mathfrak{B}$ ist ein *Beweis für A* in einem formalen System Φ gdw
(1) $\mathfrak{B}$ ist ein Beweis in Φ;
(2) A ist das letzte Glied von $\mathfrak{B}$.

A ist ein *Theorem* eines formalen Systems Φ gdw es einen Beweis für A in Φ gibt.

Aus den obigen Definitionen ergibt sich, daß die Axiomenklasse eines formalen Systems Φ eine Teilklasse der Klasse aller Theoreme von Φ ist und daß die Klasse aller Theoreme von Φ eine Teilklasse der Sprache von Φ ist. Das folgende Bild möge diese syntaktischen Verhältnisse veranschaulichen. (Dabei bezeichne »P« die Klasse der Axiome, »T« die Klasse der Theoreme und »S« die Sprache von Φ. Ferner bezeichne »E« die Klasse aller Ausdrücke über einem entsprechenden Alphabet.)

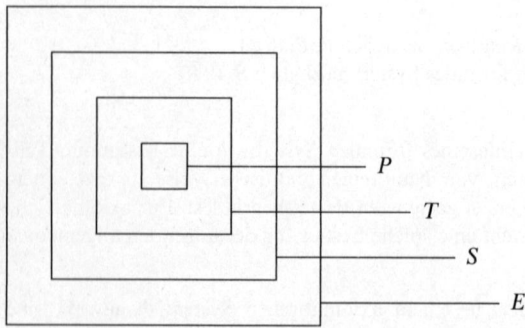

Normalerweise ist die Klasse der Theoreme eines formalen Systems Φ eine echte Teilklasse der Sprache von Φ. Man spricht in diesem Fall von »absoluter Konsistenz«:

Ein formales System Φ ist *absolut konsistent* gdw es wenigstens eine Formel der Sprache von Φ gibt, die kein Theorem von Φ ist.

Aus Gründen der Eleganz fordert man oft die Unabhängigkeit der Axiome eines axiomatischen Systems.

A ist *unabhängig in* Φ bezüglich S, P, R gdw
(1) Φ ist ein axiomatisches System bezüglich S, P, R;
(2) $A \in P$;
(3) $P \setminus \{A\} \neq \emptyset$;
(4) A ist kein Theorem von $\langle S, P \setminus \{A\}, R \rangle$.

Es gibt nun einen interessanten Zusammenhang zwischen Unabhängigkeit und absoluter Konsistenz:

Sei $\langle S, P, R \rangle$ ein axiomatisches System. Dann ist $\langle S, P, R \rangle$ absolut konsistent gdw es ein A gibt, so daß gilt: $A \in S \setminus P$ und A ist unabhängig in $\langle S, P \cup \{A\}, R \rangle$.

Beweis: Angenommen, $\langle S, P, R \rangle$ ist absolut konsistent. Dann gibt es ein A aus S, das kein Theorem von $\langle S, P, R \rangle$ ist. Sei A_0 ein solches A. Da alle Axiome eines axiomatischen Systems auch Theoreme dieses Systems sind, ist $A_0 \notin P$. Also ist $A_0 \in S \setminus P$. Wäre nun A_0 nicht unabhängig in $\langle S, P \cup \{A_0\}, R \rangle$, so wäre A_0 ein Theorem von $\langle S, (P \cup \{A_0\}) \setminus \{A_0\}, R \rangle$, d. h. von $\langle S, P, R \rangle$ (Widerspruch!). Also ist A_0 unabhängig in $\langle S, P \cup \{A_0\}, R \rangle$. Also gibt es ein A, so daß gilt: $A \in S \setminus P$ und A ist unabhängig in $\langle S, P \cup \{A\}, R \rangle$.

Angenommen umgekehrt, es gibt ein A, so daß gilt: $A \in S \setminus P$ und A ist unabhängig in $\langle S, P \cup \{A\}, R \rangle$. Sei A_0 ein solches A. Dann ist A_0 kein Theorem von $\langle S, (P \cup \{A_0\}) \setminus \{A_0\}, R \rangle$, d. h. von $\langle S, P, R \rangle$. Also ist $\langle S, P, R \rangle$ absolut konsistent.

Als weitere syntaktische Begriffe führen wir noch den Begriff der Äquivalenz zweier formaler Systeme und den der Erweiterung eines formalen Systems ein:

Zwei formale Systeme Φ und Ψ sind *äquivalent* gdw die Klasse der Theoreme von Φ identisch ist mit der Klasse der Theoreme von Ψ.

Ist ein Axiom eines axiomatischen System Φ nicht unabhängig in Φ, so erhält man durch Entfernung dieses Axioms aus der Axiomenklasse von Φ ein mit Φ äquivalentes axiomatisches System Φ^*. Natürlich wird dabei vorausgesetzt, daß Φ wenigstens zwei Axiome besitzt.

Ein formales System $\langle S', P', R' \rangle$ ist eine *Erweiterung* eines formalen Systems $\langle S, P, R \rangle$ gdw

(1) $S \subseteq S'$;
(2) $P \subseteq P'$;
(3) $R \subseteq R'$.

Zur Verdeutlichung der in diesem Abschnitt definierten Begriffe wollen wir nun noch zwei einfache Beispiele für axiomatische Systeme angeben.

(a) Sei P_1 die Klasse $\{ \| \| \}$. (Der Ausdruck $\| \| \|$ ist ein Element der formalen Sprache S_1.) Sei ferner R_1 diejenige Klasse, welche als einziges Element die folgende Ableitungsregel enthält:

Ist $C_1, ..., C_n$ eine Folge von Formeln von S_1 und C irgendein Glied dieser Folge, so darf man von

$C_1, ..., C_n$

zu der Folge

$C_1, ..., C_n, C$ ||||||

übergehen.

Wie man sofort sieht, ist das Tripel $\langle S_1, P_1, R_1 \rangle$ ein axiomatisches System (bezüglich S_1, P_1, R_1). Es werde im folgenden auch mit »Φ_1« bezeichnet.

Ein Beweis für ||||||||||||||| in Φ_1 ist beispielsweise die (objektsprachlich geschriebene) Folge:

Das erste Glied dieser Folge ist das Axiom von Φ_1. Die Folge |||, ||||||||| ergibt sich durch Anwendung der Regel von Φ_1 auf die (eingliedrige) Folge |||. Das dritte Glied ist wiederum das Axiom von Φ_1. Die ganze Folge ergibt sich schließlich durch Anwendung der Regel von Φ_1 auf die Folge |||, |||||||||, |||.

Wie der Leser sich leicht überlegt, ist die Klasse der Theoreme von Φ_1 identisch mit der Klasse der S_1-gültigen Formeln (vgl. 0.4.2). Dies ist also die (semantisch definierte) Teilklasse von S_1, welche durch Φ_1 auf rein syntaktische Weise ausgezeichnet wird.

(b) Sei P_2 die Klasse $\{\Box\}$. (Der Ausdruck $\Box$ ist ein Element der formalen Sprache S_2.) Sei ferner R_2 diejenige Klasse, welche die folgenden beiden Ableitungsregeln als einzige Elemente enthält:

Regel 1: Ist $C_1, ..., C_n$ eine Folge von Formeln von S_2 und C irgendein Glied dieser Folge, so darf man von

$C_1, ..., C_n$

zu der Folge

$C_1, ..., C_n, C\triangle$

übergehen.

Regel 2: Ist $C_1, \ldots, C_n$ eine Folge von Formeln von S_2, und sind C und D irgendwelche Glieder dieser Folge, so darf man von

$$C_1, \ldots, C_n$$

zu der Folge

$$C_1, \ldots, C_n, C \bigcirc D$$

übergehen.

Das Tripel $\langle S_2, P_2, R_2 \rangle$ ist ein axiomatisches System (bezüglich S_2, P_2, R_2). Es werde im folgenden mit »Φ_2« bezeichnet. Ein Theorem von Φ_2 ist z. B. die Formel □○□△△. Denn die Folge

ist ein Beweis für diese Formel in Φ_2: Das erste Glied ist das Axiom von Φ_2. Die Folge □, □△ ergibt sich durch Anwendung der Regel 1 auf □. Die Folge □, □△, □○□△ ergibt sich durch Anwendung der Regel 2 auf □, □△ (wobei $C = $ □ und $D = $ □△). Durch nochmalige Anwendung von Regel 1 erhält man schließlich den obigen Beweis.

Aufgabe:

1. Man zeige, daß die Folge

    ■
    ■●■
    ■●■▲
    ■●■●■●■▲

    ein Beweis in Φ_2 ist.

2. Für die folgenden drei Formeln von S_2 konstruiere man Beweise in Φ_2:

    (a) □△△○□ ;

    (b) □○□○□○□ ;

    (c) □△○□△○□○□△ .

0.5.2. Semantik formaler Systeme

Wie wir schon hervorgehoben haben, soll mit Hilfe eines formalen Systems eine (semantisch festgelegte) Teilklasse der Sprache dieses Systems syntaktisch ausgezeichnet werden.

Sei Φ ein formales System, T die Klasse der Theoreme von Φ und G eine Teilklasse der Sprache von Φ. Wir wollen nun allgemein die Frage aufwerfen, in welcher Beziehung T und G zueinander stehen können. Die folgenden fünf Möglichkeiten sind von Interesse:

1. $T = G$;
2. $T \subseteq G$;
3. $T \subset G$;
4. $G \subseteq T$;
5. $G \subset T$.

In den ersten drei Fällen ist Φ in dem Sinne korrekt, daß jedes Theorem von Φ in G enthalten ist. Im vierten Fall ist dies zwar nicht mehr gewährleistet, aber auch nicht ausgeschlossen. Im letzten Fall hingegen ist Φ insofern inkorrekt, als wenigstens ein Theorem von Φ nicht in G enthalten ist. Ferner ist klar, daß man nur im ersten Fall von einer syntaktischen Auszeichnung der Klasse G durch Φ sprechen kann. Wir sind damit auf die folgenden Definitionen vorbereitet:

Sei Φ irgendein formales System, T die Klasse der Theoreme von Φ und G eine (semantisch festgelegte) Teilklasse der Sprache von Φ. Dann ist

Φ *adäquat* bezüglich G gdw $T = G$;
Φ *korrekt* bezüglich G gdw $T \subseteq G$;
Φ *unvollständig* bezüglich G gdw $T \subset G$;
Φ *vollständig* bezüglich G gdw $G \subseteq T$;
Φ *inkorrekt* bezüglich G gdw $G \subset T$.

Es gilt:

(1) Ein formales System ist adäquat gdw es sowohl korrekt als auch vollständig ist.
(2) Jedes unvollständige formale System ist korrekt.
(3) Jedes inkorrekte formale System ist vollständig.

Um nachzuweisen, daß ein formales System adäquat ist, muß man also zweierlei zeigen: seine Korrektheit und seine Vollständigkeit. Gelegentlich kann man die Adäquatheit eines formalen Systems Φ bezüglich G indirekt dadurch nachweisen, daß man von einem anderen formalen System, dessen Adäquatheit bezüglich G schon nachgewiesen ist, ausgeht und zeigt, daß es mit Φ äquivalent ist. Diese Methode werden wir bei den Regelsystemen $\Sigma 1$ und $\Sigma 2$ anwenden. Wir werden beweisen, daß die axiomatischen Systeme $\Pi 1$

und *Π2* adäquat sind, und dann zeigen, daß diese mit den entsprechenden *Σ*-Systemen äquivalent sind.

0.5.3. Historische Bemerkungen

Den Ausgangspunkt für die moderne Axiomatik bildet die aristotelische Wissenschaftslehre. Der von ARISTOTELES intendierte Begriff einer nach strengen Grundsätzen aufgebauten Wissenschaft kann nach H. SCHOLZ kurz folgendermaßen charakterisiert werden:

> Eine (aristotelische) *Wissenschaft* ist ein System von wahren Sätzen über einen bestimmten Gegenstandsbereich. Es zerfällt in *Grundsätze (Axiome)* und *Lehrsätze (Theoreme)*; die in den Grundsätzen und Lehrsätzen auftretenden Begriffe sind *Grundbegriffe* oder *definierte Begriffe*. Dabei gilt für die Grundsätze:
>
> (1) sie sind unmittelbar evident (und darum unbeweisbar);
> (2) sie sind hinlänglich in dem Sinne, daß außer ihnen für den Beweis der Lehrsätze nur noch die Regeln der Logik erforderlich sind;
> (3) sie sind Notwendigkeitsbehauptungen;
>
> und für die Grundbegriffe:
>
> (1) sie sind unmittelbar verständlich (und darum undefinierbar);
> (2) sie sind hinlänglich in dem Sinne, daß außer ihnen für die Definition der übrigen Begriffe nur noch logische Ausdrücke erforderlich sind.

Während ARISTOTELES die axiomatische Methode nur beschrieben, aber nicht angewendet hat, versuchte EUKLID (um 300 v. Chr.), die Geometrie axiomatisch aufzubauen.

EUKLID wollte, von einigen wenigen »evidenten« Grundsätzen ausgehend, alle anderen ihm bekannten geometrischen Lehrsätze aus diesen mittels logischer Schlußfolgerungen gewinnen. Sein Buch ›Elemente‹ galt bis gegen Ende des 19. Jahrhunderts als Vorbild für jedes strenge und systematische wissenschaftliche Vorgehen. Tatsächlich jedoch hatte EUKLID mit seinen Grundsätzen nicht alle Eigenschaften festgelegt, die er für den Beweis seiner Lehrsätze benötigte. Die fehlenden Festlegungen wurden vielmehr durch die zahlreichen Figuren ersetzt, welche seine Beweise begleiteten. Bis ins 19. Jahrhundert wurde angenommen, daß diese Figuren für die Beweise unwesentlich seien. Die versteckten, aber für die Durchführung der Beweise wesentlichen Annahmen sind erst gegen Ende des 19. Jahrhunderts entdeckt worden. Sie wurden als zusätzliche Axiome erstmals von PASCH (1882) und HILBERT (1889) formuliert.

HILBERT hat in seinen ›Grundlagen der Geometrie‹ (1899) das erste vollständige Axiomensystem der euklidischen Geometrie geschaffen. Er zeigte in diesem Buch, daß der Rückgriff auf die Anschauung in der deduktiven Entwicklung der Geometrie gänzlich vermieden werden kann. Obwohl er keine streng formale Darstellung gewählt hatte, war es bis zur strikten Formalisierung der euklidischen Geometrie nur noch ein kleiner Schritt.

Das Vertrauen in die Evidenz, welche seit ARISTOTELES als Kriterium für die Auswahl der Axiome eines deduktiven Systems galt, wurde im 19. Jahrhundert durch die Diskussion um die nichteuklidischen Geometrien erschüttert. Vor allem aber verstärkte das Auftreten von Widersprüchen (Antinomien) in der Mengenlehre das Bemühen, die Theorie der deduktiven Systeme neu zu begründen und damit die aufgekommenen Zweifel an der Sicherheit des mathematischen Schließens aus der Welt zu schaffen. Es mußte eine Methode gefunden werden, die es gestattet, das Einfließen inhaltlicher Vorstellungen zu verhindern.

Dies führte im 20. Jahrhundert zu dem Programm, die mathematischen Disziplinen als streng formale Systeme zu entwickeln (»HILBERTsches Programm«).

Nun können aber ohne die Einbeziehung formaler Sprachen und ihrer Metatheorie grundlegende Begriffe der Logik wie z. B. *Beweis, Theorem, Schlußregel* nicht ausreichend präzisiert werden. So kam es zur Entwicklung einer allgemeinen Theorie formaler (logischer) Sprachen und Systeme und der strikten Trennung von syntaktischen und semantischen Begriffsbildungen.

In diesem Zusammenhang sei noch kurz die von HILBERT begründete Metamathematik erwähnt. Die *Metamathematik* ist eine Metatheorie mathematischer axiomatischer Systeme, deren Hauptaufgabe nach HILBERT darin besteht, die Widerspruchsfreiheit (Konsistenz), Vollständigkeit und Unabhängigkeit der Axiome solcher Systeme nachzuweisen.

0.6. Entscheidbarkeit, Erzeugbarkeit und Aufzählbarkeit

In diesem Abschnitt gehen wir auf einige für die mathematische Logik wichtige Begriffe aus der Algorithmentheorie ein. Dabei knüpfen wir an den intuitiv gegebenen Inhalt dieser Begriffe an, ohne jedoch eine mathematisch exakte Präzisierung vorzunehmen. Hierfür wären umfangreiche technische Hilfsmittel erforderlich, die den Rahmen dieser Präliminarien bei weitem überschreiten würden.

0.6.1. Der Begriff des Algorithmus

Unter einem *Algorithmus* hinsichtlich einer Klasse von Fragestellungen versteht man ein allgemeines Verfahren, mit dessen Hilfe es möglich ist, für jedes Problem dieser Klasse auf rein mechanische Weise in endlich vielen Schritten eine Lösung zu finden.

Die Auffindung von Algorithmen ist für den Mathematiker von außerordentlichem Interesse, weil dadurch die schematische Lösung und somit die Trivialisierung einer gegebenen Klasse von Problemen möglich wird. Dies wiederum hat vor allem im Hinblick auf die Anwendung elektronischer Rechengeräte eine große praktische Bedeutung.

Einfache Beispiele für Algorithmen sind die Algorithmen zur Addition und Multiplikation von (in Dezimaldarstellung gegebenen) Zahlen sowie der Euklidische Algorithmus zur Bestimmung des größten gemeinsamen Teilers zweier positiver ganzer Zahlen. Letzteren könnte man beispielsweise durch die folgenden fünf Vorschriften festlegen:

(1) Man nehme die beiden Zahlen zur Kenntnis und gehe zu (2) über.
(2) Man ermittle, ob beide Zahlen gleich sind, und gehe zu (3) über.
(3) Sind beide Zahlen gleich, so ist jede von ihnen das gesuchte Ergebnis (und man ist fertig). Sind hingegen beide Zahlen ungleich, so gehe man zu (4) über.
(4) Man subtrahiere die kleinere von der größeren Zahl und gehe zu (5) über.
(5) Man betrachte von nun an die beiden Zahlen: Subtrahend und Differenz und gehe zu (2) über.

Ist man bei (5) angelangt, so muß man also erneut zu (2) übergehen, und zwar so lange, bis (3) zu einer Beendigung des Verfahrens führt.

Drei Eigenschaften sind es, die jeder Algorithmus besitzt: Determiniertheit, Allgemeinheit und Endlichkeit.

Die *Determiniertheit* eines Algorithmus besteht im wesentlichen darin, daß er bis in alle Einzelheiten eindeutig festgelegt ist; dies betrifft insbesondere die Frage, in welcher Reihenfolge und wie oft die einzelnen Vorschriften, aus denen er besteht, zu befolgen sind.

Ein Algorithmus arbeitet schrittweise, und zwar so, daß er bei Anwendung auf dasselbe Problem stets dasselbe Resultat liefert. Da man nicht unendlich viele Vorschriften angeben kann, muß er ferner durch einen Text endlicher Länge beschreibbar sein. Seine Arbeitsweise ist völlig mechanisch: für schöpferische Phantasie ist hier kein Platz. Jeder einzelne Arbeitsschritt muß – wenigstens im Prinzip – auch von einer Maschine ausführbar sein.

Allgemeinheit kommt einem Algorithmus insofern zu, als er zur Beantwortung einer ganzen Klasse von Fragestellungen dient, nicht jedoch zur Lösung von Einzelproblemen. Durch die Auffindung von Algorithmen will sich der Mathematiker ja der mühevollen Aufgabe überheben, für jedes Problem eines bestimmten Typs jeweils ein besonderes Lösungsverfahren zu ersinnen.

Es gibt in der Mathematik zahlreiche Problemklassen, für die man noch keinen Algorithmus gefunden hat, obwohl man in der Lage ist, für einzelne Probleme dieser Klassen Lösungen anzugeben. Das folgende Beispiel für eine derartige Problemklasse ergibt sich im Zusammenhang mit einer berühmten Behauptung, die der französische Mathematiker FERMAT (1601–1665) aufgestellt hat. Zur Erläuterung dieses Beispiels definieren wir eine Funktion F von $\mathbb{N}$ in $\{0, 1\}$ derart, daß für alle n aus $\mathbb{N}$ gilt:

$$F(n) = \begin{cases} 1, \text{ falls es positive natürliche Zahlen } x, y \text{ und } z \text{ gibt mit} \\ \quad x^n + y^n = z^n \,; \\ 0 \text{ sonst}. \end{cases}$$

Wie man bisher feststellen konnte, ist $F(1) = F(2) = 1$ und $F(0) = F(3) = F(4) = \cdots = F(4002) = 0$. Es ist jedoch nicht gelungen, einen Algorithmus hinsichtlich der Klasse aller Fragen von der Form: »Ist $F(n) = 1$?« (für jedes n mit $n \geqq 0$) zu finden. Wäre FERMATs Behauptung bewiesen, daß für jedes n mit $n > 2$ gilt: $F(n) = 0$, so könnte man allerdings leicht einen solchen Algorithmus angeben:

(1) Man nehme die Zahl n zur Kenntnis und gehe zu (2) über.

(2) Man stelle fest, ob $n \in \{1, 2\}$, und gehe zu (3) über.

(3) Ist $n \in \{1, 2\}$, so ist $F(n) = 1$ (und man ist fertig). Ist hingegen $n \notin \{1, 2\}$, so ist $F(n) = 0$ (und man ist ebenfalls fertig).

Unter der *Endlichkeit* eines Algorithmus schließlich versteht man die Tatsache, daß er nach endlich vielen Arbeitsschritten zu einem effektiven Ergebnis führt. Ein Algorithmus bricht also nach endlich vielen Schritten ab[1].

---

[1] Manche Autoren unterscheiden zwischen *abbrechenden* und *nichtabbrechenden* Algorithmen. Zu letzteren zählen sie etwa das Verfahren zur Berechnung der Quadratwurzel einer in Dezimaldarstellung gegebenen natürlichen Zahl: Man kann es im allgemeinen beliebig weit fortsetzen und immer weitere Dezimalstellen der Wurzel berechnen. Wir wollen jedoch in solchen Fällen nicht von Algorithmen sprechen.

0.6.2. Historische Bemerkungen zum Algorithmenbegriff

Algorithmen zur Lösung algebraischer Probleme wurden schon von den Arabern entwickelt. Einen Hinweis darauf gibt bereits das Wort »Algorithmus«; es geht auf den Namen des arabischen Mathematikers Mohammed Ibn Musa al CHWARIZMI (um 800) zurück, der ein damals weitverbreitetes (später »liber algorithmi« genanntes) Buch über die Behandlung algebraischer Gleichungen schrieb.

Unter dem Einfluß der Araber konzipierte der Spanier Raimundus LULLUS (um 1300) die Idee der *Ars Magna*, einer schematischen Methode zur Lösung nicht nur mathematischer Probleme, sondern aller Probleme überhaupt. Für jede Aussage wäre damit algorithmisch entscheidbar, ob sie richtig ist – eine wahrhaft phantastische Idee!

Die Anwendung von Algorithmen auch auf nichtalgebraische Probleme gelang indessen erst DESCARTES (1596–1650). Durch die von ihm begründete analytische Geometrie wurde es nämlich möglich, geometrische Probleme in algebraische Probleme zu überführen. DESCARTES war offenbar der (heute als falsch erwiesenen) Ansicht, daß alle algebraischen Probleme mit Hilfe von Algorithmen lösbar sind.

Auch LEIBNIZ (1646–1716) hat sich um die Auffindung von Algorithmen bemüht. Darüber hinaus gelang ihm eine für die damalige Zeit erstaunlich präzise Explikation des Algorithmenbegriffs. LEIBNIZ war auch einer der ersten Mathematiker, die eine Rechenmaschine zu bauen versuchten.

Die These, daß *alle* mathematischen Probleme algorithmisch lösbar sind, konnte bis ins 20. Jahrhundert hinein weder bewiesen noch widerlegt werden. Es gab immer noch Problemklassen in der Mathematik (und später auch in der mathematischen Logik), für die man trotz intensiver Bemühungen keinen Algorithmus hatte finden können. Daher drängte sich allmählich die Vermutung auf, daß ein solcher vielleicht gar nicht existiere, d. h., daß gewisse Aussagen der Form

es gibt keinen Algorithmus für die Problemklasse K

richtig seien. Solche Aussagen lassen sich aber nur unter Zugrundelegung eines exakt definierten Algorithmenbegriffs beweisen, da es sich um Aussagen über *alle* Algorithmen handelt. Damit ergab sich die Notwendigkeit, den intuitiven Begriff des Algorithmus zu präzisieren.

Die ersten Versuche, den Algorithmenbegriff zu präzisieren, wurden in der Weise unternommen, daß man den Begriff der berechenbaren Funktion (siehe 0.6.4) exakt zu definieren versuchte. 1934 entwickelten J. Herbrand und K. Gödel, anknüpfend an Untersuchungen über sog. primitiv-rekursive Funktionen (T. Skolem, K. Gödel), den Begriff der *allgemein-rekursiven Funktion*. Nachdem A. Church und S. C. Kleene im Jahre 1936 eine völlig andere Präzisierung des Begriffs der berechenbaren Funktion gefunden hatten, formulierte Church die nach ihm benannte These:

Der intuitiv gegebene Begriff der berechenbaren Funktion ist identisch mit dem (exakt definierten) Begriff der allgemein-rekursiven Funktion.

Die Churchsche These wurde durch spätere Ergebnisse immer mehr gefestigt. Insbesondere haben sich alle weiteren Präzisierungen des Algorithmenbegriffs (Turing, Post, Markov, Smullyan u. a.) mit dem Begriff der allgemein-rekursiven Funktion als äquivalent erwiesen. Daher wird die Churchsche These heute von den meisten Logikern akzeptiert.

Im Jahre 1936 gelang Church der Beweis, daß es im Bereich der mathematischen Logik eine wohldefinierte Problemklasse gibt, die nicht algorithmisch lösbar ist (Unentscheidbarkeit der Prädikatenlogik erster Stufe). Daß es auch in der klassischen Mathematik Problemklassen gibt, für die kein Algorithmus existiert, konnte indessen erst 1947 bewiesen werden (Post, Markov).

0.6.3. Entscheidbarkeit und Unentscheidbarkeit

In engem Zusammenhang mit dem Algorithmenbegriff steht der Begriff der Entscheidbarkeit. Wir definieren:

Eine Klasse K_1 ist *entscheidbar* bezüglich einer Klasse K_2 gdw
(1) $K_1 \subseteq K_2$;
(2) es gibt einen Algorithmus, mit dessen Hilfe man für jedes Element von K_2 feststellen kann, ob es ein Element von K_1 ist.

So ist beispielsweise die Klasse der Primzahlen entscheidbar bezüglich der Klasse aller natürlichen Zahlen. Ferner definieren wir:

Eine Klasse K_1 ist *unentscheidbar* bezüglich einer Klasse K_2 gdw
(1) $K_1 \subseteq K_2$;
(2) K_1 ist nicht entscheidbar bezüglich K_2.

In der mathematischen Logik sind vor allem solche Klassen von Interesse, die entscheidbar bezüglich einer Klasse von Ausdrücken über einem Alphabet sind. Die Algorithmentheorie kann sich sogar gänzlich auf die Betrachtung von Ausdrucksklassen beschränken. Wir definieren:

K ist eine *Ausdrucksklasse über A* gdw

(1) A ist ein Alphabet;

(2) K ist eine Teilklasse der Klasse aller Ausdrücke über A.

K ist eine *Ausdrucksklasse* gdw es ein A gibt, so daß K eine Ausdrucksklasse über A ist.

Satz 0.6.3–1.

Seien K_1 und K_2 zwei Ausdrucksklassen über demselben Alphabet und sei $K_1 \subseteq K_2$. Dann gilt: K_1 ist entscheidbar bezüglich K_2 gdw K_1 entscheidbar bezüglich K_1, und $K_2 \setminus K_1$ entscheidbar bezüglich $K_2 \setminus K_1$ ist.

Beweis: Seien K_1 und K_2 zwei Ausdrucksklassen über demselben Alphabet und sei $K_1 \subseteq K_2$.

Angenommen, K_1 ist entscheidbar bezüglich K_2. Dann gibt es einen Algorithmus α, mit dessen Hilfe man für jedes Element von K_2 feststellen kann, ob es ein Element von K_1 ist. Ist X irgendein Element von K_1, so ist $X \in K_2$, und man kann mit Hilfe von α feststellen, ob $X \in K_1$. Also ist K_1 entscheidbar bezüglich K_1. Ist andererseits $X \in K_2 \setminus K_1$, so kann man ebenfalls mit Hilfe von α feststellen, ob $X \in K_1$. Also ist auch $K_2 \setminus K_1$ entscheidbar bezüglich $K_2 \setminus K_1$.

Angenommen, K_1 ist entscheidbar bezüglich K_1, und $K_2 \setminus K_1$ ist entscheidbar bezüglich $K_2 \setminus K_1$. Dann gibt es einen Algorithmus α, mit dessen Hilfe man für jedes Element von K_1 feststellen kann, ob es ein Element von K_1 ist, sowie einen Algorithmus β, mit dessen Hilfe man für jedes Element von $K_2 \setminus K_1$ feststellen kann, ob es ein Element von $K_2 \setminus K_1$ ist. Sei nun X irgendein Element von K_2. Dann gilt entweder $X \in K_1$ oder $X \in K_2 \setminus K_1$. Wendet man α und β simultan an, so bricht also α oder β nach endlich vielen Schritten ab. Bricht α ab, so ist $X \in K_1$; bricht hingegen β ab, so ist $X \in K_2 \setminus K_1$. Also ist K_1 entscheidbar bezüglich K_2.

0.6.4. Erzeugbarkeit und Aufzählbarkeit

Ein weiterer grundlegender Begriff der Algorithmentheorie ist der von POST konzipierte Begriff der erzeugbaren Ausdrucksklasse. Es handelt sich hierbei um Klassen, deren Elemente mit Hilfe gewisser Verfahren (sog. Erzeugungsverfahren) gewonnen werden können. Wir definieren daher zunächst:

α ist ein *Erzeugungsverfahren* für K gdw
(1) K ist eine Ausdrucksklasse;
(2) α ist ein System von Regeln, mit deren Hilfe man alle und nur die Elemente von K gewinnen kann.

Unter einer *Regel* versteht man in diesem Zusammenhang eine Vorschrift oder eine Erlaubnis.

Je nachdem, ob alle Regeln eines Erzeugungsverfahrens Vorschriften sind oder nicht, unterscheidet man zwischen *determinierten* und *indeterminierten* Erzeugungsverfahren. Um diese Unterscheidung zu verdeutlichen, geben wir als Beispiel ein determiniertes und ein indeterminiertes Erzeugungsverfahren für die Sprache S_1 (vgl. 0.4.1) an.

(a) Determiniertes Erzeugungsverfahren für S_1:

(1) Man schreibe im ersten Schritt das Zeichen |.
(2) Hat man im n-ten ($n \geq 1$) Schritt den Ausdruck X geschrieben, so schreibe man im $(n+1)$-ten Schritt den Ausdruck $X\|$.

(b) Indeterminiertes Erzeugungsverfahren für S_1:

(1) Man darf in jedem beliebigen Schritt das Zeichen | schreiben.
(2) Hat man im n-ten ($n \geq 1$) Schritt den Ausdruck X geschrieben, so darf man im $(n+k)$-ten ($k \geq 1$) Schritt den Ausdruck $X\|$ schreiben.

Mit dem ersten Verfahren gewinnt man die Ausdrucksfolge

|, |||, |||||, …

Eine Folge, die gemäß dem zweiten Verfahren gebildet ist, könnte etwa so beginnen:

|, |||, |, |||||, |||||||, |||, …

Es ist klar, daß man mit beiden Verfahren einerseits *jedes* Element von S_1 und andererseits *nur* Elemente von S_1 gewinnen (erzeugen) kann.

Aufgabe: Man gebe ein determiniertes und ein indeterminiertes Erzeugungsverfahren für die Sprache S_2 an.

Wie man sofort sieht, gilt der Satz:

Gibt es für eine Klasse K ein determiniertes Erzeugungsverfahren, so gibt es für K auch ein indeterminiertes Erzeugungsverfahren.

Wir definieren nun den Begriff der Erzeugbarkeit. Dabei wollen wir die Tatsache berücksichtigen, daß es technisch vorteilhaft ist, auch die leere Klasse als erzeugbar anzusehen.

K ist *erzeugbar* gdw $K = \emptyset$ ist oder ein Erzeugungsverfahren für K existiert.

Sei K eine erzeugbare Ausdrucksklasse und α ein Erzeugungsverfahren für K. Sei ferner X irgendein Ausdruck über irgendeinem Alphabet. Dann gibt es zwei Möglichkeiten: entweder $X \in K$ oder $X \notin K$. Ist $X \in K$, so kann man X mit Hilfe von α gewinnen, da α *alle* Elemente von K liefert. Ist hingegen $X \notin K$, so kann man X nicht mit Hilfe von α gewinnen, da α *nur* Elemente von K liefert. Also stellt α ein Verfahren dar, mit dessen Hilfe man für jedes Element von K in endlich vielen Schritten effektiv feststellen kann, ob es ein Element von K ist.

Satz 0.6.4–1.
Für jedes Alphabet A gilt: Die Klasse aller Ausdrücke über A ist erzeugbar.

Beweis: Sei A irgendein Alphabet. Da A endlich ist, stellen die folgenden beiden Regeln ein Erzeugungsverfahren für die Klasse aller Ausdrücke über A dar:
(1) Man darf in jedem beliebigen Schritt ein Element von A schreiben.
(2) Hat man schon die beiden Ausdrücke X und Y geschrieben, so darf man den Ausdruck $X\,Y$ schreiben.

Wir wollen nun einen Zusammenhang herstellen zwischen dem Algorithmenbegriff und dem Begriff der Erzeugbarkeit. Dazu definieren wir zunächst einige Hilfsbegriffe.

α *berechnet* F gdw
(1) F ist eine Funktion;
(2) α ist ein Algorithmus, mit dessen Hilfe es möglich ist, für jedes X aus $\mathrm{db}(F)$ den Wert $F(X)$ zu berechnen (d. h. α ist ein Algorithmus bezüglich der Klasse aller Fragen der Form: was ordnet F dem Argument X zu?).

F ist eine *berechenbare Funktion* gdw es ein α gibt, welches F berechnet.

Eine Ausdrucksklasse K heißt *aufzählbar* gdw $K = \emptyset$ ist oder eine berechenbare Funktion von $\mathbb{N}$ auf K existiert.

Satz 0.6.4–2.

Für alle Ausdrucksklassen K gilt: K ist erzeugbar gdw K aufzählbar ist.

Beweis: Sei K irgendeine Ausdrucksklasse.

(a) Angenommen, K ist erzeugbar.

Ist $K = \emptyset$, so ist K definitionsgemäß aufzählbar. Ist $K \neq \emptyset$, so gibt es ein Erzeugungsverfahren α für K. Da es zu jedem determinierten Erzeugungsverfahren für eine Klasse auch ein indeterminiertes Erzeugungsverfahren für dieselbe Klasse gibt, können wir voraussetzen, daß α indeterminiert ist. Sei nun Γ eine Funktion auf der Klasse der positiven ganzen Zahlen, die jedem i mit $i \geq 1$ die Klasse aller mit Hilfe von α in i Schritten erzeugbaren Ausdrücke zuordnet. Ferner sei vorausgesetzt, daß die Elemente eines jeden Wertes von Γ so zu einer Folge $X_1, \ldots, X_n$ geordnet sind, daß für alle i ($1 \leq i \leq n - 1$) gilt: entweder enthält X_i weniger Symbolvorkommen als X_{i+1}, oder aber X_i und X_{i+1} enthalten gleich viele Symbolvorkommen und X_i steht im Sinne einer bestimmten lexikographischen Ordnung vor X_{i+1}. Die Glieder der so gebildeten Ausdrucksfolgen seien in der folgenden Weise indiziert:

$\Gamma(1): X_0, \ldots, X_{n_1}$
$\Gamma(2): X_{n_1+1}, \ldots, X_{n_1+n_2}$
$\Gamma(3): X_{n_1+n_2+1}, \ldots, X_{n_1+n_2+n_3}$
$\vdots \qquad \vdots$
$\Gamma(i): X_{n_1+\cdots+n_{i-1}+1}, \ldots, X_{n_1+\cdots+n_i}$
$\vdots \qquad \vdots$

Sei nun F eine Funktion auf $\mathbb{N}$ derart, daß für jedes $i \geq 0$ gilt: $F(i) = X_i$. Offensichtlich ist F eine Funktion von $\mathbb{N}$ auf K. Daß F auch berechenbar ist, ergibt sich daraus, daß man für jedes i aus $\mathbb{N}$ im Sinne der angegebenen Konstruktion den dazugehörigen Ausdruck X_i in endlich vielen Schritten effektiv ermitteln kann.

(b) Angenommen, K ist aufzählbar.

Ist $K = \emptyset$, so ist K erzeugbar. Ist $K \neq \emptyset$, so gibt es eine berechenbare Funktion F von $\mathbb{N}$ auf K. Die beiden folgenden Regeln stellen dann ein (determiniertes) Erzeugungsverfahren für K dar:

(1) Man berechne im ersten Schritt $F(0)$.

(2) Hat man im n-ten ($n \geqq 1$) Schritt $F(i)$ berechnet, so berechne man im $(n+1)$-ten Schritt $F(i+1)$.

Durch den nächsten Satz wird ein Zusammenhang zwischen dem Begriff der Entscheidbarkeit und dem der Erzeugbarkeit hergestellt.

Satz 0.6.4–3.

Für beliebige Ausdrucksklassen K_1 und K_2 gilt:

(1) Ist K_2 erzeugbar und K_1 entscheidbar bezüglich K_2, so sind K_1 und $K_2 \setminus K_1$ erzeugbar.

(2) Sind K_1 und $K_2 \setminus K_1$ erzeugbar und ist $K_1 \subseteq K_2$, so ist K_1 entscheidbar bezüglich K_2.

Beweis: Seien K_1 und K_2 irgendwelche Ausdrucksklassen.

Ad (1): Angenommen, K_2 ist erzeugbar und K_1 ist entscheidbar bezüglich K_2. Ist $K_2 = \emptyset$, so sind K_1 und $K_2 \setminus K_1$ trivialerweise erzeugbar. Ist $K_2 \neq \emptyset$, so gibt es ein Erzeugungsverfahren α für K_2 sowie einen Algorithmus β, mit dessen Hilfe man für jedes Element von K_2 feststellen kann, ob es ein Element von K_1 ist. Man kann nun jeden mit Hilfe von α erzeugten Ausdruck X unter Verwendung von β daraufhin untersuchen, ob $X \in K_1$. Ergibt sich, daß $X \in K_1$, so trage man X in eine Liste L_1 ein; ergibt sich hingegen, daß $X \notin K_1$ (d. h. also, daß $X \in K_2 \setminus K_1$), so trage man X in eine Liste L_2 ein. Offensichtlich erhält man auf diese Weise als Glieder von L_1 genau die Elemente von K_1 und als Glieder von L_2 genau die Elemente von $K_2 \setminus K_1$.

Ad (2): Angenommen, K_1 und $K_2 \setminus K_1$ sind erzeugbar und $K_1 \subseteq K_2$. Dann sind nach Satz 0.6.4–2 K_1 ind $K_2 \setminus K_1$ aufzählbar. Wir betrachten nur den Fall, daß $K_1 \neq \emptyset$ und $K_2 \setminus K_1 \neq \emptyset$. In diesem Fall gibt es eine berechenbare Funktion F von $\mathbb{N}$ auf K_1 und eine berechenbare Funktion G von $\mathbb{N}$ auf $K_2 \setminus K_1$. Sei α ein Algorithmus, der F berechnet, und β ein Algorithmus, der G berechnet. Dann stellt das folgende System von Vorschriften einen Algorithmus dar, mit dessen Hilfe man für jedes Element X von K_2 feststellen kann, ob es ein Element von K_1 ist:

(1) Man ermittle mit Hilfe von α $F(0)$ und gehe zu (2) über.

(2) Ist $F(0) = X$, so ist $X \in K_1$ (und man ist fertig). Ist hingegen $F(0) \neq X$, so gehe man zu (3) über.

(3) Man ermittle mit Hilfe von β $G(0)$ und gehe zu (4) über.

(4) Ist $G(0) = X$, so ist $X \notin K_1$ (und man ist fertig). Ist hingegen $G(0) \neq X$, so gehe man zu (5) über.

(5) Ist n die größte natürliche Zahl, für die man $F(n)$ schon ermittelt hat, so ermittle man mit Hilfe von α $F(n + 1)$ und gehe zu (6) über.

(6) Ist $F(n + 1) = X$, so ist $X \in K_1$ (und man ist fertig). Ist hingegen $F(n + 1) \neq X$, so gehe man zu (7) über.

(7) Man ermittle mit Hilfe von β $G(n + 1)$ und gehe zu (8) über.

(8) Ist $G(n + 1) = X$, so ist $X \notin K_1$ (und man ist fertig). Ist hingegen $G(n + 1) \neq X$, so gehe man zu (5) über.

Satz 0.6.4–4.

Für alle Ausdrucksklassen K gilt: Ist K aufzählbar, so ist K entscheidbar bezüglich K.

Beweis: Sei K irgendeine aufzählbare Ausdrucksklasse. Dann ist K nach Satz 0.6.4–2 erzeugbar. Nun ist $K \setminus K$ erzeugbar und $K \subseteq K$. Also ergibt sich mit Satz 0.6.4–3.(2), daß K entscheidbar bezüglich K ist.

Satz 0.6.4–5.

Sei S eine formale Sprache über einem Alphabet A und E die Klasse aller Ausdrücke über A. Dann gilt: S und $E \setminus S$ sind erzeugbar.

Beweis: Definitionsgemäß ist S entscheidbar bezüglich E. Da ferner E nach Satz 0.6.4–1 erzeugbar ist, ergibt sich aufgrund von Satz 0.6.4–3.(1), daß S und $E \setminus S$ erzeugbar sind.

Satz 0.6.4–6.

Jede formale Sprache ist erzeugbar.

0.6.5. Entscheidbare und unentscheidbare formale Systeme

Der Begriff der Entscheidbarkeit läßt sich auf folgende Weise mit dem des formalen Systems in Zusammenhang bringen:

Φ ist ein *entscheidbares formales System* gdw

(1) Φ ist ein formales System;

(2) die Klasse der Theoreme von Φ ist entscheidbar bezüglich der Sprache von Φ.

Unter einem *unentscheidbaren formalen System* verstehen wir dementsprechend ein formales System, das kein entscheidbares formales System ist.

Satz 0.6.5–1.

Sei Φ ein formales System, T die Klasse der Theoreme von Φ und S die Sprache von Φ. Dann gilt: Φ ist ein entscheidbares formales System gdw T und $S \setminus T$ erzeugbar sind.

Beweis: Angenommen, Φ ist ein entscheidbares formales System. Da S gemäß Satz 0.6.4–6 erzeugbar ist, ergibt sich mit Satz 0.6.4–3.(1), daß sowohl T als auch $S \setminus T$ erzeugbar ist.

Angenommen umgekehrt, T und $S \setminus T$ sind erzeugbar. Dann ist wegen Satz 0.6.4–3.(2) T entscheidbar bezüglich S.

Satz 0.6.5–2.

Die Klasse der Theoreme eines formalen Systems ist erzeugbar.

Beweis: Sei Φ ein formales System und T die Klasse der Theoreme von Φ. Sei S die Sprache von Φ und A ein Alphabet, über welchem S eine formale Sprache ist. Ferner bezeichne »$*$« ein Symbol, das nicht in A enthalten ist. Dann ist auch die Klasse $A \cup \{*\}$ ein Alphabet. Nach Satz 0.6.4–1 ist die Klasse aller Ausdrücke über $A \cup \{*\}$ erzeugbar. Also gibt es ein Erzeugungsverfahren α für diese Klasse. Für jeden mit Hilfe von α gewinnbaren Ausdruck X kann man nun entscheiden, ob gilt: X hat die Gestalt $*X_1* \cdots *X_n*$ und jedes X_i ($1 \leq i \leq n$) ist Element von S. Denn S ist gemäß unserer Definition des Begriffs der formalen Sprache entscheidbar bezüglich der Klasse aller Ausdrücke über A. Fällt das Ergebnis positiv aus, so betrachte man die Folge $X_1, \ldots, X_n$ und ermittle, ob sie ein Beweis in Φ ist. Daß man dies stets entscheiden kann, haben wir in 0.5.1 gezeigt. Ergibt sich nun, daß $X_1, \ldots, X_n$ ein Beweis in Φ ist, so ist X_n ein Theorem von Φ. Wie man sieht, lassen sich auf diese Weise genau die Theoreme von Φ gewinnen.

Aus Satz 0.6.5–1 und Satz 0.6.5–2 folgt unmittelbar

Satz 0.6.5–3.

Sei Φ ein formales System, T die Klasse der Theoreme von Φ und S die Sprache von Φ. Dann gilt:

(1) Φ ist ein entscheidbares formales System gdw $S \setminus T$ erzeugbar ist.

(2) Φ ist ein unentscheidbares formales System gdw $S \setminus T$ nicht erzeugbar ist.

In 0.5.1 haben wir ein axiomatisches System Φ_1 ($= \langle S_1, P_1, R_1 \rangle$) definiert. Wir wollen nun zur Übung beweisen, daß Φ_1 ein entscheidbares formales System ist.

Sei T_1 die Klasse der Theoreme von Φ_1. Nach Satz 0.6.5–3.(1) brauchen wir nur zu zeigen, daß $S_1 \setminus T_1$ erzeugbar ist.

Bezeichne »V« das folgende System von Regeln:

(1) Man darf in jedem Schritt den Ausdruck | schreiben.
(2) Man darf in jedem Schritt den Ausdruck ||||| schreiben.
(3) Hat man im n-ten ($n \geq 1$) Schritt den Ausdruck X geschrieben, so darf man im $(n+k)$-ten ($k \geq 1$) Schritt den Ausdruck X|||||| schreiben.

Wir zeigen nun, daß V ein Erzeugungsverfahren für $S_1 \setminus T_1$ ist. Dazu müssen wir nachweisen, daß zweierlei gilt:

(a) Jeder Ausdruck, der mit V erzeugt werden kann, ist ein Element von $S_1 \setminus T_1$.
(b) Jedes Element von $S_1 \setminus T_1$ kann mit V erzeugt werden.

Um unsere Ausdrucksweise zu vereinfachen, führen wir die folgende Konvention ein:

Ist X ein Ausdruck über dem Alphabet A_1, so bezeichne derjenige Ausdruck, der entsteht, wenn man an einen Namen von X rechts oben das Zeichen »∗« anfügt, die Anzahl der Vorkommen des Zeichens | in X.

Ad (a): Sei X irgendein Ausdruck, der mit V erzeugt werden kann. Dann gilt: Es gibt ein n ($n \geq 0$) mit $X^* = 1 + 6n$, oder es gibt ein n ($n \geq 0$) mit $X^* = 5 + 6n$. Da X^* in beiden Fällen ungerade und nicht durch 3 teilbar ist, ergibt sich also $X \in S_1 \setminus T_1$.

Ad (b): Wir ordnen alle Elemente von $S_1 \setminus T_1$ so zu einer Folge $X_1, X_2, X_3, \ldots$, daß für jedes i ($i \geq 1$) gilt: $X_i^* < X_{i+1}^*$.
Daß jedes Element von $S_1 \setminus T_1$ mit V erzeugt werden kann, ergibt sich dann aus dem Satz:

Für alle n mit $n \geq 1$ gilt: X_n kann mit V erzeugt werden,

den wir durch schwache unendliche Induktion beweisen.

Induktionsbasis:
Die Basisbehauptung lautet:

X_1 kann mit V erzeugt werden.

Beweis: Da $X_1 = |$, kann X_1 durch Anwendung der Regel (1) erzeugt werden.

Induktionsschritt:

Die Schrittbehauptung lautet:

Für alle k mit $k \geq 1$ gilt: Wenn X_k mit V erzeugt werden kann, dann kann auch X_{k+1} mit V erzeugt werden.

Beweis: Sei k irgendeine natürliche Zahl mit $k \geq 1$. Angenommen, X_k kann mit V erzeugt werden (I.V. [= Induktionsvoraussetzung]). Dann gilt:

$(*_1)$ Es gibt ein n ($n \geq 0$) mit $X_k^* = 1 + 6n$

oder

$(*_2)$ es gibt ein n ($n \geq 0$) mit $X_k^* = 5 + 6n$.

Wie man sich leicht klarmacht, ist $X_{k+1}^* \leq X_k^* + 6$.

Wir zeigen nun, daß X_{k+1} sowohl dann mit V erzeugt werden kann, wenn $X_{k+1}^* = X_k^* + 6$, als auch dann, wenn $X_{k+1}^* < X_k^* + 6$.

Angenommen, $X_{k+1}^* = X_k^* + 6$. Dann ist $X_{k+1} = X_k\|\|\|\|\|\|$. Da X_k nach I.V. mit V erzeugt werden kann, läßt sich auch X_{k+1} mit V erzeugen (s. Regel (3)).

Angenommen, $X_{k+1}^* < X_k^* + 6$. Dann gibt es ein l mit $1 \leq l < 5$ und $X_{k+1}^* = X_k^* + l$. Da X_k^* und X_{k+1}^* voraussetzungsgemäß ungerade sind, ist $l \notin \{1, 3, 5\}$. Also muß gelten: $l = 2$ oder $l = 4$.

Es gelte $l = 2$.

Angenommen, $(*_1)$ ist richtig. Dann gibt es ein n ($n \geq 0$) mit $X_{k+1}^* = X_k^* + 2 = (1 + 6n) + 2 = 3 + 6n$. Dies ist jedoch unmöglich, da X_{k+1}^* voraussetzungsgemäß nicht durch 3 teilbar ist. Damit ist unsere Annahme widerlegt und gezeigt, daß $(*_2)$ richtig ist. Es gibt also ein n ($n \geq 0$) mit $X_{k+1}^* = 7 + 6n$. X_{k+1} kann daher mit V (durch Anwendung von Regel (1) und Regel (3)) erzeugt werden.

Es gelte $l = 4$.

Angenommen, $(*_2)$ ist richtig. Dann gibt es ein n ($n \geq 0$) mit $X_{k+1}^* = 9 + 6n$. Dies ist jedoch unmöglich, da X_{k+1}^* voraussetzungsgemäß nicht durch 3 teilbar ist. Also muß $(*_1)$ richtig sein. Es gibt somit ein n ($n \geq 0$) mit $X_{k+1}^* = 5 + 6n$. X_{k+1} kann daher mit V (durch Anwendung von Regel (2) und Regel (3)) erzeugt werden.

Damit ist der Induktionsbeweis abgeschlossen.

0.6.6. Ein einfacher Unentscheidbarkeitsbeweis

Es gibt nicht nur entscheidbare, sondern auch unentscheidbare formale Systeme. So gelang schon A. Church im Jahre 1936 der Beweis, daß die Systeme der Prädikatenlogik erster Stufe unentscheidbar sind. Diesem Beweis liegt freilich ein mathematisch exakt definierter Algorithmenbegriff zugrunde.

Wir wollen nun abschließend auf der Grundlage des intuitiven Algorithmenbegriffs den Gedankengang eines sehr einfachen Unentscheidbarkeitsbeweises schildern.

Sei L das lateinische Alphabet, ergänzt um die übliche mathematische Symbolik. Sei ferner B die Klasse aller derjenigen Ausdrücke X über L, für die es F und α gibt, so daß gilt:

(1) F ist eine Funktion von $\mathbb{N}$ in $\mathbb{N}$;
(2) α berechnet F;
(3) X ist ein deutschsprachiges Textstück, das α vollständig beschreibt.

Wir zeigen nun, daß gilt: B ist unentscheidbar bezüglich der Klasse aller Ausdrücke über L.

Angenommen, B ist entscheidbar bezüglich der Klasse aller Ausdrücke über L. Dann gibt es einen Algorithmus α, mit dessen Hilfe man für jeden Ausdruck über L feststellen kann, ob er ein Element von B ist. Sei nun Z eine Folge $X_1, X_2, X_3, \ldots$ aller Ausdrücke über L derart, daß für alle i ($i \geq 1$) gilt: entweder enthält X_i ein Vorkommen eines Symbols aus L weniger als X_{i+1}, oder X_i und X_{i+1} enthalten gleich viele Vorkommen von Symbolen aus L, und X_i steht im Sinne einer bestimmten lexikographischen Ordnung vor X_{i+1}. Sei ferner $Y_0, Y_1, Y_2, \ldots$ diejenige Folge von Ausdrücken über L, die aus Z entsteht, wenn man alle Glieder aus Z herausnimmt, die nicht in B enthalten sind. Da es unendlich viele berechenbare Funktionen von $\mathbb{N}$ in $\mathbb{N}$ gibt, besitzt auch diese neue Folge unendlich viele Glieder. Zu jedem Y_i gibt es nun definitionsgemäß eine Funktion F_i sowie einen durch Y_i beschriebenen Algorithmus, der F_i berechnet. Sei ψ eine Funktion von $\mathbb{N}$ in $\mathbb{N}$ derart, daß für jede natürliche Zahl i gilt:

$$\psi(i) = F_i(i) + 1 .$$

Wir geben nun einen Algorithmus β an, der ψ berechnet:

(1) Ist i irgendeine natürliche Zahl, so wende man α der Reihe nach solange auf die Folge Z an, bis man Y_i ermittelt hat und gehe zu (2) über.

(2)   Man ermittle mit Hilfe des durch Y_i beschriebenen Algorithmus $F_i(i)$ und gehe zu (3) über.

(3)   Man ermittle $F_i(i) + 1$ (und man ist fertig).

Die Niederschrift dieser drei Regeln läßt sich in einen entsprechenden Ausdruck X über L umwandeln, der β vollständig beschreibt. Es gibt daher ein $k(k \geq 0)$ mit $X = Y_k$. Also ist ψ identisch mit F_k, und es gilt folglich für jedes i ($i \geq 0$) $\psi(i) = F_k(i)$. Durch Spezialisierung ergibt sich daraus $\psi(k) = F_k(k)$. Da jedoch definitionsgemäß gilt $\psi(k) = F_k(k) + 1$, erhält man schließlich $F_k(k) = F_k(k) + 1$. Damit ist unsere Annahme, daß B entscheidbar bezüglich der Klasse aller Ausdrücke über L ist, widerlegt.

1. Aussagenlogik

Die Aussagenlogik (Satzlogik) ist die elementarste Theorie der mathematischen Logik. Schon ARISTOTELES hat zum Aufbau seines syllogistischen Systems Gesetze der Aussagenlogik verwendet, ohne sie jedoch explizit als logische Gesetze zu formulieren. Erst von den Stoikern wurde die Aussagenlogik als ein von der Syllogistik verschiedenes Gebiet in ihren Grundzügen entwickelt.

Der Grundbegriff der Aussagenlogik ist der Begriff des Aussagesatzes. Ein *Aussagesatz* ist ein Satz, der meistens dazu verwendet wird, eine *Aussage (Behauptung)* zu formulieren. Ein und dieselbe Behauptung kann mit Hilfe verschiedener Aussagesätze formuliert werden, und ein und derselbe Aussagesatz läßt sich häufig zur Formulierung verschiedener Behauptungen verwenden. Die traditionelle Grammatik kennt neben Aussagesätzen noch Aufforderungssätze, Fragesätze und Ausrufesätze; doch sind die Grenzen zwischen diesen Satzarten hinsichtlich ihres Gebrauches fließend. Man kann mit Aussagesätzen Fragen stellen und mit Fragesätzen Behauptungen aussprechen. Der Logiker interessiert sich nun besonders für Aussagesätze und auch für diese nur insoweit, als mit ihnen etwas *ausgesagt (behauptet)* wird. Wir nennen diesen Gebrauch den *behauptenden Gebrauch* eines Aussagesatzes.

Eine grundlegende Annahme der klassischen Logik besteht darin, daß jede Aussage (Behauptung) entweder wahr oder falsch ist. Dementsprechend können wir auch von einem (behauptend gebrauchten) Aussagesatz sagen, daß er entweder wahr oder falsch ist. Für (behauptend gebrauchte) Aussagesätze gilt somit das folgende *Postulat der Wahrheitsdefinitheit*:

> Jeder Aussagesatz ist entweder wahr oder falsch – eine dritte Möglichkeit gibt es nicht (tertium non datur).

Wir wollen hier von den philosophischen Problemen, mit denen der Wahrheitsbegriff behaftet ist, gänzlich absehen und nur erläutern, in welchem Sinn wir die Prädikate »wahr« und »falsch« auf Aussagesätze anwenden. Wenn wir sagen

> der Satz »München ist eine Großstadt« ist wahr,

so heißt das nichts anderes als

> die durch den Satz »München ist eine Großstadt« ausgedrückte Behauptung ist wahr,

und dies ist äquivalent mit

München ist eine Großstadt.

Entsprechendes gilt für die Verwendung des Prädikates »falsch«.

Die Aussagenlogik befaßt sich nun mit Satzverbindungen, die mit Hilfe sog. *aussagenlogischer Konstanten* – das sind logische Bindewörter wie »und«, »oder«, »wenn – dann« und verneinende Ausdrücke wie »nicht« – aus Aussagensätzen gebildet sind. Dabei geht sie insbesondere der Frage nach, wie bei einem bestimmten Gebrauch – dem *aussagenlogischen Gebrauch* – dieser Bindewörter die Wahrheit bzw. Falschheit (der »Wahrheitswert«) solcher Satzverbindungen von der Wahrheit bzw. Falschheit der in ihnen enthaltenen Teilsätze abhängt. Derartige aussagenlogische Satzverbindungen werden zuweilen (etwas mißverständlich) auch *Wahrheitsfunktionen* genannt. In der Aussagenlogik werden vor allem fünf Arten von aussagenlogischen Satzverbindungen untersucht, die wir im folgenden kurz betrachten wollen.

Negation

Wenn man einen Aussagesatz α negiert (verneint), indem man beispielsweise an geeigneter Stelle das Wort »nicht« einfügt, erhält man eine *Negation* von α. Zur Bildung von Negationen verwendet man in der deutschen Sprache auch Wörter wie »nichts«, »kein«, »nie«, »nirgends«, »niemand« und Präfixe wie »un-«, »wider-«. In der Umgangssprache gibt es viele Möglichkeiten, einen gegebenen Aussagesatz zu negieren. So sind beispielsweise die folgenden Sätze Negationen von »Es gibt weiße Raben«:

Es gibt keine weißen Raben
Kein Rabe ist weiß
Es ist nicht der Fall, daß es weiße Raben gibt.

Jeder dieser drei Sätze ist genau dann wahr, wenn der negierte Satz falsch ist. Wir legen nun fest, daß eine Negation β eines Aussagesatzes α genau dann aussagenlogisch gebraucht wird, wenn mit β nur ausgesagt wird: α ist falsch. Somit ergibt sich als *Prinzip der aussagenlogischen Negation:*

Sind α und β Aussagesätze und ist β eine (aussagenlogisch gebrauchte) Negation von α, so ist β genau dann wahr, wenn α falsch ist.

Ist α ein beliebiger Aussagesatz und β eine Negation von α, so können wir dieses Prinzip – wenn wir das Postulat der Wahrheitsdefinitheit berücksichtigen – durch folgendes (auch »Wahrheitstafel« genanntes) Diagramm übersichtlich darstellen:

α	β
W	F
F	W

Dabei stehen hier und im folgenden die Buchstaben »W« bzw. »F« für »wahr« bzw. »falsch«.

Konjunktion

Wenn man zwei Aussagesätze α und β durch das Wort »und« miteinander verknüpft, erhält man eine *Konjunktion* von α und β. Aus »Die Sonne scheint« und »Es ist warm« entsteht so die Konjunktion »Die Sonne scheint und es ist warm«. Dieser Satz ist genau dann wahr, wenn beide Teilsätze wahr sind. Zur Bildung von Konjunktionen werden in der deutschen Sprache neben dem Wort »und« u. a. auch die Ausdrücke »aber«, »sowohl – als auch«, »nicht nur – sondern auch« verwendet. Eine Konjunktion γ von α mit β wird genau dann aussagenlogisch gebraucht, wenn mit γ nur ausgesagt wird: α ist wahr und β ist wahr. Somit ergibt sich als *Prinzip der aussagenlogischen Konjunktion:*

> Sind α und β Aussagesätze und ist γ eine (aussagenlogisch gebrauchte) Konjunktion von α mit β, so ist γ genau dann wahr, wenn sowohl α als auch β wahr sind.

Unter Berücksichtigung des Postulats der Wahrheitsdefinitheit ergibt sich also für eine (aussagenlogisch gebrauchte) Konjunktion γ von α mit β die folgende Wahrheitstafel:

α	β	γ
W	W	W
W	F	F
F	W	F
F	F	F

Adjunktion

Wenn man zwei Aussagesätze α und β durch das Wort »oder« miteinander verknüpft, erhält man eine *Adjunktion* von α mit β. Aus

74

»Onkel Wolfgang raucht Pfeife« und »Onkel Wolfgang liest Zeitung«
ergibt sich so die Adjunktion »Onkel Wolfgang raucht Pfeife oder
Onkel Wolfgang liest Zeitung«. Dieser Satz schließt nicht aus, daß
Onkel Wolfgang sowohl Pfeife raucht als auch Zeitung liest. Er ist
also nur dann falsch, wenn *beide* Teilsätze falsch sind. Eine Adjunktion γ von α mit β wird genau dann aussagenlogisch gebraucht,
wenn mit γ nur ausgesagt wird: von den beiden Sätzen α und β ist
wenigstens einer wahr. Das *Prinzip der aussagenlogischen Adjunktion*
lautet:

Sind α und β Aussagesätze und ist γ eine (aussagenlogisch gebrauchte) Adjunktion von α mit β, so ist γ genau dann wahr, wenn
wenigstens einer der Sätze α und β wahr ist.

Berücksichtigt man das Postulat der Wahrheitsdefinitheit, so ergibt
sich für eine (aussagenlogisch gebrauchte) Adjunktion γ von α mit β
die folgende Wahrheitstafel:

α	β	γ
W	W	W
W	F	W
F	W	W
F	F	F

Implikation

Verknüpft man zwei Aussagesätze α und β mit Hilfe des Ausdrucks
»wenn – dann«, so erhält man eine *Implikation* von α mit β. Aus
»Das Wetter ist schön« und »Fritz kommt« erhält man beispielsweise die Implikation »Wenn das Wetter schön ist, dann kommt
Fritz«. Dieser Satz wird aussagenlogisch gebraucht, wenn mit ihm
nur gesagt wird, daß folgendes *nicht* der Fall ist: Das Wetter ist schön
und Fritz kommt nicht. Er ist in diesem Fall nur dann falsch, wenn
das Wetter schön ist und Fritz nicht kommt. Eine Implikation γ von
α mit β wird also genau dann aussagenlogisch gebraucht, wenn mit γ
nur ausgesagt wird: Es ist nicht der Fall, daß α wahr und β falsch ist.
Das *Prinzip der aussagenlogischen Implikation* besagt dann:

Sind α und β Aussagesätze und ist γ eine (aussagenlogisch gebrauchte) Implikation von α mit β, so ist γ genau dann wahr,
wenn es nicht der Fall ist, daß α wahr und β falsch ist.

Somit ergibt sich für eine (aussagenlogisch gebrauchte) Implikation γ von α mit β die folgende Wahrheitstafel:

α	β	γ
W	W	W
W	F	F
F	W	W
F	F	W

Äquivalenz

Werden zwei Aussagesätze α und β mit Hilfe des Ausdrucks »genau dann, wenn« (bzw. des Ausdrucks »dann und nur dann, wenn«) verknüpft, so ergibt sich eine *Äquivalenz* von α mit β. Aus »Das Wetter ist schön« und »Fritz kommt« gewinnt man so die Äquivalenz »Fritz kommt genau dann, wenn das Wetter schön ist«. Dieser Satz wird aussagenlogisch gebraucht, wenn mit ihm nur gesagt wird: Fritz kommt und das Wetter ist schön, oder Fritz kommt nicht und das Wetter ist nicht schön. Eine Äquivalenz γ von α mit β wird genau dann aussagenlogisch gebraucht, wenn mit γ nur ausgesagt wird: α und β sind beide wahr oder α und β sind beide falsch. Das *Prinzip der aussagenlogischen Äquivalenz* lautet somit:

Sind α und β Aussagesätze und ist γ eine (aussagenlogisch gebrauchte) Äquivalenz von α mit β, so ist γ genau dann wahr, wenn α und β beide wahr, oder wenn α und β beide falsch sind.

Für eine (aussagenlogisch gebrauchte) Äquivalenz γ von α mit β erhalten wir also folgende Wahrheitstafel:

α	β	γ
W	W	W
W	F	F
F	W	F
F	F	W

Wir wenden uns nun den aussagenlogischen Schlüssen zu. Da die Aussagenlogik ein Teilgebiet der formalen Logik darstellt, gelten die zu Beginn der Einleitung gemachten allgemeinen Bemerkungen über korrekte Schlüsse auch für aussagenlogische Schlüsse. Wir haben dort gesagt, daß sich die Frage, unter welchen Bedingungen ein

Schluß folgerichtig ist, auf die Frage zurückführen läßt, unter welchen Bedingungen eine Aussage logisch wahr ist. Dementsprechend läßt sich in der Aussagenlogik die Frage, ob ein Schluß aussagenlogisch korrekt ist, auf die Frage zurückführen, ob eine Aussage aussagenlogisch wahr ist. Daher besteht die Hauptaufgabe der Aussagenlogik darin, den Begriff der aussagenlogischen Wahrheit zu präzisieren und Methoden zu entwickeln, mit deren Hilfe man entscheiden kann, ob ein gegebener Aussagesatz aussagenlogisch wahr ist. Dies kann aber nur gelingen, wenn man nicht die Umgangssprache, sondern eine künstliche Symbolsprache zugrundelegt. Dennoch wollen wir einige einfache Schlußregeln der traditionellen Aussagenlogik angeben, um so dem Leser ein gewisses Vorverständnis für die moderne formalistische Darstellung der Aussagenlogik zu vermitteln. Es seien im folgenden α, β, γ und δ irgendwelche Aussagesätze.

Modus (ponendo) ponens: Aus α zusammen mit einer Implikation von α mit β folgt β.

Beispiel:

Es brennt
Wenn es brennt, dann kommt die Feuerwehr

Die Feuerwehr kommt

Modus (tollendo) tollens: Aus einer Negation von β zusammen mit einer Implikation von α mit β folgt jede Negation von α.

Beispiel:

Die Feuerwehr kommt nicht
Wenn es brennt, dann kommt die Feuerwehr

Es brennt nicht

Kontrapositionsgesetze:
(a) Aus einer Implikation von α mit β folgt jede Implikation einer Negation von β mit einer Negation von α.
(b) Aus einer Implikation einer Negation von α mit einer Negation von β folgt jede Implikation von β mit α.

Beispiel für (a):

Wenn es regnet, dann ist die Straße naß

Wenn die Straße nicht naß ist, dann regnet es nicht

Kettenschluß: Aus einer Implikation von α mit β zusammen mit einer Implikation von β mit γ folgt jede Implikation von α mit γ.

Beispiel:

Wenn es regnet, dann ist die Straße naß
Wenn die Straße naß ist, dann besteht für Autos erhöhte Schleudergefahr

Wenn es regnet, dann besteht für Autos erhöhte Schleudergefahr

Gesetze der doppelten Negation:
(a) Aus einer Negation einer Negation von α folgt α.
(b) Aus α folgt jede Negation einer Negation von α.

Beispiel für (a):

Es ist nicht der Fall, daß Hans nicht verheiratet ist

Hans ist verheiratet

Modus tollendo ponens: Aus einer Adjunktion von α mit β zusammen mit einer Negation von α folgt β.

Beispiel:

Der Angeklagte lügt oder der Angeklagte weiß nicht, was er sagt
Der Angeklagte lügt nicht

Der Angeklagte weiß nicht, was er sagt

Einfaches Dilemma: Aus einer Adjunktion von α mit β zusammen mit einer Implikation von α mit γ sowie einer Implikation von β mit γ folgt γ.

Beispiel:

Friedemann ist Pianist oder Friedemann ist Dirigent
Wenn Friedemann Pianist ist, dann ist Friedemann ein Künstler
Wenn Friedemann Dirigent ist, dann ist Friedemann ein Künstler

Friedemann ist ein Künstler

Zusammengesetztes (konstruktives) Dilemma: Aus einer Adjunktion von α mit β zusammen mit einer Implikation von α mit γ sowie einer Implikation von β mit δ folgt jede Adjunktion von γ mit δ.

Beispiel:

Fritz ist Raucher oder Fritz ist Trinker
Wenn Fritz Raucher ist, dann hat Fritz gelbe Finger
Wenn Fritz Trinker ist, dann hat Fritz eine rote Nase

Fritz hat gelbe Finger oder Fritz hat eine rote Nase

Ein amüsantes Beispiel für die Anwendung des einfachen und des zusammengesetzten Dilemmas – und nebenbei auch dafür, daß Logik und Borniertheit einander nicht ausschließen – stellt die Argumentation dar, die Kalif OMAR vorgebracht haben soll, um die von ihm angeordnete Verbrennung der berühmten Bibliothek von Alexandria zu rechtfertigen. Unter Verwendung des zusammengesetzten Dilemmas schloß er zunächst so:

Die Bücher dieser Bibliothek stimmen ihrem Inhalt nach mit dem Koran überein oder nicht
Wenn diese Bücher mit dem Koran übereinstimmen, dann sind sie unnütz
Wenn diese Bücher nicht mit dem Koran übereinstimmen, dann sind sie schädlich

---

Diese Bücher sind unnütz oder schädlich

Mit Hilfe des einfachen Dilemmas argumentierte OMAR dann folgendermaßen weiter:

Diese Bücher sind unnütz oder schädlich
Wenn diese Bücher unnütz sind, dann gehören sie ins Feuer
Wenn diese Bücher schädlich sind, dann gehören sie ins Feuer

Diese Bücher gehören ins Feuer

Im folgenden werden wir die Aussagenlogik als strenge metalogische Theorie aufbauen. Dabei werden wir von einer formalen aussagenlogischen Sprache $S1$ ausgehen, die im Gegensatz zur Umgangssprache den Vorteil hat, daß jede ihrer Formeln nach strengen syntaktischen Regeln gebildet ist. Obwohl zwischen $S1$ und der Umgangssprache eine gewisse Analogie in syntaktischer und semantischer Hinsicht besteht, werden wir bei der Darstellung von $S1$ gänzlich von dieser Analogie absehen. Hier sei darüber nur folgendes gesagt: Wie ein Aussagesatz der Umgangssprache (bei behauptendem Gebrauch) die Eigenschaft hat, entweder wahr oder falsch zu sein, so wird jeder Formel von $S1$ durch eine Bewertungsfunktion entweder die Zahl 1 oder die Zahl 0 zugeordnet. Und analog, wie man aus Aussagesätze komplexe Sätze (Negationen, Konjunktionen usw.) bilden kann, deren Wahrheitswert (bei aussagenlogischem Gebrauch) lediglich von den Wahrheitswerten der Teilsätze abhängt, kann man auch aus Formeln der Sprache S1 komplexe Formeln (S1-Negationen, S1-Konjunktionen usw.) bilden, denen in entsprechender Weise die Zahl 1 bzw. die Zahl 0 in Abhängigkeit von der Bewertung ihrer Teilformeln zugeordnet wird. Wie diese Analogie im einzelnen beschaffen ist, wird der Leser später selbst beurteilen können. Erst wenn man die Aussagenlogik auf der Grundlage einer formalen Sprache aufbaut, wird es möglich, Verfahren zu entwickeln, mit deren Hilfe für jede Formel entschieden werden kann, ob sie gültig (»logisch wahr«) ist. Wir werden zunächst Syntax und Semantik der Sprache S1 und eine Anwendung der Aussagenlogik in der Theorie der elektrischen Schaltungen darstellen und dann zwei formale aussagenlogische Systeme $\Pi 1$ und $\Sigma 1$ aufbauen, mit deren Hilfe genau die gültigen Formeln von S1 auf rein syntaktische Weise ausgezeichnet werden können.

Wir haben bereits erwähnt, daß die Stoiker die ersten waren, die sich mit aussagenlogischen Problemen befaßt haben. In der mittelalterlichen Scholastik wurde die Aussagenlogik gleichberechtigt neben der aristotelischen Syllogistik gepflegt. Später haben LEIBNIZ und J. H. LAMBERT Bedeutendes zur Aussagenlogik beigetragen. Ihre Neugestaltung setzte jedoch erst um die Mitte des 19. Jahrhunderts mit den Untersuchungen von BOOLE und DE MORGAN ein. Später haben dann FREGE, RUSSELL, J. ŁUKASIEWICZ u. a. die Aussagenlogik in ihrer heutigen Form als formale mathematische Systeme entwickelt. Die moderne Aussagenlogik findet vielfältige Anwendungen in Logik und Mathematik. Aber auch außerhalb der Logik gibt es wichtige Anwendungsmöglichkeiten dieser Disziplin, z. B. in der Technik.

1.1. Die aussagenlogische Sprache S1

Wir beginnen den Aufbau der Aussagenlogik, indem wir eine formale aussagenlogische Sprache S1 definieren; sie liegt allen weiteren Betrachtungen dieses Bandes zugrunde. Im zweiten Band werden wir noch eine weitere formale Sprache – die prädikatenlogische Sprache S2 – einführen.

Gemäß unseren Ausführungen in 0.4.1 geben wir in der Syntax von *S1* zunächst ein Alphabet an, aus dessen Elementen sich die Formeln von *S1* zusammensetzen. Dann wird aus der Klasse aller Ausdrücke über diesem Alphabet die Klasse der Formeln von *S1* auf syntaktische Weise ausgesondert. In der Semantik der Sprache *S1* wird der Begriff einer Bewertung von *S1* eingeführt. Eine solche Bewertung ist eine Funktion, die jeder Formel entweder den Wert 0 oder den Wert 1 zuordnet. Dann wird unter Bezugnahme auf diesen Bewertungsbegriff der Begriff der gültigen Formel von *S1* definiert. Dadurch wird eine Teilklasse der Klasse der Formeln von *S1* auf semantische Weise ausgezeichnet. Schließlich werden wir noch die Theorie der aussagenlogischen Normalformen entwickeln.

Das erste axiomatische System der Aussagenlogik ist in G. FREGEs › Begriffsschrift‹ (s. S. 14) enthalten. Es basiert auf einer logischen Kunstsprache, deren Formeln aus einigen wenigen Grundzeichen nach gewissen Formregeln aufgebaut sind. Aber FREGE zog noch keine scharfe Grenze zwischen Syntax und Semantik; für ihn waren Axiome und Theoreme sprachliche Gebilde, die wahre, objektive Gedanken ausdrücken. Er bezeichnete seine Kunstsprache auch als eine »Formelsprache des reinen Denkens«. FREGEs logische Symbolik wich von der üblichen algebraischen Symbolik erheblich ab, denn sie erforderte eine zweidimensionale Schreibweise. Da eine solche Symbolik in drucktechnischer Hinsicht große Nachteile mit sich bringt, hat sie sich nicht durchsetzen können. B. RUSSELL knüpfte nicht an FREGEs Symbolik, sondern an die des Mathematikers und Logikers G. PEANO (1858–1932) an. Die (eindimensionale) PEANO-RUSSELLsche Symbolik bildete den Ausgangspunkt der heute allgemein üblichen Symbolik. (Auch die Symbolik dieses Buches geht auf die PEANO-RUSSELLsche zurück.) Gelegentlich findet in der Literatur noch eine (eindimensionale) logische Symbolik Verwendung, die von J. ŁUKASIEWICZ stammt. Sie unterscheidet sich von der PEANO-RUSSELLschen u. a. darin, daß sie keine Klammern verwendet.

1.1.1. Die Syntax von *S1*

Als *Alphabet* wählen wir die Klasse der folgenden neun Zeichen:

$$p \mid \neg \ \land \ \lor \ \rightarrow \ \leftrightarrow \ (\ )$$

Dieses Alphabet wollen wir mit dem Symbol »*A1*« bezeichnen.

Die beiden Zeichen »p« und »|« nennen wir *Satzbuchstaben-konstituenten*, sie dienen zur Bildung von Satzbuchstaben; die fünf Zeichen »¬«, »∧«, »∨«, »→«, »↔« *logische Konstanten* und die beiden Zeichen »(« und »)« schließlich *Hilfszeichen*.

Wir verwenden im folgenden die Buchstaben »X« und »Y« als metasprachliche Variable für Ausdrücke über *A1*.

Beispiele für Ausdrücke über *A1* sind die Zeichenreihen:

$$\overrightarrow{}$$
$$\neg\,(|p$$
$$(p|\wedge p||)\rightarrow$$

Um Anführungszeichen einzusparen, ordnen wir jedem Element von *A1* einen metasprachlichen Namen zu. Diese Namen seien einfach die entsprechenden dünngedruckten Symbole. Auf diese Weise erhalten wir ein *Metaalphabet* von *A1*, das genau die folgenden neun Symbole enthält:

$$p \quad | \quad \neg \quad \wedge \quad \vee \quad \rightarrow \quad \leftrightarrow \quad (\ )$$

Jedem Ausdruck über *A1* sei dann als metasprachlicher Name der entsprechende Ausdruck über dem Metaalphabet von *A1* zugeordnet. So ist beispielsweise der (metasprachliche) Ausdruck »¬(|p« ein Name des (objektsprachlichen) Ausdrucks »¬(|p«.

Definition 1.1.1–1.

Ein Ausdruck über *A1* ist ein *Satzbuchstabe (SB)* gdw sich dies aufgrund folgender Bestimmungen ergibt:

(1) $p|$ ist ein Satzbuchstabe.

(2) Ist X ein Satzbuchstabe, so auch $X|$.

Nach (1) ist also $p|$ ein SB. Nun gilt wegen (2): Ist $p|$ ein SB, so auch $p||$. Man kann somit darauf schließen, daß auch $p||$ ein SB ist. Hieraus ergibt sich unter abermaliger Verwendung von (2), daß $p|||$ ein SB ist usw.

Um SB kürzer und übersichtlicher bezeichnen zu können, ordnen wir jedem SB durch die folgende Bestimmung einen weiteren Namen zu: Ist X ein SB und enthält X n Vorkommen des Zeichens |, so sei jener Ausdruck, der entsteht, wenn man das Zeichen »p« mit derjenigen arabischen Ziffer indiziert, die n bezeichnet, ein Name von X. So ist z. B. der Ausdruck »p_1« ein Name von $p|$ und »p_4« ein Name von $p||||$. Im folgenden bezeichnen wir den SB p_1 häufig auch mit »p«, den SB p_2 mit »q« und den SB p_3 mit »r« usw.

Aus unseren Festlegungen ergibt sich, daß die drei (metasprachlichen) Ausdrücke

$$)p \wedge p_2(p||| \neg$$
$$)p| \wedge q(p_3 \neg$$
$$)p_1 \wedge p||(r \neg$$

alle denselben (objektsprachlichen) Ausdruck bezeichnen.

Aus der Klasse aller Ausdrücke über *A1* sondern wir nun durch die folgende Definition eine Teilklasse aus: die Klasse der *S1*-Formeln.

Definition 1.1.1–2.

Ein Ausdruck über *A1* ist eine *S1-Formel* gdw sich dies aufgrund folgender Bestimmungen ergibt:

(1) Jeder Satzbuchstabe ist eine *S1*-Formel.
(2) Ist X eine *S1*-Formel, so ist auch $\neg X$ eine *S1*-Formel.
(3) Sind X und Y *S1*-Formeln, so sind auch die Ausdrücke $(X \wedge Y)$, $(X \vee Y)$, $(X \to Y)$ und $(X \leftrightarrow Y)$ *S1*-Formeln.

Nach (1) ist p eine *S1*-Formel und aufgrund von (2) folglich auch der Ausdruck $\neg p$. Mit (3) ergibt sich somit, daß der Ausdruck $(\neg p \vee p)$ eine *S1*-Formel ist. Nach (1) sind ferner die SB q und r *S1*-Formeln. Also ist wegen (3) auch $(q \to r)$ eine *S1*-Formel. Es ergibt sich daher mit (3), daß der Ausdruck $((\neg p \vee p) \leftrightarrow (q \to r))$ eine *S1*-Formel ist.

Ebenso sind, wie man sich anhand von Definition 1.1.1–2 leicht überlegt, auch die folgenden Ausdrücke *S1*-Formeln:

$$(p||| \to p||||)$$
$$\neg (p| \wedge (p|||| \vee \neg p|))$$
$$((p||| \leftrightarrow \neg ((p|| \to p|) \wedge (\neg p|| \leftrightarrow p|||))) \to p|||||)$$

Keine *S1*-Formeln hingegen sind die Ausdrücke:

$$p||| \to p||$$
$$(p \vee \neg p)$$
$$\neg (p|| \to p|) \to (p||| \wedge p|)$$
$$(\neg (\neg (p| \to (p|| \wedge p|)) \vee (\neg \neg p||| \to p|)))$$

Aufgabe: Welche der folgenden Ausdrücke sind *S1*-Formeln und welche nicht?

$$((p| \vee \neg \neg p||) \to p|)$$
$$(p| \leftrightarrow (((p| \vee (p| \wedge p|)) \vee p|))$$
$$((((p|| \to \neg (p| \leftrightarrow \neg p||)) \to p|) \to p|||)$$
$$((\neg p||| \to \neg \neg p|) \to ((\neg p||| \to \neg p|) \to p|||))$$
$$\neg \neg (\neg p| \vee \neg (\neg p|| \vee \neg \neg p|) \vee (\neg p|| \to p|))$$

Die Klasse aller *S1*-Formeln ist gemäß unseren Ausführungen in 0.4 eine formale Sprache. Wir werden sie fortan mit dem Symbol »*S1*« bezeichnen. Ein Ausdruck über *A1* ist demnach genau dann ein Element der Sprache *S1*, wenn er eine *S1*-Formel ist.

Als metasprachliche Variable für *S1*-Formeln verwenden wir die Buchstaben »*A*«, »*B*«, »*C*«, »*D*«, »*E*« und »*F*« (auch indiziert). Der Bereich dieser Variablen ist, falls keine andere Bestimmung getroffen wird, die Sprache *S1*.

Eine *S1*-Formel ist eine *S1-Atomformel* (ist *atomar*) gdw sie keine logischen Konstanten enthält; und sie ist eine *S1-Molekülformel* (ist *molekular*) gdw sie wenigstens eine logische Konstante enthält.

Man erkennt leicht, daß eine *S1*-Formel genau dann atomar ist, wenn sie ein Satzbuchstabe ist, und genau dann molekular ist, wenn sie kein Satzbuchstabe ist.

Gemäß den fünf logischen Konstanten kann man fünf verschiedene Arten von molekularen *S1*-Formeln unterscheiden:

Eine *S1*-Formel C ist eine *S1-Negation* gdw es eine *S1*-Formel A gibt, so daß $C = \neg A$;

C ist eine *S1-Konjunktion* gdw es *S1*-Formeln A und B gibt, so daß $C = (A \wedge B)$;

C ist eine *S1-Adjunktion* gdw es *S1*-Formeln A und B gibt, so daß $C = (A \vee B)$;

C ist eine *S1-Implikation* gdw es *S1*-Formeln A und B gibt, so daß $C = (A \rightarrow B)$;

C ist eine *S1-Äquivalenz* gdw es *S1*-Formeln A und B gibt, so daß $C = (A \leftrightarrow B)$.

Die logischen Konstanten $\neg$, $\wedge$, $\vee$, $\rightarrow$, $\leftrightarrow$ nennen wir dementsprechend *Negationszeichen, Konjunktionszeichen, Adjunktionszeichen, Implikationszeichen* und *Äquivalenzzeichen*.

Seien A und B irgendwelche *S1*-Formeln. Dann nennen wir A den *Neganden* von $\neg A$ und $\neg A$ die *Negation* von A. Ferner nennen wir A und B die *Konjunktionsglieder* von $(A \wedge B)$, die *Adjunktionsglieder* von $(A \vee B)$, die *Implikationsglieder* von $(A \rightarrow B)$ und die *Äquivalenzglieder* von $(A \leftrightarrow B)$. Weiterhin nennen wir A das *Antezedens* und B das *Konsequens* von $(A \rightarrow B)$.

Man kann nun die *S1*-Formeln danach unterscheiden, wie viele Vorkommen logischer Konstanten sie enthalten. Dies ist im Hinblick auf spätere Induktionsbeweise wichtig. Wir definieren:

Sei g eine Funktion auf $S1$, für die gilt: Ist A irgendeine $S1$-Formel und n die Anzahl der Vorkommen logischer Konstanten in A, so ist $g^l A = n$.

Ferner treffen wir folgende terminologische Festsetzung:

Ist A irgendeine $S1$-Formel, so heiße $g^l A$ der *S1-Grad* von A.

Aus der Definition von g ergibt sich unmittelbar, daß gilt:

(1) Eine Formel A ist eine $S1$-Atomformel gdw $g^l A = 0$.
(2) Sind A und B irgendwelche $S1$-Formeln, so ist
    (a) $g^l \neg A = g^l A + 1$;
    (b) $g^l (A \wedge B) = g^l (A \vee B) = g^l (A \rightarrow B) = g^l (A \leftrightarrow B)$
       $= g^l A + g^l B + 1$.

Beispielsweise gilt:

$g^l p = 0$;
$g^l \neg p = 1$;
$g^l \neg \neg q = 2$;
$g^l (\neg \neg q \rightarrow \neg p) = 4$;
$g^l ((\neg \neg q \rightarrow \neg p) \vee (p \rightarrow \neg q)) = 7$.

Wir definieren nun einen weiteren wichtigen syntaktischen Begriff.

Definition 1.1.1–3.

Ein Ausdruck über $A1$ ist eine $S1$-*Teilformel* einer $S1$-Formel gdw sich dies aufgrund folgender Bestimmungen ergibt:
(1) Ist A eine $S1$-Formel, so ist A eine $S1$-Teilformel von A.
(2) Sind A und B irgendwelche $S1$-Formeln, so gilt:
    (a) Jede $S1$-Teilformel von A ist auch $S1$-Teilformel von $\neg A$.
    (b) Jede $S1$-Teilformel von A oder B ist auch $S1$-Teilformel von $(A \wedge B)$, $(A \vee B)$, $(A \rightarrow B)$ und $(A \leftrightarrow B)$.

Wie man sich leicht überlegt, sind die $S1$-Teilformeln einer Formel ihrerseits $S1$-Formeln. Nach (1) ist z. B. p $S1$-Teilformel von p. Also ist p gemäß (2a) auch $S1$-Teilformel von $\neg p$. Aufgrund von (2b) ergibt sich somit, daß p $S1$-Teilformel von $(\neg p \vee q)$ ist. Auch q und $(\neg p \vee q)$ sind $S1$-Teilformeln von $(\neg p \vee q)$[1].

---

[1] Gelegentlich verwenden wir den folgenden Begriff:

    Ein Satzbuchstabe *kommt in* einer $S1$-Formel A *vor* gdw er $S1$-Teilformel von A ist. So kommt z. B. $p|$ in $\neg p|$, nicht aber in $p\|$ vor.

Betrachten wir die Formel $\neg(q \wedge \neg(p \vee r))$. Sie enthält die folgenden sieben $S1$-Teilformeln:

$$p$$
$$q$$
$$r$$
$$(p \vee r)$$
$$\neg(p \vee r)$$
$$(q \wedge \neg(p \vee r))$$
$$\neg(q \wedge \neg(p \vee r))$$

Aufgabe: Man ermittle sämtliche $S1$-Teilformeln von

1. $(\neg p \rightarrow (p \wedge q))$;
2. $(((r \wedge q) \vee \neg p) \rightarrow r)$;
3. $((((p \wedge q) \rightarrow r) \wedge ((p \wedge q) \rightarrow \neg r)) \rightarrow (p \rightarrow \neg q)))$.

Satz 1.1.1–1.

Für alle A und B gilt: A ist $S1$-Teilformel von B, und A hat denselben Grad wie B gdw $A = B$.

Ist nämlich A eine $S1$-Teilformel einer von A verschiedenen Formel B, so ist der Grad von B größer als der Grad von A.

Um unsere metasprachliche Ausdrucksweise zu vereinfachen, wollen wir noch zwei Konventionen treffen.

1. Formelnamen dürfen dadurch abgekürzt werden, daß man die beiden äußersten Klammern fortläßt.

So dürfen wir z. B. für »$(\neg p \rightarrow (p \wedge q))$« kurz »$\neg p \rightarrow (p \wedge q)$« schreiben.

2. Jedes Vorkommen eines Formelnamens, der eine Konjunktion oder Adjunktion bezeichnet, darf durch Fortlassen seiner äußeren Klammern abgekürzt werden, wenn es nicht an ein Vorkommen von »$\neg$«, »$\wedge$« oder »$\vee$« angrenzt.

Betrachten wir beispielsweise den Formelnamen

$$(((p \wedge q) \leftrightarrow \neg(r \wedge \neg p)) \rightarrow (p \vee r)) .$$

Die erste Konvention erlaubt uns, die beiden äußersten Klammern fortzulassen. Wir dürfen also schreiben

$$((p \wedge q) \leftrightarrow \neg(r \wedge \neg p)) \rightarrow (p \vee r) .$$

Gemäß der zweiten Konvention können wir noch vier weitere Klammern einsparen. Es ergibt sich so der Ausdruck

$$(p \wedge q \leftrightarrow \neg(r \wedge \neg p)) \rightarrow p \vee r ,$$

der nun nicht mehr weiter abgekürzt werden kann.

Für den Formelnamen »$(((p \wedge q) \leftrightarrow \neg (r \wedge \neg p)) \rightarrow (p \vee r))$« dürfen wir also »$((p \wedge q) \leftrightarrow \neg (r \wedge \neg p)) \rightarrow (p \vee r)$« oder den noch kürzeren Ausdruck »$(p \wedge q \leftrightarrow \neg (r \wedge \neg p)) \rightarrow p \vee r$« schreiben.

1.1.2. Die Semantik von $S1$

Betrachtet man die $S1$-Formeln nur unter syntaktischem Aspekt, so sind sie nichts weiter als gewisse Zeichenkombinationen, die nach bestimmten Formregeln aufgebaut sind. Als solche haben sie keinerlei Bedeutung.

Die Semantik von $S1$ besteht nun, grob gesprochen, darin, daß die Sprache $S1$ zu einer Klasse von zwei Objekten in Beziehung gesetzt wird. Dabei ist es für den Aufbau dieser Semantik gleichgültig, um welche Objekte es sich hierbei handelt. Es ist bequem, die Klasse der beiden Zahlen 0 und 1 zu wählen.

Definition 1.1.2–1.

$\mathfrak{A}$ ist eine *Grundbewertung* von $S1$ (kurz: eine *$S1$-Grundbewertung*) gdw $\mathfrak{A}$ eine Funktion von der Klasse aller $S1$-Atomformeln in die Klasse $\{0, 1\}$ ist.

Eine $S1$-Grundbewertung ordnet also jeder $S1$-Atomformel entweder die Zahl 0 oder die Zahl 1 zu.

Definition 1.1.2–2.

$\mathfrak{B}$ ist eine *mit $\mathfrak{A}$ übereinstimmende Bewertung* von $S1$ (kurz: eine *mit $\mathfrak{A}$ übereinstimmende $S1$-Bewertung*) gdw
(1) $\mathfrak{A}$ ist eine $S1$-Grundbewertung ;
(2) $\mathfrak{B}$ ist eine Funktion von $S1$ in $\{0, 1\}$;
(3) für jede $S1$-Atomformel A gilt: $\mathfrak{B}^l A = \mathfrak{A}^l A$;
(4) für alle A und B gilt:
    (a) $\mathfrak{B}^l \neg A = 1$ gdw $\mathfrak{B}^l A = 0$;
    (b) $\mathfrak{B}^l A \wedge B = 1$ gdw $\mathfrak{B}^l A = 1$ und $\mathfrak{B}^l B = 1$;
    (c) $\mathfrak{B}^l A \vee B = 1$ gdw $\mathfrak{B}^l A = 1$ oder $\mathfrak{B}^l B = 1$;
    (d) $\mathfrak{B}^l A \rightarrow B = 1$ gdw $\mathfrak{B}^l A = 0$ oder $\mathfrak{B}^l B = 1$;
    (e) $\mathfrak{B}^l A \leftrightarrow B = 1$ gdw $\mathfrak{B}^l A = \mathfrak{B}^l B$.

Grundlegend für alle weiteren Betrachtungen in diesem Abschnitt ist nun der

Satz 1.1.2–1.

Zu jeder $S1$-Grundbewertung $\mathfrak{A}$ gibt es genau eine mit $\mathfrak{A}$ übereinstimmende $S1$-Bewertung.

Um diesen Satz zu beweisen, müssen wir zeigen, daß die folgenden beiden Sätze gelten:

(I)   Zu jeder $S1$-Grundbewertung $\mathfrak{A}$ gibt es mindestens eine mit $\mathfrak{A}$ übereinstimmende $S1$-Bewertung.

(II)   Zu jeder $S1$-Grundbewertung $\mathfrak{A}$ gibt es höchstens eine mit $\mathfrak{A}$ übereinstimmende $S1$-Bewertung.

(Eilige Leser können die beiden folgenden Beweise überschlagen.)

Beweis von (I): Sei $\mathfrak{A}$ irgendeine $S1$-Grundbewertung. Wir definieren nun in bezug auf $\mathfrak{A}$ eine Klasse $\mathfrak{R}$, von der wir dann zeigen, daß sie eine mit $\mathfrak{A}$ übereinstimmende $S1$-Bewertung ist.

Ein Objekt sei Element von $\mathfrak{R}$ gdw sich dies aufgrund folgender Bestimmungen ergibt:

(1) $\mathfrak{A} \subseteq \mathfrak{R}$.

(2)   Für alle $S1$-Formeln A und B gilt:

    (a)   Wenn $\langle A, 1 \rangle \in \mathfrak{R}$, dann $\langle \neg A, 0 \rangle \in \mathfrak{R}$.

    (b)   Wenn $\langle A, 0 \rangle \in \mathfrak{R}$, dann $\langle \neg A, 1 \rangle \in \mathfrak{R}$.

    (c)   Wenn $\langle A, 1 \rangle \in \mathfrak{R}$ und $\langle B, 1 \rangle \in \mathfrak{R}$, dann $\langle A \wedge B, 1 \rangle \in \mathfrak{R}$, $\langle A \vee B, 1 \rangle \in \mathfrak{R}$, $\langle A \rightarrow B, 1 \rangle \in \mathfrak{R}$ und $\langle A \leftrightarrow B, 1 \rangle \in \mathfrak{R}$.

    (d)   Wenn $\langle A, 1 \rangle \in \mathfrak{R}$ und $\langle B, 0 \rangle \in \mathfrak{R}$, dann $\langle A \wedge B, 0 \rangle \in \mathfrak{R}$, $\langle A \vee B, 1 \rangle \in \mathfrak{R}$, $\langle A \rightarrow B, 0 \rangle \in \mathfrak{R}$ und $\langle A \leftrightarrow B, 0 \rangle \in \mathfrak{R}$.

    (e)   Wenn $\langle A, 0 \rangle \in \mathfrak{R}$ und $\langle B, 1 \rangle \in \mathfrak{R}$, dann $\langle A \wedge B, 0 \rangle \in \mathfrak{R}$, $\langle A \vee B, 1 \rangle \in \mathfrak{R}$, $\langle A \rightarrow B, 1 \rangle \in \mathfrak{R}$ und $\langle A \leftrightarrow B, 0 \rangle \in \mathfrak{R}$.

    (f)   Wenn $\langle A, 0 \rangle \in \mathfrak{R}$ und $\langle B, 0 \rangle \in \mathfrak{R}$, dann $\langle A \wedge B, 0 \rangle \in \mathfrak{R}$, $\langle A \vee B, 0 \rangle \in \mathfrak{R}$, $\langle A \rightarrow B, 1 \rangle \in \mathfrak{R}$ und $\langle A \leftrightarrow B, 1 \rangle \in \mathfrak{R}$.

Um nachzuweisen, daß $\mathfrak{R}$ eine mit $\mathfrak{A}$ übereinstimmende $S1$-Bewertung ist, zeigen wir zunächst, daß $\mathfrak{R}$ eine Funktion von $S1$ in $\{0, 1\}$ ist.

Da $\mathfrak{R}$ nur geordnete Paare enthält, ist $\mathfrak{R}$ eine Relation. Man macht sich leicht klar, daß $db(\mathfrak{R}) = S1$. Ferner sieht man sofort, daß $wb(\mathfrak{R}) \subseteq \{0, 1\}$. Wir müssen also nur zeigen, daß es keine $S1$-Formel C gibt, so daß gilt: $\langle C, 1 \rangle \in \mathfrak{R}$ und $\langle C, 0 \rangle \in \mathfrak{R}$. Dies ergibt sich nun aus dem folgenden Satz, den wir durch starke unendliche Induktion beweisen:

Für jedes n mit $n \geq 0$ gilt: Es gibt keine $S1$-Formel C vom Grad n, so daß $\langle C, 1 \rangle \in \mathfrak{R}$ und $\langle C, 0 \rangle \in \mathfrak{R}$.

Induktionsbasis

Die Basisbehauptung lautet:

Es gibt keine $S1$-Formel C vom Grad 0, so daß $\langle C, 1 \rangle \in \mathfrak{R}$ und $\langle C, 0 \rangle \in \mathfrak{R}$.

Beweis: Angenommen, es gibt eine *S1*-Formel C vom Grad 0, so daß $\langle C, 1 \rangle \in \mathfrak{R}$ und $\langle C, 0 \rangle \in \mathfrak{R}$. Dann muß es aufgrund der Definition von $\mathfrak{R}$ auch eine atomare *S1*-Formel C geben, für welche gilt: $\langle C, 1 \rangle \in \mathfrak{A}$ und $\langle C, 0 \rangle \in \mathfrak{A}$. Dies ist jedoch unmöglich, da $\mathfrak{A}$ eine Funktion ist.

Induktionsschritt

Die Schrittbehauptung lautet:

Für alle k mit $k \geq 0$ gilt: Wenn für jedes i mit $0 \leq i \leq k$ gilt: es gibt keine *S1*-Formel C vom Grad i, so daß $\langle C, 1 \rangle \in \mathfrak{R}$ und $\langle C, 0 \rangle \in \mathfrak{R}$, dann gibt es keine *S1*-Formel C vom Grad $k+1$, so daß $\langle C, 1 \rangle \in \mathfrak{R}$ und $\langle C, 0 \rangle \in \mathfrak{R}$.

Beweis: Sei k irgendeine natürliche Zahl mit $k \geq 0$ und gelte für jedes i mit $0 \leq i \leq k$: es gibt keine *S1*-Formel C vom Grad i, so daß $\langle C, 1 \rangle \in \mathfrak{R}$ und $\langle C, 0 \rangle \in \mathfrak{R}$. (I.V.)

Angenommen, es gibt eine *S1*-Formel C vom Grad $k+1$, so daß $\langle C, 1 \rangle \in \mathfrak{R}$ und $\langle C, 0 \rangle \in \mathfrak{R}$. Da C keine Atomformel ist, muß einer der folgenden fünf Fälle zutreffen:

(1) C ist eine Negation;
(2) C ist eine Konjunktion;
(3) C ist eine Adjunktion;
(4) C ist eine Implikation;
(5) C ist eine Äquivalenz.

Wir widerlegen nun unsere Annahme, indem wir zeigen, daß keiner dieser Fälle zutreffen kann.

Ad (1): Gäbe es ein A mit $C = \neg A$, so müßte A vom Grad k sein. Da sich $\langle \neg A, 1 \rangle \in \mathfrak{R}$ nur aufgrund von Punkt (2b) und $\langle \neg A, 0 \rangle \in \mathfrak{R}$ nur aufgrund von Punkt (2a) der Definition von $\mathfrak{R}$ ergeben kann, müßte ferner gelten: $\langle A, 0 \rangle \in \mathfrak{R}$ und $\langle A, 1 \rangle \in \mathfrak{R}$. Dies ist jedoch unmöglich, weil es nach I.V. keine *S1*-Formel C vom Grad k gibt, so daß $\langle C, 1 \rangle \in \mathfrak{R}$ und $\langle C, 0 \rangle \in \mathfrak{R}$.

Ad (2): Gäbe es A und B mit $C = A \wedge B$, so müßte gelten $g^l A \leq k$ und $g^l B \leq k$. Ferner müßte, da sich $\langle A \wedge B, 1 \rangle \in \mathfrak{R}$ nur aufgrund von Punkt (2c) und $\langle A \wedge B, 0 \rangle \in \mathfrak{R}$ nur aufgrund der Punkte (2d) bis (2f) ergeben kann, sowohl

$\langle A, 1 \rangle \in \mathfrak{R}$ und $\langle B, 1 \rangle \in \mathfrak{R}$

als auch

$$\langle A, 1 \rangle \in \Re \quad \text{und} \quad \langle B, 0 \rangle \in \Re$$

oder

$$\langle A, 0 \rangle \in \Re \quad \text{und} \quad \langle B, 1 \rangle \in \Re$$

oder

$$\langle A, 0 \rangle \in \Re \quad \text{und} \quad \langle B, 0 \rangle \in \Re$$

und folglich auch

$$\langle A, 1 \rangle \in \Re \quad \text{und} \quad \langle A, 0 \rangle \in \Re$$

oder

$$\langle B, 1 \rangle \in \Re \quad \text{und} \quad \langle B, 0 \rangle \in \Re$$

gelten. Dies ist jedoch unmöglich, weil es nach I.V. keine $S1$-Formel C mit $g^l C \leqq k$ gibt, so daß $\langle C, 1 \rangle \in \Re$ und $\langle C, 0 \rangle \in \Re$.

Die übrigen drei Fälle erledigen sich ähnlich wie Fall (2). Damit ist die Induktionsbehauptung bewiesen.

$\Re$ ist also eine Funktion von $S1$ in $\{0, 1\}$. Da $\Re$ eine Funktion und $\mathfrak{A}$ eine Teilklasse von $\Re$ ist, gilt für jede $S1$-Atomformel A: $\Re^l A = \mathfrak{A}^l A$. Daß $\Re$ schließlich auch die Bestimmungen (4a)–(4e) von Definition 1.1.2–2 erfüllt, ergibt sich leicht aus der Definition von $\Re$ und der Tatsache, daß $\Re$ eine Funktion von $S1$ in $\{0, 1\}$ ist.

Damit ist gezeigt, daß $\Re$ eine mit $\mathfrak{A}$ übereinstimmende $S1$-Bewertung ist.

Beweis von (II): Sei $\mathfrak{A}$ irgendeine $S1$-Grundbewertung, und seien $\mathfrak{B}_1$ und $\mathfrak{B}_2$ irgendwelche mit $\mathfrak{A}$ übereinstimmende $S1$-Bewertungen. Es genügt zu zeigen, daß $\mathfrak{B}_1 = \mathfrak{B}_2$. Dies ergibt sich aus dem folgenden Satz, den wir wieder durch starke unendliche Induktion beweisen:

Für jedes n mit $n \geqq 0$ gilt: Auf jede $S1$-Formel C vom Grad n trifft $\mathfrak{B}_1{}^l C = \mathfrak{B}_2{}^l C$ zu.

Induktionsbasis

Die Basisbehauptung lautet:

Auf jede $S1$-Formel C vom Grad 0 trifft $\mathfrak{B}_1{}^l C = \mathfrak{B}_2{}^l C$ zu.

Beweis: Sei C irgendeine $S1$-Formel vom Grad 0. Dann ist C eine $S1$-Atomformel und es gilt nach Def. 1.1.2–2.(3) sowohl $\mathfrak{B}_1{}^l C = \mathfrak{A}^l C$ als auch $\mathfrak{B}_2{}^l C = \mathfrak{A}^l C$. Also ist $\mathfrak{B}_1{}^l C = \mathfrak{B}_2{}^l C$.

Induktionsschritt

Die Schrittbehauptung lautet:

Für alle k mit $k \geqq 0$ gilt: Wenn für jedes i mit $0 \leqq i \leqq k$ gilt: auf jede $S1$-Formel C vom Grad i trifft $\mathfrak{B}_1{}^f C = \mathfrak{B}_2{}^f C$ zu, dann trifft auf jede $S1$-Formel C vom Grad $k+1$ $\mathfrak{B}_1{}^f C = \mathfrak{B}_2{}^f C$ zu.

Beweis: Sei k irgendeine natürliche Zahl mit $k \geqq 0$ und gelte für jedes i mit $0 \leqq i \leqq k$: auf jede $S1$-Formel C vom Grad i trifft $\mathfrak{B}_1{}^f C = \mathfrak{B}_2{}^f C$ zu. (I.V.)

Sei ferner C irgendeine $S1$-Formel vom Grad $k+1$, Da C nicht atomar ist, trifft einer der folgenden fünf Fälle zu: C ist eine Negation; C ist eine Konjunktion; C ist eine Adjunktion; C ist eine Implikation; C ist eine Äquivalenz.

Fall 1: Es gibt ein A mit $C = \neg A$.

Da A vom Grad k ist, ergibt sich aufgrund der I.V.:

$(*_1)$ $\mathfrak{B}_1{}^f A = \mathfrak{B}_2{}^f A$.

Ferner gilt nach Def. 1.1.2–2.(4a)

$(*_2)$ $\mathfrak{B}_1{}^f \neg A = 1$ gdw $\mathfrak{B}_1{}^f A = 0$;
$(*_3)$ $\mathfrak{B}_2{}^f \neg A = 1$ gdw $\mathfrak{B}_2{}^f A = 0$;

und nach Def. 1.1.2–2.(2)

$\quad \mathfrak{B}_1{}^f A = 0$ oder $\mathfrak{B}_1{}^f A = 1$.

Angenommen $\mathfrak{B}_1{}^f A = 0$. Dann ist wegen $(*_1)$ auch $\mathfrak{B}_2{}^f A = 0$. Mit $(*_2)$ und $(*_3)$ ergibt sich also $\mathfrak{B}_1{}^f \neg A = \mathfrak{B}_2{}^f \neg A$. Angenommen $\mathfrak{B}_1{}^f A = 1$. Dann ist $\mathfrak{B}_1{}^f A \neq 0$, und man erhält mit $(*_2)$ $\mathfrak{B}_1{}^f \neg A \neq 1$. Aufgrund von Def. 1.1.2–2.(2) ergibt sich somit $\mathfrak{B}_1{}^f \neg A = 0$. Ferner folgt aus $\mathfrak{B}_1{}^f A = 1$ und $(*_1)$, daß $\mathfrak{B}_2{}^f A = 1$. Daher kann man unter Verwendung von $(*_3)$ auch auf $\mathfrak{B}_2{}^f \neg A = 0$ schließen. Man gewinnt also wieder $\mathfrak{B}_1{}^f \neg A = \mathfrak{B}_2{}^f \neg A$.

Fall 2: Es gibt A und B mit $C = A \wedge B$.

Da $g^f A \leqq k$ und $g^f B \leqq k$, ergibt sich aufgrund der I.V.:

$(*_1)$ $\mathfrak{B}_1{}^f A = \mathfrak{B}_2{}^f A$;
$(*_2)$ $\mathfrak{B}_1{}^f B = \mathfrak{B}_2{}^f B$.

Ferner gilt nach Def. 1.1.2–2.(4b)

$(*_3)$ $\mathfrak{B}_1{}^f A \wedge B = 1$ gdw $\mathfrak{B}_1{}^f A = 1$ und $\mathfrak{B}_1{}^f B = 1$;
$(*_4)$ $\mathfrak{B}_2{}^f A \wedge B = 1$ gdw $\mathfrak{B}_2{}^f A = 1$ und $\mathfrak{B}_2{}^f B = 1$;

und nach Def. 1.1.2–2.(2)

$(*_5)$ $\mathfrak{B}_1{}^{\prime}A = 0$ oder $\mathfrak{B}_1{}^{\prime}A = 1$;
$(*_6)$ $\mathfrak{B}_1{}^{\prime}B = 0$ oder $\mathfrak{B}_1{}^{\prime}B = 1$.

Nun folgt aus $(*_5)$ und $(*_6)$, daß einer der folgenden vier Fälle zutrifft:

$(*_7)$ $\mathfrak{B}_1{}^{\prime}A = 1$ und $\mathfrak{B}_1{}^{\prime}B = 1$;
$(*_8)$ $\mathfrak{B}_1{}^{\prime}A = 1$ und $\mathfrak{B}_1{}^{\prime}B = 0$;
$(*_9)$ $\mathfrak{B}_1{}^{\prime}A = 0$ und $\mathfrak{B}_1{}^{\prime}B = 1$;
$(*_{10})$ $\mathfrak{B}_1{}^{\prime}A = 0$ und $\mathfrak{B}_1{}^{\prime}B = 0$.

Angenommen, es gilt $(*_7)$. Dann ist wegen $(*_3)$ $\mathfrak{B}_1{}^{\prime}A \wedge B = 1$ und wegen $(*_1)$, $(*_2)$ und $(*_4)$ auch $\mathfrak{B}_2{}^{\prime}A \wedge B = 1$. Also ergibt sich $\mathfrak{B}_1{}^{\prime}A \wedge B = \mathfrak{B}_2{}^{\prime}A \wedge B$.

Nimmt man $(*_8)$, $(*_9)$ oder $(*_{10})$ an, so gelangt man zum selben Resultat.

Wie der Leser sich leicht überlegt, gilt auch in den übrigen drei Fällen $\mathfrak{B}_1{}^{\prime}C = \mathfrak{B}_2{}^{\prime}C$. Damit ist die Schrittbehauptung und somit auch (II) bewiesen.

Wir haben also gezeigt, daß es zu jeder $S1$-Grundbewertung $\mathfrak{A}$ genau eine mit $\mathfrak{A}$ übereinstimmende $S1$-Bewertung gibt.

Ist $\mathfrak{A}$ eine $S1$-Grundbewertung, so bezeichnen wir die mit $\mathfrak{A}$ übereinstimmende $S1$-Bewertung, indem wir über einen Namen von $\mathfrak{A}$ das Zeichen »$\sim$« setzen.

Sei nun $\mathfrak{A}$ irgendeine $S1$-Grundbewertung und seien A und B beliebige $S1$-Formeln. Dann ist $\tilde{\mathfrak{A}}$ eine mit $\mathfrak{A}$ übereinstimmende $S1$-Bewertung, und es gilt nach Def. 1.1.2–2.(4):

$(*_1)$ $\tilde{\mathfrak{A}}^{\prime} \neg A = 1$ gdw $\tilde{\mathfrak{A}}^{\prime}A = 0$;
$(*_2)$ $\tilde{\mathfrak{A}}^{\prime}A \wedge B = 1$ gdw $\tilde{\mathfrak{A}}^{\prime}A = 1$ und $\tilde{\mathfrak{A}}^{\prime}B = 1$;
$(*_3)$ $\tilde{\mathfrak{A}}^{\prime}A \vee B = 1$ gdw $\tilde{\mathfrak{A}}^{\prime}A = 1$ oder $\tilde{\mathfrak{A}}^{\prime}B = 1$;
$(*_4)$ $\tilde{\mathfrak{A}}^{\prime}A \rightarrow B = 1$ gdw $\tilde{\mathfrak{A}}^{\prime}A = 0$ oder $\tilde{\mathfrak{A}}^{\prime}B = 1$;
$(*_5)$ $\tilde{\mathfrak{A}}^{\prime}A \leftrightarrow B = 1$ gdw $\tilde{\mathfrak{A}}^{\prime}A = \tilde{\mathfrak{A}}^{\prime}B$.

Ferner ergibt sich aus Def. 1.1.2–2.(2), daß einer der folgenden vier Fälle zutrifft:

(1) $\tilde{\mathfrak{A}}^{\prime}A = 1$ und $\tilde{\mathfrak{A}}^{\prime}B = 1$;
(2) $\tilde{\mathfrak{A}}^{\prime}A = 1$ und $\tilde{\mathfrak{A}}^{\prime}B = 0$;
(3) $\tilde{\mathfrak{A}}^{\prime}A = 0$ und $\tilde{\mathfrak{A}}^{\prime}B = 1$;
(4) $\tilde{\mathfrak{A}}^{\prime}A = 0$ und $\tilde{\mathfrak{A}}^{\prime}B = 0$.

Angenommen (1). Dann ergibt sich:

$\widetilde{\mathfrak{A}}' \neg A = 0$; aus ($*_1$) und Def. 1.1.2–2.(2)
$\widetilde{\mathfrak{A}}' A \wedge B = 1$; aus ($*_2$)
$\widetilde{\mathfrak{A}}' A \vee B = 1$; aus ($*_3$)
$\widetilde{\mathfrak{A}}' A \rightarrow B = 1$; aus ($*_4$)
$\widetilde{\mathfrak{A}}' A \leftrightarrow B = 1$. aus ($*_5$)

Angenommen (2). Dann ergibt sich:

$\widetilde{\mathfrak{A}}' \neg A = 0$; aus ($*_1$) und Def. 1.1.2–2.(2)
$\widetilde{\mathfrak{A}}' A \wedge B = 0$; aus ($*_2$) und Def. 1.1.2–2.(2)
$\widetilde{\mathfrak{A}}' A \vee B = 1$; aus ($*_3$)
$\widetilde{\mathfrak{A}}' A \rightarrow B = 0$; aus ($*_4$) und Def. 1.1.2–2.(2)
$\widetilde{\mathfrak{A}}' A \leftrightarrow B = 0$. aus ($*_5$) und Def. 1.1.2–2.(2)

Angenommen (3). Dann ergibt sich:

$\widetilde{\mathfrak{A}}' \neg A = 1$; aus ($*_1$)
$\widetilde{\mathfrak{A}}' A \wedge B = 0$; aus ($*_2$) und Def. 1.1.2–2.(2)
$\widetilde{\mathfrak{A}}' A \vee B = 1$; aus ($*_3$)
$\widetilde{\mathfrak{A}}' A \rightarrow B = 1$; aus ($*_4$)
$\widetilde{\mathfrak{A}}' A \leftrightarrow B = 0$. aus ($*_5$) und Def. 1.1.2–2.(2)

Angenommen (4). Dann ergibt sich:

$\widetilde{\mathfrak{A}}' \neg A = 1$; aus ($*_1$)
$\widetilde{\mathfrak{A}}' A \wedge B = 0$; aus ($*_2$) und Def. 1.1.2–2.(2)
$\widetilde{\mathfrak{A}}' A \vee B = 0$; aus ($*_3$) und Def. 1.1.2–2.(2)
$\widetilde{\mathfrak{A}}' A \rightarrow B = 1$; aus ($*_4$)
$\widetilde{\mathfrak{A}}' A \leftrightarrow B = 1$. aus ($*_5$)

Diese Ergebnisse können durch das folgende Diagramm veranschaulicht werden:

A	B	$\neg A$	$A \wedge B$	$A \vee B$	$A \rightarrow B$	$A \leftrightarrow B$
1	1	0	1	1	1	1
1	0	0	0	1	0	0
0	1	1	0	1	1	0
0	0	1	0	0	1	1

Sind die Werte vorgegeben, die eine $S1$-Grundbewertung $\mathfrak{A}$ den in einer Formel A vorkommenden SB zuordnet, so kann man mit Hilfe des obigen Diagramms schrittweise den Wert ermitteln, den die mit $\mathfrak{A}$ übereinstimmende $S1$-Bewertung $\widetilde{\mathfrak{A}}$ der Formel A zuordnet.

Einige Beispiele mögen dies verdeutlichen:

1. Sei $\mathfrak{A}$ eine $S1$-Grundbewertung mit $\mathfrak{A}^{\prime}p = 1$ und $\mathfrak{A}^{\prime}q = 0$. Welchen Wert ordnet dann $\tilde{\mathfrak{A}}$ der Formel $\neg(p \wedge q)$ zu? Um diese Frage zu beantworten, gehen wir schrittweise vor:

1	$\tilde{\mathfrak{A}}^{\prime}p = 1$	Def. 1.1.2–2.(3)
2	$\tilde{\mathfrak{A}}^{\prime}q = 0$	Def. 1.1.2–2.(3)
3	$\tilde{\mathfrak{A}}^{\prime}p \wedge q = 0$	s. Diagramm
4	$\tilde{\mathfrak{A}}^{\prime}\neg(p \wedge q) = 1$	s. Diagramm

2. Sei $\mathfrak{A}$ eine $S1$-Grundbewertung mit $\mathfrak{A}^{\prime}p = 1$, $\mathfrak{A}^{\prime}q = 1$ und $\mathfrak{A}^{\prime}r = 1$. Welchen Wert ordnet dann $\tilde{\mathfrak{A}}$ der Formel $\neg p \vee q \rightarrow \neg r$ zu?

1	$\tilde{\mathfrak{A}}^{\prime}p = 1$	Def. 1.1.2–2.(3)
2	$\tilde{\mathfrak{A}}^{\prime}\neg p = 0$	s. Diagramm
3	$\tilde{\mathfrak{A}}^{\prime}q = 1$	Def. 1.1.2–2.(3)
4	$\tilde{\mathfrak{A}}^{\prime}\neg p \vee q = 1$	s. Diagramm
5	$\tilde{\mathfrak{A}}^{\prime}r = 1$	Def. 1.1.2–2.(3)
6	$\tilde{\mathfrak{A}}^{\prime}\neg r = 0$	s. Diagramm
7	$\tilde{\mathfrak{A}}^{\prime}\neg p \vee q \rightarrow \neg r = 0$	s. Diagramm

3. Sei $\mathfrak{A}$ eine $S1$-Grundbewertung derart, daß für jeden Satzbuchstaben B gilt:

$$\mathfrak{A}^{\prime}B = \begin{cases} 1, \text{ falls die Anzahl der Vorkommen von } | \text{ in } B \text{ gerade ist;} \\ 0, \text{ falls die Anzahl der Vorkommen von } | \text{ in } B \text{ ungerade ist.} \end{cases}$$

Welchen Wert ordnet dann $\tilde{\mathfrak{A}}$ der Formel $p_5 \vee (p_8 \wedge (p_1 \rightarrow \neg p_2)) \leftrightarrow \neg\neg\neg p_7$ zu? (Der Leser rechtfertige die folgenden Schritte!)

1	$\tilde{\mathfrak{A}}^{\prime}p_1 = 0$
2	$\tilde{\mathfrak{A}}^{\prime}p_1 \rightarrow \neg p_2 = 1$
3	$\tilde{\mathfrak{A}}^{\prime}p_8 = 1$
4	$\tilde{\mathfrak{A}}^{\prime}p_8 \wedge (p_1 \rightarrow \neg p_2) = 1$
5	$\tilde{\mathfrak{A}}^{\prime}p_5 = 0$
6	$\tilde{\mathfrak{A}}^{\prime}p_5 \vee (p_8 \wedge (p_1 \rightarrow \neg p_2)) = 1$
7	$\tilde{\mathfrak{A}}^{\prime}p_7 = 0$
8	$\tilde{\mathfrak{A}}^{\prime}\neg p_7 = 1$
9	$\tilde{\mathfrak{A}}^{\prime}\neg\neg p_7 = 0$
10	$\tilde{\mathfrak{A}}^{\prime}\neg\neg\neg p_7 = 1$
11	$\tilde{\mathfrak{A}}^{\prime}p_5 \vee (p_8 \wedge (p_1 \rightarrow \neg p_2)) \leftrightarrow \neg\neg\neg p_7 = 1$

Aufgabe:

1. Sei $\mathfrak{A}$ die *S1*-Grundbewertung von Beispiel 3. Welche Werte ordnet $\tilde{\mathfrak{A}}$ den folgenden Formeln zu?

   (a) $(p_3 \wedge p_4) \vee p_{77} \to p_{238}$
   (b) $p \wedge (\neg r \vee \neg q) \leftrightarrow \neg \neg (\neg p \to r \vee \neg p)$
   (c) $(q \leftrightarrow \neg (\neg (p_2 \wedge p_5) \vee r)) \wedge (q \to p_4)$

2. Sei $\mathfrak{A}$ eine *S1*-Grundbewertung mit $\mathfrak{A}'p_1 = 0$, $\mathfrak{A}'p_2 = 1$ und $\mathfrak{A}'p_3 = 1$. Man ermittle, welche Werte $\tilde{\mathfrak{A}}$ den folgenden Formeln zuordnet:

   (a) $(\neg p_2 \to p_1) \wedge (p_2 \wedge p_1 \leftrightarrow p_3)$
   (b) $\neg \neg (\neg (\neg \neg p_3 \vee p_1) \to \neg (\neg p_3 \to p_1)) \vee p_1$
   (c) $p_1 \vee (p_1 \wedge \neg \neg p_3) \leftrightarrow (p_3 \vee (p_2 \leftrightarrow p_3) \leftrightarrow (\neg p_1 \to p_1))$

Satz 1.1.2–2.

   Sei A irgendeine *S1*-Formel und seien $\mathfrak{A}_1$, $\mathfrak{A}_2$ irgendwelche *S1*-Grundbewertungen, die in der Bewertung eines jeden in A vorkommenden Satzbuchstabens übereinstimmen. Dann gilt: $\tilde{\mathfrak{A}}_1{}'A = \tilde{\mathfrak{A}}_2{}'A$.

Dieser Satz ergibt sich aus der folgenden Behauptung, die wir durch starke unendliche Induktion beweisen:

   Für alle n mit $n \geq 0$ gilt: Ist A irgendeine *S1*-Formel vom Grad n und sind $\mathfrak{A}_1$, $\mathfrak{A}_2$ irgendwelche *S1*-Grundbewertungen, die in der Bewertung eines jeden in A vorkommenden Satzbuchstabens übereinstimmen, so ist $\tilde{\mathfrak{A}}_1{}'A = \tilde{\mathfrak{A}}_2{}'A$.

Induktionsbasis

Die Basisbehauptung lautet:

   Ist A irgendeine *S1*-Formel von Grad 0 und sind $\mathfrak{A}_1$, $\mathfrak{A}_2$ irgendwelche *S1*-Grundbewertungen, die in der Bewertung eines jeden in A vorkommenden Satzbuchstabens übereinstimmen, so ist $\tilde{\mathfrak{A}}_1{}'A = \tilde{\mathfrak{A}}_2{}'A$.

Beweis: Angenommen, A ist irgendeine *S1*-Formel vom Grad 0 und $\mathfrak{A}_1$, $\mathfrak{A}_2$ sind irgendwelche *S1*-Grundbewertungen, die in der Bewertung eines jeden in A vorkommenden Satzbuchstabens übereinstimmen. Dann ist A eine $S1$-Atomformel und es gilt voraussetzungsgemäß $\mathfrak{A}_1{}^l A = \mathfrak{A}_2{}^l A$. Ferner gilt nach Def. 1.1.2–2.(3) $\tilde{\mathfrak{A}}_1{}^l A = \mathfrak{A}_1{}^l A$ und $\tilde{\mathfrak{A}}_2{}^l A = \mathfrak{A}_2{}^l A$. Es ergibt sich folglich $\tilde{\mathfrak{A}}_1{}^l A = \tilde{\mathfrak{A}}_2{}^l A$.

Induktionsschritt

Die Schrittbehauptung lautet:

Für alle k mit $k \geqq 0$ gilt: Wenn für jedes i mit $0 \leqq i \leqq k$ gilt: ist A irgendeine $S1$-Formel vom Grad i und sind $\mathfrak{A}_1$, $\mathfrak{A}_2$ irgendwelche $S1$-Grundbewertungen, die in der Bewertung eines jeden in A vorkommenden Satzbuchstabens übereinstimmen, so ist $\tilde{\mathfrak{A}}_1{}^l A = \tilde{\mathfrak{A}}_2{}^l A$; dann gilt für jede $S1$-Formel A vom Grad $k+1$: sind $\mathfrak{A}_1$ und $\mathfrak{A}_2$ irgendwelche $S1$-Grundbewertungen, die in der Bewertung eines jeden in A vorkommenden Satzbuchstabens übereinstimmen, so ist $\tilde{\mathfrak{A}}_1{}^l A = \tilde{\mathfrak{A}}_2{}^l A$.

Beweis: Sei k irgendeine natürliche Zahl mit $k \geqq 0$ und gelte der Wenn-Satz der Schrittbehauptung. (I.V.)

Angenommen, A ist irgendeine $S1$-Formel vom Grad $k+1$ und $\mathfrak{A}_1$, $\mathfrak{A}_2$ sind irgendwelche $S1$-Grundbewertungen, die in der Bewertung eines jeden in A vorkommenden Satzbuchstabens übereinstimmen.

Es sind nun fünf Fälle möglich: A ist eine Negation, eine Konjunktion, eine Adjunktion, eine Implikation oder eine Äquivalenz.

Fall 1: Es gibt ein B mit $A = \neg B$.

Da B vom Grad k ist und in B genau dieselben SB vorkommen wie in A, ergibt sich aufgrund der I.V. $\tilde{\mathfrak{A}}_1{}^l B = \tilde{\mathfrak{A}}_2{}^l B$. Also muß auch gelten $\tilde{\mathfrak{A}}_1{}^l \neg B = \tilde{\mathfrak{A}}_2{}^l \neg B$.

Fall 2: Es gibt B und C mit $A = B \wedge C$.

Da sowohl der Grad von B als auch der Grad von C kleiner oder gleich k ist und alle in B oder C vorkommenden SB auch in A vorkommen, ist die I.V. anwendbar, und man erhält $\tilde{\mathfrak{A}}_1{}^l B = \tilde{\mathfrak{A}}_2{}^l B$ und $\tilde{\mathfrak{A}}_1{}^l C = \tilde{\mathfrak{A}}_2{}^l C$. Also muß auch gelten $\tilde{\mathfrak{A}}_1{}^l B \wedge C = \tilde{\mathfrak{A}}_2{}^l B \wedge C$.

Die übrigen drei Fälle erledigen sich ähnlich wie Fall 2. Damit ist die Induktionsbehauptung bewiesen.

Für unsere weiteren semantischen Betrachtungen wird sich der folgende Begriff als nützlich erweisen. Er steht in engem Zusammenhang mit dem Begriff der $S1$-Grundbewertung.

Definition 1.1.2–3.

$\mathfrak{B}$ ist eine *S1-Belegung von A* gdw *A* eine *S1*-Formel und $\mathfrak{B}$ eine Funktion von der Klasse der in *A* vorkommenden Satzbuchstaben in die Klasse $\{0, 1\}$ ist.

Ferner nennen wir eine Funktion $\mathfrak{B}$ eine *S1-Belegung* gdw es eine *S1*-Formel *A* gibt, so daß $\mathfrak{B}$ eine *S1*-Belegung von *A* ist.

Während der Definitionsbereich einer *S1*-Grundbewertung mit der Klasse aller SB identisch ist, umfaßt also der Definitionsbereich einer *S1*-Belegung nur die Klasse der in einer *S1*-Formel vorkommenden SB. Es gilt nun

Satz 1.1.2–3.

Für jede *S1*-Formel *A* und jede natürliche Zahl *n* mit $n \geq 1$ gilt: Kommen in *A* genau *n* Satzbuchstaben vor, so gibt es genau 2^n *S1*-Belegungen von *A*.

Dieser Satz ergibt sich aus der folgenden Induktionsbehauptung, die wir durch schwache unendliche Induktion beweisen:

Für jede natürliche Zahl *n* mit $n \geq 1$ gilt: Ist *A* irgendeine *S1*-Formel, in der genau *n* Satzbuchstaben vorkommen, so gibt es genau 2^n *S1*-Belegungen von *A*.

Induktionsbasis
Die Basisbehauptung lautet:

Ist *A* irgendeine *S1*-Formel, in der genau ein Satzbuchstabe vorkommt, so gibt es genau zwei *S1*-Belegungen von *A*.

Der Beweis hierfür ist trivial, da eine *S1*-Belegung einem Satzbuchstaben entweder den Wert 0 oder den Wert 1 zuordnet.

Induktionsschritt
Die Schrittbehauptung lautet:

Für alle *k* mit $k \geq 1$ gilt: Wenn für jede *S1*-Formel *A*, in der genau *k* Satzbuchstaben vorkommen, gilt, daß es genau 2^k *S1*-Belegungen von *A* gibt, dann gilt für jede *S1*-Formel *A*, in der genau $k + 1$ Satzbuchstaben vorkommen, daß es genau 2^{k+1} *S1*-Belegungen von *A* gibt.

Beweis: Sei k irgendeine natürliche Zahl mit $k \geqq 1$ und gelte für jede S1-Formel A, in der genau k SB vorkommen, daß es genau 2^k S1-Belegungen von A gibt. (I.V.)

Angenommen nun, A ist irgendeine S1-Formel, in der genau $k+1$ SB vorkommen. Dann kommen in A wenigstens zwei voneinander verschiedene SB vor. Ersetzt man nun in A alle Vorkommen genau eines SB durch einen anderen in A vorkommenden SB, so entsteht eine Formel B, die genau k SB enthält. Aufgrund der I.V. gibt es dann genau 2^k S1-Belegungen $\mathfrak{B}_1, \ldots, \mathfrak{B}_{2^k}$ von B. Sei C derjenige SB, der in A, nicht aber in B vorkommt. Dann sind

$$\mathfrak{B}_1 \cup \{\langle C, 1 \rangle\}, \ldots, \mathfrak{B}_{2^k} \cup \{\langle C, 1 \rangle\}$$
$$\mathfrak{B}_1 \cup \{\langle C, 0 \rangle\}, \ldots, \mathfrak{B}_{2^k} \cup \{\langle C, 0 \rangle\}$$

sämtliche S1-Belegungen von A. Folglich gibt es $2 \cdot 2^k$, d. h. 2^{k+1} S1-Belegungen von A. Damit ist die Induktionsbehauptung bewiesen.

Zwischen S1-Belegungen und S1-Grundbewertungen besteht nun der folgende Zusammenhang:

Satz 1.1.2–4.

Für jede S1-Formel A und jede S1-Grundbewertung $\mathfrak{A}$ gilt: Es gibt genau eine S1-Belegung von A, die jedem in A vorkommenden Satzbuchstaben denselben Wert zuordnet wie $\mathfrak{A}$.

Beweis: Sei A irgendeine S1-Formel und $\mathfrak{A}$ irgendeine S1-Grundbewertung. Die Klasse aller derjenigen Elemente von $\mathfrak{A}$, deren Erstglied ein in A vorkommender SB ist, stellt eine S1-Belegung von A dar, die jedem in A vorkommenden SB denselben Wert zuordnet wie $\mathfrak{A}$. Also gibt es *wenigstens* eine solche S1-Belegung. Daß es *höchstens* eine solche gibt, kann man so zeigen: Angenommen, es gäbe zwei verschiedene derartige S1-Belegungen $\mathfrak{B}_1$ und $\mathfrak{B}_2$. Dann käme in A ein Satzbuchstabe B vor mit $\mathfrak{B}_1{}^{\prime}B \neq \mathfrak{B}_2{}^{\prime}B$. Da jedoch voraussetzungsgemäß $\mathfrak{B}_1$ und $\mathfrak{B}_2$ jedem in A vorkommenden SB denselben Wert zuordnen müßten wie $\mathfrak{A}$, wäre $\mathfrak{B}_1{}^{\prime}B = \mathfrak{A}{}^{\prime}B$ und $\mathfrak{B}_2{}^{\prime}B = \mathfrak{A}{}^{\prime}B$. Folglich ergäbe sich $\mathfrak{B}_1{}^{\prime}B = \mathfrak{B}_2{}^{\prime}B$ (Widerspruch!).

Wir definieren nun einen Begriff, der für die Semantik von S1 grundlegend ist.

Definition 1.1.2–4.

Eine S1-Formel A ist *S1-gültig* gdw für alle S1-Grundbewertungen $\mathfrak{A}$ gilt: $\tilde{\mathfrak{A}}{}^{\prime}A = 1$.

Beispiele für S1-gültige Formeln:

1. Die Formel $p \to p$ ist S1-gültig.

Beweis: Sei $\mathfrak{A}$ irgendeine S1-Grundbewertung. Dann ist $\mathfrak{A}^{\prime} p = 1$ oder $\mathfrak{A}^{\prime} p = 0$. Ist $\mathfrak{A}^{\prime} p = 1$, so ist auch $\tilde{\mathfrak{A}}^{\prime} p = 1$, und es ergibt sich $\tilde{\mathfrak{A}}^{\prime} p \to p = 1$. Ist hingegen $\mathfrak{A}^{\prime} p = 0$, so ist auch $\tilde{\mathfrak{A}}^{\prime} p = 0$, und es ergibt sich wiederum $\tilde{\mathfrak{A}}^{\prime} p \to p = 1$. Damit ist gezeigt, daß für alle S1-Grundbewertungen $\mathfrak{A}$ gilt: $\tilde{\mathfrak{A}}^{\prime} p \to p = 1$.

2. Die Formel $p \lor \neg p$ ist S1-gültig.

Beweis: Sei $\mathfrak{A}$ irgendeine S1-Grundbewertung. Dann ist $\mathfrak{A}^{\prime} p = 1$ oder $\mathfrak{A}^{\prime} p = 0$. Ist $\mathfrak{A}^{\prime} p = 1$, so ist auch $\tilde{\mathfrak{A}}^{\prime} p = 1$, und es ergibt sich $\tilde{\mathfrak{A}}^{\prime} p \lor \neg p = 1$. Ist hingegen $\mathfrak{A}^{\prime} p = 0$, so ist auch $\tilde{\mathfrak{A}}^{\prime} p = 0$, und es ergibt sich $\tilde{\mathfrak{A}}^{\prime} \neg p = 1$. Also gilt auch in diesem Fall $\tilde{\mathfrak{A}}^{\prime} p \lor \neg p = 1$.

3. Die Formel $p \land q \to p$ ist S1-gültig.

Beweis: Sei $\mathfrak{A}$ irgendeine S1-Grundbewertung. Dann ist

$$\mathfrak{A}^{\prime} p = 1 \quad \text{oder} \quad \mathfrak{A}^{\prime} p = 0$$

und

$$\mathfrak{A}^{\prime} q = 1 \quad \text{oder} \quad \mathfrak{A}^{\prime} q = 0 .$$

Es sind also vier Fälle zu unterscheiden, nämlich

$$\mathfrak{A}^{\prime} p = 1 \quad \text{und} \quad \mathfrak{A}^{\prime} q = 1 ;$$
$$\mathfrak{A}^{\prime} p = 1 \quad \text{und} \quad \mathfrak{A}^{\prime} q = 0 ;$$
$$\mathfrak{A}^{\prime} p = 0 \quad \text{und} \quad \mathfrak{A}^{\prime} q = 1 ;$$
$$\mathfrak{A}^{\prime} p = 0 \quad \text{und} \quad \mathfrak{A}^{\prime} q = 0 .$$

Der Leser überzeuge sich davon, daß in allen vier Fällen gilt $\tilde{\mathfrak{A}}^{\prime} p \land q \to p = 1$.

Um auszudrücken, daß eine Formel A S1-gültig ist, schreiben wir gelegentlich vor einen Namen von A das Symbol »$\Vdash_{\overline{S1}}$«. So besagt beispielsweise der Ausdruck »$\Vdash_{\overline{S1}} p \to p$«, daß die Formel $p \to p$ S1-gültig ist. Wenn keine Mißverständnisse zu befürchten sind, schreiben wir statt »$\Vdash_{\overline{S1}}$« auch einfach »$\Vdash$«.

Wir haben soeben von drei sehr einfachen Formeln gezeigt, daß sie S1-gültig sind. Bei Formeln, in denen mehr als zwei SB vorkommen, erweist es sich nun als ratsam, nach einer bestimmten Methode vorzugehen. Wir wollen zwei Methoden anhand von Beispielen einüben. Bei der ersten wird »direkt« und bei der zweiten »indirekt« vorgegangen.

Beispiele für die direkte Methode:

1. Ist die Formel $p \to p \lor q$ *S1*-gültig?

In dieser Formel kommen genau die beiden SB p und q vor. Folglich gibt es 2^2 *S1*-Belegungen von $p \to p \lor q$, nämlich

$\mathfrak{B}_1:$ $\{\langle p, 1\rangle, \langle q, 1\rangle\}$;
$\mathfrak{B}_2:$ $\{\langle p, 1\rangle, \langle q, 0\rangle\}$;
$\mathfrak{B}_3:$ $\{\langle p, 0\rangle, \langle q, 1\rangle\}$;
$\mathfrak{B}_4:$ $\{\langle p, 0\rangle, \langle q, 0\rangle\}$.

Sei nun $\mathfrak{A}$ irgendeine *S1*-Grundbewertung. Dann ordnet $\mathfrak{A}$ den SB p und q dieselben Werte zu wie $\mathfrak{B}_1$, $\mathfrak{B}_2$, $\mathfrak{B}_3$ oder $\mathfrak{B}_4$.

Angenommen, $\mathfrak{A}^\prime p = 1$ und $\mathfrak{A}^\prime q = 1$. Dann ist $\tilde{\mathfrak{A}}^\prime p \to p \lor q = 1$.
Angenommen, $\mathfrak{A}^\prime p = 1$ und $\mathfrak{A}^\prime q = 0$. Dann ist $\tilde{\mathfrak{A}}^\prime p \to p \lor q = 1$.
Angenommen, $\mathfrak{A}^\prime p = 0$ und $\mathfrak{A}^\prime q = 1$. Dann ist $\tilde{\mathfrak{A}}^\prime p \to p \lor q = 1$.
Angenommen, $\mathfrak{A}^\prime p = 0$ und $\mathfrak{A}^\prime q = 0$. Dann ist $\tilde{\mathfrak{A}}^\prime p \to p \lor q = 1$.

Da in allen vier Fällen gilt $\tilde{\mathfrak{A}}^\prime p \to p \lor q = 1$, ist die Formel $p \to p \lor q$ *S1*-gültig.

2. Ist die Formel $\neg p \lor q \to (r \to q) \lor \neg (r \to p)$ *S1*-gültig?

In ihr kommen genau die drei SB p, q und r vor. Folglich gibt es 2^3 *S1*-Belegungen dieser Formel, nämlich

$\mathfrak{B}_1:$ $\{\langle p, 1\rangle, \langle q, 1\rangle, \langle r, 1\rangle\}$;
$\mathfrak{B}_2:$ $\{\langle p, 1\rangle, \langle q, 1\rangle, \langle r, 0\rangle\}$;
$\mathfrak{B}_3:$ $\{\langle p, 1\rangle, \langle q, 0\rangle, \langle r, 1\rangle\}$;
$\mathfrak{B}_4:$ $\{\langle p, 1\rangle, \langle q, 0\rangle, \langle r, 0\rangle\}$;
$\mathfrak{B}_5:$ $\{\langle p, 0\rangle, \langle q, 1\rangle, \langle r, 1\rangle\}$;
$\mathfrak{B}_6:$ $\{\langle p, 0\rangle, \langle q, 1\rangle, \langle r, 0\rangle\}$;
$\mathfrak{B}_7:$ $\{\langle p, 0\rangle, \langle q, 0\rangle, \langle r, 1\rangle\}$;
$\mathfrak{B}_8:$ $\{\langle p, 0\rangle, \langle q, 0\rangle, \langle r, 0\rangle\}$.

Sei nun $\mathfrak{A}$ irgendeine *S1*-Grundbewertung. Dann ordnet $\mathfrak{A}$ den SB p, q und r dieselben Werte zu wie eine der Belegungen $\mathfrak{B}_1 - \mathfrak{B}_8$. Wie man unschwer erkennt, ergibt sich in allen acht Fällen $\tilde{\mathfrak{A}}^\prime \neg p \lor q \to (r \to q) \lor \neg (r \to p) = 1$.

Für praktische Zwecke empfiehlt es sich, die *S1*-Belegungen einer Formel nach einer bestimmten Regel in schematischer Weise anzugeben.

Bei Formeln, die genau einen Satzbuchstaben B_1 enthalten, wähle man das Schema:

B_1
1
0

Bei Formeln, die genau zwei Satzbuchstaben B_1 und B_2 enthalten, wähle man das Schema:

B_1	B_2
1	1
1	0
0	1
0	0

Bei Formeln, die genau drei Satzbuchstaben B_1, B_2 und B_3 enthalten, wähle man das Schema:

B_1	B_2	B_3
1	1	1
1	1	0
1	0	1
1	0	0
0	1	1
0	1	0
0	0	1
0	0	0

Aus diesen drei Paradigmen läßt sich unschwer eine allgemeine Regel ableiten.

Aufgabe: Welche der folgenden Formeln sind *S1*-gültig und welche nicht?

1. $p \to (q \to p)$
2. $(p \to q) \to \neg\neg q \vee \neg p$
3. $(p \leftrightarrow q) \leftrightarrow (p \wedge q) \vee (\neg p \vee \neg q)$
4. $p \wedge (q \vee r) \leftrightarrow (p \wedge q) \vee (p \wedge r)$
5. $\neg((p \to q) \to (p \to r)) \to p \wedge \neg(q \to r)$
6. $(p \to q) \wedge (r \to p_4) \to (p \wedge r \to q \wedge p_4)$
7. $(p_1 \to (p_2 \leftrightarrow p_3)) \leftrightarrow (p_1 \wedge p_2 \to p_4) \wedge (p_1 \wedge p_3 \to p_5)$

Die von uns bisher angewendete Methode zur Entscheidung der Frage, ob eine vorgegebene Formel *S1*-gültig ist, hat den Nachteil, daß sie in vielen Fällen erst nach einer langwierigen Kalkulation zum Ergebnis führt. Denn ist A eine $S1$-gültige Formel, in der genau n Satzbuchstaben vorkommen, so muß man bei diesem Verfahren für jede der 2^n Belegungen von A eine gesonderte Kalkulation durchführen.

Oft ist es wesentlich einfacher, bei der Frage nach der $S1$-Gültigkeit einer Formel A in der folgenden Weise *indirekt* vorzugehen: Man nimmt an, A wäre *nicht* $S1$-gültig, d. h., es gäbe eine $S1$-Grundbewertung $\mathfrak{A}$ mit $\tilde{\mathfrak{A}}^{\prime} A = 0$. Dann ermittelt man, ob $\mathfrak{A}$ einer Teilformel von A sowohl den Wert 0 als auch den Wert 1 zuordnen müßte. Wenn ja, dann war die Annahme falsch, und es ist gezeigt, daß A $S1$-gültig ist. Wenn nein, dann kann man leicht eine $S1$-Grundbewertung $\mathfrak{A}$ angeben, für welche gilt $\tilde{\mathfrak{A}}^{\prime} A = 0$, und es ist gezeigt, daß A nicht $S1$-gültig ist.

Wir wollen nun diese indirekte Methode anhand einiger Beispiele einüben. Dabei beginnen wir mit solchen Formeln, deren $S1$-Gültigkeit wir bereits mit Hilfe der direkten Methode nachgewiesen haben.

1. Ist die Formel $p \to p$ $S1$-gültig?

Angenommen, sie ist nicht $S1$-gültig. Dann gibt es eine $S1$-Grundbewertung $\mathfrak{A}$ mit $\tilde{\mathfrak{A}}^{\prime} p \to p = 0$. Also muß sowohl $\tilde{\mathfrak{A}}^{\prime} p = 1$ als auch $\tilde{\mathfrak{A}}^{\prime} p = 0$ gelten. Dies ist jedoch unmöglich. Also ist $p \to p$ $S1$-gültig.

2. Ist die Formel $p \to p \lor q$ $S1$-gültig?

Angenommen, sie ist nicht $S1$-gültig. Dann gibt es eine $S1$-Grundbewertung $\mathfrak{A}$ mit $\tilde{\mathfrak{A}}^{\prime} p \to p \lor q = 0$. Also ist $\tilde{\mathfrak{A}}^{\prime} p = 1$ und $\tilde{\mathfrak{A}}^{\prime} p \lor q = 0$. Aus letzterem folgt aber $\tilde{\mathfrak{A}}^{\prime} p = 0$ (Widerspruch!).

3. Ist die Formel $\neg p \lor q \to (r \to q) \lor \neg (r \to p)$ $S1$-gültig?

Angenommen, sie ist nicht $S1$-gültig. Dann gibt es eine $S1$-Grundbewertung $\mathfrak{A}$, so daß gilt:

1	$\tilde{\mathfrak{A}}^{\prime} \neg p \lor q \to (r \to q) \lor \neg (r \to p) = 0$	
2	$\tilde{\mathfrak{A}}^{\prime} \neg p \lor q = 1$	aus 1
3	$\tilde{\mathfrak{A}}^{\prime} (r \to q) \lor \neg (r \to p) = 0$	aus 1
4	$\tilde{\mathfrak{A}}^{\prime} r \to q = 0$	aus 3
5	$\tilde{\mathfrak{A}}^{\prime} \neg (r \to p) = 0$	aus 3
6	$\tilde{\mathfrak{A}}^{\prime} r \to p = 1$	aus 5
7	$\tilde{\mathfrak{A}}^{\prime} r = 1$	aus 4
8	$\tilde{\mathfrak{A}}^{\prime} q = 0$	aus 4
9	$\tilde{\mathfrak{A}}^{\prime} p = 1$	aus 6 und 7
10	$\tilde{\mathfrak{A}}^{\prime} \neg p = 0$	aus 9
11	$\tilde{\mathfrak{A}}^{\prime} \neg p \lor q = 0$	aus 8 und 10

Da sich ein Widerspruch ergibt (s. 2 und 11), ist unsere Annahme widerlegt.

4. Ist die Formel $(p \leftrightarrow q) \to p \wedge q$ $S1$-gültig?

Angenommen, sie ist nicht $S1$-gültig. Dann gibt es eine $S1$-Grundbewertung $\mathfrak{A}$, so daß gilt:

1	$\tilde{\mathfrak{A}}^t (p \leftrightarrow q) \to p \wedge q = 0$	
2	$\tilde{\mathfrak{A}}^t \, p \leftrightarrow q = 1$	aus 1
3	$\tilde{\mathfrak{A}}^t \, p \wedge q = 0$	aus 1
4	$\tilde{\mathfrak{A}}^t \, p = 0$ oder $\tilde{\mathfrak{A}}^t \, q = 0$	aus 3
5	$\tilde{\mathfrak{A}}^t \, p = 0$ und $\tilde{\mathfrak{A}}^t \, q = 0$	aus 2 und 4

Es ergibt sich diesmal kein Widerspruch. Wie man sofort sieht, gilt für jede $S1$-Grundbewertung $\mathfrak{A}$ mit $\mathfrak{A}^t \, p = 0$ und $\mathfrak{A}^t \, q = 0$: $\tilde{\mathfrak{A}}^t (p \leftrightarrow q) \to p \wedge q = 0$. Also ist unsere Formel nicht $S1$-gültig.

5. Ist die Formel $(p \to (q \leftrightarrow r)) \to (p \to (q \leftrightarrow p \wedge r))$ $S1$-gültig?

Angenommen, sie ist nicht $S1$-gültig. Dann gibt es eine $S1$-Grundbewertung $\mathfrak{A}$, so daß gilt:

1	$\tilde{\mathfrak{A}}^t (p \to (q \leftrightarrow r)) \to (p \to (q \leftrightarrow p \wedge r)) = 0$	
2	$\tilde{\mathfrak{A}}^t \, p \to (q \leftrightarrow r) = 1$	aus 1
3	$\tilde{\mathfrak{A}}^t \, p \to (q \leftrightarrow p \wedge r) = 0$	aus 1
4	$\tilde{\mathfrak{A}}^t \, p = 1$	aus 3
5	$\tilde{\mathfrak{A}}^t \, q \leftrightarrow p \wedge r = 0$	aus 3
6	$\tilde{\mathfrak{A}}^t \, q \leftrightarrow r = 1$	aus 2 und 4
7	$\tilde{\mathfrak{A}}^t \, q = 1$ und $\tilde{\mathfrak{A}}^t \, r = 1$	aus 5 und 6
8	$\tilde{\mathfrak{A}}^t \, p \wedge r = 1$	aus 4 und 7
9	$\tilde{\mathfrak{A}}^t \, q \leftrightarrow p \wedge r = 1$	aus 7 und 8

Da sich ein Widerspruch (5 und 9!) ergibt, ist unsere Annahme also widerlegt.

Aufgabe: Der Leser ermittle mit Hilfe der indirekten Methode, welche der folgenden Formeln $S1$-gültig sind.

1. $((p \to q) \to p) \to p$
2. $(p \to (q \to r)) \to ((p \to q) \to (p \to r))$
3. $(p \leftrightarrow q) \to (p \vee q) \wedge (\neg p \vee \neg q)$
4. $p \vee (q \wedge r) \to (p \vee q) \wedge (p \vee r)$
5. $\neg q \vee p \to (r \to q) \vee \neg (r \to p)$
6. $(p \to (q \leftrightarrow r)) \leftrightarrow ((p \wedge q) \leftrightarrow (p \wedge r))$

Wir haben bisher nur von ganz bestimmten Formeln gezeigt, daß sie $S1$-gültig sind. So beispielsweise von $p \to p \vee q$. Natürlich hätten wir dies völlig analog auch von $p_3 \to p_3 \vee p_4$, $p_{22} \to p_{22} \vee p_5$ etc. zeigen können. Man wird nun vielleicht vermuten, daß jede $S1$-Formel der Gestalt $A \to A \vee B$ (also jede $S1$-Formel C, für welche gilt: es gibt $S1$-Formeln A und B, so daß $C = A \to A \vee B$) $S1$-gültig ist. Daß dies tatsächlich zutrifft, läßt sich leicht folgendermaßen beweisen:

Seien A und B irgendwelche $S1$-Formeln. Wäre die Formel $A \to A \vee B$ nicht $S1$-gültig, so gäbe es eine $S1$-Grundbewertung $\mathfrak{A}$ mit

$$\tilde{\mathfrak{A}}^l A \to A \vee B = 0.$$

Also gäbe es eine $S1$-Grundbewertung $\mathfrak{A}$ mit

$$\tilde{\mathfrak{A}}^l A = 1 \quad \text{und} \quad \tilde{\mathfrak{A}}^l A = 0.$$

Dies ist jedoch unmöglich. Also gilt $\Vdash A \to A \vee B$.

Da wir dieses Ergebnis unter der Voraussetzung gewonnen haben, daß A und B *beliebige* $S1$-Formeln sind, ist gezeigt, daß *alle* $S1$-Formeln der Gestalt $A \to A \vee B$ $S1$-gültig sind.

Ähnlich kann man zeigen, daß z. B. jede $S1$-Formel der Gestalt $(A \to B) \wedge (A \to C) \to (A \to B \wedge C)$ $S1$-gültig ist: Seien A, B und C irgendwelche $S1$-Formeln. Angenommen nun, $(A \to B) \wedge (A \to C) \to (A \to B \wedge C)$ ist nicht $S1$-gültig. Dann gibt es eine $S1$-Grundbewertung $\mathfrak{A}$, so daß gilt:

1	$\tilde{\mathfrak{A}}^l (A \to B) \wedge (A \to C) \to (A \to B \wedge C) = 0$	
2	$\tilde{\mathfrak{A}}^l (A \to B) \wedge (A \to C) = 1$	aus 1
3	$\tilde{\mathfrak{A}}^l A \to B \wedge C = 0$	aus 1
4	$\tilde{\mathfrak{A}}^l A \to B = 1$	aus 2
5	$\tilde{\mathfrak{A}}^l A \to C = 1$	aus 2
6	$\tilde{\mathfrak{A}}^l A = 1$	aus 3
$\to$ 7	$\tilde{\mathfrak{A}}^l B \wedge C = 0$	aus 3
8	$\tilde{\mathfrak{A}}^l B = 1$	aus 4 und 6
9	$\tilde{\mathfrak{A}}^l C = 1$	aus 5 und 6
$\to$ 10	$\tilde{\mathfrak{A}}^l B \wedge C = 1$	aus 8 und 9

Da sich ein Widerspruch ergibt, ist unsere Annahme widerlegt. Damit ist gezeigt, daß jede $S1$-Formel der Gestalt $(A \to B) \wedge (A \to C) \to (A \to B \wedge C)$ $S1$-gültig ist.

Der Übung halber zeigen wir noch, daß auch jede $S1$-Formel der Gestalt $(A \to B \wedge C) \to (A \to B) \wedge (A \to C)$ $S1$-gültig ist: Seien A, B und C irgendwelche $S1$-Formeln. Angenommen, die Formel

$(A \to B \wedge C) \to (A \to B) \wedge (A \to C)$ ist nicht $S1$-gültig. Dann gibt es eine $S1$-Grundbewertung $\mathfrak{A}$, so daß gilt:

$$\begin{array}{lll}
1 & \mathfrak{A}^{\prime}(A \to B \wedge C) \to (A \to B) \wedge (A \to C) = 0 & \\
2 & \mathfrak{A}^{\prime} A \to B \wedge C = 1 & \text{aus 1} \\
3 & \mathfrak{A}^{\prime}(A \to B) \wedge (A \to C) = 0 & \text{aus 1} \\
4 & \mathfrak{A}^{\prime} A = 0 \quad \text{oder} \quad \mathfrak{A}^{\prime} B \wedge C = 1 & \text{aus 2} \\
5 & \mathfrak{A}^{\prime} A \to B = 0 \quad \text{oder} \quad \mathfrak{A}^{\prime} A \to C = 0 & \text{aus 3} \\
6 & \mathfrak{A}^{\prime} A \neq 0 & \text{aus 5} \\
7 & \mathfrak{A}^{\prime} B \wedge C = 1 & \text{aus 4 und 6} \\
8 & \mathfrak{A}^{\prime} B = 1 \quad \text{und} \quad \mathfrak{A}^{\prime} C = 1 & \text{aus 7} \\
9 & \mathfrak{A}^{\prime} A \to B = 1 & \text{aus 8} \\
10 & \mathfrak{A}^{\prime} A \to C = 1 & \text{aus 8} \\
11 & \mathfrak{A}^{\prime}(A \to B) \wedge (A \to C) = 1 & \text{aus 9 und 10}
\end{array}$$

Wie wir gezeigt haben, ist $p \to p \vee q$ $S1$-gültig. *Substituiert* man nun in dieser Formel für den Satzbuchstaben p eine beliebige $S1$-Formel A, d. h. ersetzt man in $p \to p \vee q$ jedes Vorkommen von p durch A, so erhält man wieder eine $S1$-gültige Formel (denn der resultierende Ausdruck ist ja eine $S1$-Formel der Gestalt $A \to A \vee B$). Dies legt den Gedanken nahe, daß man allgemein aus $S1$-gültigen Formeln durch eine solche Substitution von $S1$-Formeln für Satzbuchstaben nur wieder $S1$-gültige Formeln gewinnt. Wir wollen nun zeigen, daß dies tatsächlich der Fall ist.

Satz 1.1.2–5. (*Substitutionstheorem* für $S1$)

Für alle $S1$-Formeln A, B und C gilt: Ist A $S1$-gültig und entsteht B aus A dadurch, daß alle Vorkommen eines Satzbuchstabens in A durch C ersetzt werden, so ist auch B $S1$-gültig.

Beweis: Seien A, B und C irgendwelche $S1$-Formeln. Sei ferner A $S1$-gültig und entstehe B aus A dadurch, daß alle Vorkommen eines Satzbuchstabens D in A durch C ersetzt werden. Sei weiterhin $\mathfrak{A}$ irgendeine $S1$-Grundbewertung.

Wir betrachten nun diejenige $S1$-Grundbewertung $\mathfrak{B}$, für welche gilt: $\mathfrak{B}$ ordnet jedem von D verschiedenen SB denselben Wert zu wie $\mathfrak{A}$ und $\mathfrak{B}^{\prime} D = \mathfrak{A}^{\prime} C$. Offensichtlich muß gelten: $\mathfrak{B}^{\prime} A = \mathfrak{A}^{\prime} B$. Nun ist voraussetzungsgemäß $\mathfrak{B}^{\prime} A = 1$. Also ergibt sich $\mathfrak{A}^{\prime} B = 1$.

Im folgenden Satz sind einige wichtige Ergebnisse über $S1$-Gültigkeit zusammengefaßt. Dabei sind die Aussagen (1)–(23) von allgemeinerem Interesse, während die Aussagen (24)–(36) im Hinblick auf das axiomatische System $\Pi 1$ wichtig sind (vgl. die Axiome von $\Pi 1$).

Satz 1.1.2–6.

Es seien A, B und C irgendwelche $S1$-Formeln. Dann gilt:

(1) $\Vdash A \leftrightarrow A$

(2) $\Vdash \neg(A \wedge B) \leftrightarrow \neg A \vee \neg B$ ⎫

(3) $\Vdash \neg(A \vee B) \leftrightarrow \neg A \wedge \neg B$ ⎬ DE MORGANs *Gesetze*

(4) $\Vdash A \wedge B \leftrightarrow B \wedge A$ ⎫

(5) $\Vdash A \vee B \leftrightarrow B \vee A$ ⎬ *Kommutativitätsgesetze*

(6) $\Vdash (A \wedge B) \wedge C \leftrightarrow A \wedge (B \wedge C)$ ⎫

(7) $\Vdash (A \vee B) \vee C \leftrightarrow A \vee (B \vee C)$ ⎬ *Assoziativitätsgesetze*

(8) $\Vdash A \wedge (B \vee C) \leftrightarrow (A \wedge B) \vee (A \wedge C)$ ⎫

(9) $\Vdash A \vee (B \wedge C) \leftrightarrow (A \vee B) \wedge (A \vee C)$ ⎬ *Distributivitätsgesetze*

(10) $\Vdash (A \rightarrow B) \leftrightarrow (\neg B \rightarrow \neg A)$ *Kontrapositionsgesetz*

(11) $\Vdash (A \wedge B \rightarrow C) \leftrightarrow (A \rightarrow (B \rightarrow C))$

(12) $\Vdash A \leftrightarrow A \wedge A$ ⎫

(13) $\Vdash A \leftrightarrow A \vee A$ ⎬ *Idempotenzgesetze*

(14) $\Vdash A \leftrightarrow \neg \neg A$ *Gesetz der doppelten Negation*

(15) $\Vdash A \wedge B \leftrightarrow \neg(\neg A \vee \neg B)$

(16) $\Vdash A \vee B \leftrightarrow \neg(\neg A \wedge \neg B)$

(17) $\Vdash A \wedge B \leftrightarrow \neg(A \rightarrow \neg B)$

(18) $\Vdash A \vee B \leftrightarrow (\neg A \rightarrow B)$

(19) $\Vdash (A \rightarrow B) \leftrightarrow \neg A \vee B$

(20) $\Vdash (A \rightarrow B) \leftrightarrow \neg(A \wedge \neg B)$

(21) $\Vdash (A \leftrightarrow B) \leftrightarrow (A \rightarrow B) \wedge (B \rightarrow A)$

(22) $\Vdash A \vee \neg A$

(23) $\Vdash \neg(A \wedge \neg A)$

(24) $\Vdash A \rightarrow (B \rightarrow A)$

(25) $\Vdash (A \rightarrow (B \rightarrow C)) \rightarrow ((A \rightarrow B) \rightarrow (A \rightarrow C))$

(26) $\Vdash A \wedge B \rightarrow A$

(27) $\Vdash A \wedge B \rightarrow B$

(28) $\Vdash A \rightarrow (B \rightarrow A \wedge B)$

(29) $\Vdash A \rightarrow A \vee B$

(30) $\Vdash B \rightarrow A \vee B$

(31) $\Vdash (A \rightarrow C) \rightarrow ((B \rightarrow C) \rightarrow (A \vee B \rightarrow C))$

(32) $\Vdash (A \rightarrow B) \rightarrow ((A \rightarrow \neg B) \rightarrow \neg A)$

(33) $\Vdash \neg \neg A \rightarrow A$

(34) $\Vdash (A \rightarrow B) \rightarrow ((B \rightarrow A) \rightarrow (A \leftrightarrow B))$

(35) $\Vdash (A \leftrightarrow B) \rightarrow (A \rightarrow B)$

(36) $\Vdash (A \leftrightarrow B) \rightarrow (B \rightarrow A)$

Es sei dem Leser überlassen, die einzelnen Behauptungen zu beweisen.

Wir wollen nun zeigen, daß die Klasse der $S1$-gültigen Formeln bezüglich $S1$ entscheidbar ist. Zu diesem Zweck treffen wir die folgende terminologische Festsetzung:

Sei $\mathfrak{B}$ eine beliebige $S1$-Belegung. Dann heiße diejenige $S1$-Grundbewertung, welche jedem im Definitionsbereich von $\mathfrak{B}$ enthaltenen SB denselben Wert zuordnet wie $\mathfrak{B}$ und jedem nicht im Definitionsbereich von $\mathfrak{B}$ enthaltenen SB den Wert 1 zuordnet, *die durch $\mathfrak{B}$ bestimmte $S1$-Grundbewertung.*

Offensichtlich gibt es einen Algorithmus, mit dessen Hilfe man für jede $S1$-Formel A und jede $S1$-Belegung $\mathfrak{B}$ von A feststellen kann, ob für die durch $\mathfrak{B}$ bestimmte $S1$-Grundbewertung $\mathfrak{A}$ gilt: $\mathfrak{A}^l A = 1$.

Satz 1.1.2–7.
Die Klasse der $S1$-gültigen Formeln ist entscheidbar bezüglich $S1$.

Beweis: Sei A irgendeine vorgegebene $S1$-Formel und seien $\mathfrak{B}_1, ..., \mathfrak{B}_r$ sämtliche $S1$-Belegungen von A. (Ist eine $S1$-Formel vorgegeben, so sind selbstverständlich auch alle $S1$-Belegungen dieser Formel gegeben.) Sei nun für jedes i ($1 \leq i \leq r$) $\mathfrak{A}_i$ die durch $\mathfrak{B}_i$ bestimmte $S1$-Grundbewertung. Dann sind zwei Fälle möglich:

Fall 1: Für alle i ($1 \leq i \leq r$) gilt: $\mathfrak{A}_i^l A = 1$.

In diesem Fall ist A $S1$-gültig. Begründung: Sei $\mathfrak{A}$ irgendeine $S1$-Grundbewertung. Dann gibt es nach Satz 1.1.2–4 genau eine $S1$-Belegung von A, die jedem in A vorkommenden SB denselben Wert zuordnet wie $\mathfrak{A}$. Da diese Belegung mit einem $\mathfrak{B}_i$ identisch ist, gilt also aufgrund von Satz 1.1.2–2 $\mathfrak{A}^l A = 1$.

Fall 2: Es gibt ein i ($1 \leq i \leq r$), so daß gilt: $\mathfrak{A}_i^l A \neq 1$.

In diesem Fall ist A trivialerweise nicht $S1$-gültig.

Nach dem grundlegenden Begriff der $S1$-Gültigkeit führen wir nun noch einige weitere semantische Begriffe ein.

Definition 1.1.2–5.

Eine $S1$-Formel A ist *S1-erfüllbar* gdw es eine $S1$-Grundbewertung $\mathfrak{A}$ gibt, für welche gilt: $\mathfrak{A}^l A = 1$.

Definition 1.1.2–6.

Eine *S1*-Formel *A* ist *S1-unerfüllbar* gdw für jede *S1*-Grundbewertung $\mathfrak{A}$ gilt: $\tilde{\mathfrak{A}}^l A = 0$.

Offensichtlich gilt für jede *S1*-Formel *A*:

(1) *A* ist *S1*-erfüllbar gdw *A* nicht *S1*-unerfüllbar ist.

(2) *A* ist *S1*-unerfüllbar gdw *A* nicht *S1*-erfüllbar ist.

(3) Wenn *A* *S1*-gültig ist, dann ist *A* *S1*-erfüllbar.

(4) *A* ist *S1*-gültig gdw $\neg A$ *S1*-unerfüllbar ist.

Aus (1) bzw. (2) folgt, daß jede *S1*-Formel entweder *S1*-erfüllbar oder *S1*-unerfüllbar ist. Da es ferner *S1*-erfüllbare Formeln gibt, die nicht *S1*-gültig sind, ist aufgrund von (3) die Klasse der *S1*-gültigen Formeln eine echte Teilklasse der Klasse der *S1*-erfüllbaren Formeln.

Aufgabe: Seien *A* und *B* irgendwelche *S1*-Formeln mit $\Vdash A \leftrightarrow B$. Man zeige, daß dann gilt:

(1) $\Vdash A$ gdw $\Vdash B$.

(2) *A* ist *S1*-unerfüllbar gdw *B* *S1*-unerfüllbar ist.

Wir wollen eine *S1*-Formel *A* eine *S1-Kontradiktion* nennen gdw es eine *S1*-Formel *B* gibt, so daß $A = B \wedge \neg B$. Wie man leicht erkennt, ist jede *S1*-Kontradiktion *S1*-unerfüllbar. Folglich ist die Klasse der *S1*-Kontradiktionen eine echte Teilklasse der Klasse der *S1*-unerfüllbaren Formeln.

Um festzustellen, ob eine Formel *S1*-unerfüllbar ist, geht man am besten indirekt vor: man nimmt an, daß dies nicht der Fall ist, und zieht hieraus die Konsequenzen. Ergibt sich dabei ein Widerspruch, so war die Annahme falsch, und die betreffende Formel ist *S1*-unerfüllbar. Ergibt sich hingegen kein Widerspruch, so läßt sich leicht zeigen, daß sie *S1*-erfüllbar ist.

Zwei Beispiele für dieses Vorgehen:

1. Ist die Formel $\neg (p \to p)$ *S1*-unerfüllbar?

Angenommen, sie ist nicht *S1*-unerfüllbar. Dann gibt es eine *S1*-Grundbewertung $\mathfrak{A}$, so daß gilt:

1 $\tilde{\mathfrak{A}}^l \neg (p \to p) = 1$

2 $\tilde{\mathfrak{A}}^l p \to p = 0$

3 $\tilde{\mathfrak{A}}^l p = 1$ und $\tilde{\mathfrak{A}}^l p = 0$ (Widerspruch!)

2. Ist die Formel $\neg(\neg p \lor ((q \to \neg p) \to \neg q))$ $S1$-unerfüllbar?

Angenommen, sie ist nicht $S1$-unerfüllbar. Dann gibt es eine $S1$-Grundbewertung $\mathfrak{A}$, so daß gilt:

1 $\mathfrak{A}^{l} \neg(\neg p \lor ((q \to \neg p) \to \neg q)) = 1$
2 $\mathfrak{A}^{l} \neg p \lor ((q \to \neg p) \to \neg q) = 0$
3 $\mathfrak{A}^{l} \neg p = 0$
4 $\mathfrak{A}^{l} (q \to \neg p) \to \neg q = 0$
5 $\mathfrak{A}^{l} q \to \neg p = 1$
6 $\mathfrak{A}^{l} \neg q = 0$
7 $\mathfrak{A}^{l} q = 1$
8 $\mathfrak{A}^{l} q \to \neg p = 0$ (Widerspruch!)

Aufgabe: Welche der folgenden Formeln sind $S1$-gültig, $S1$-unerfüllbar oder weder $S1$-gültig noch $S1$-unerfüllbar?

1. $p \land \neg p \to q$
2. $p \to p \land q$
3. $(p \to \neg p) \lor (\neg p \to p)$
4. $(\neg p \land q) \land (q \to p)$
5. $(p \to q) \to (\neg p \to \neg q)$
6. $\neg(p \land q) \lor (p \leftrightarrow q)$
7. $(p \to q) \land (p \lor r) \to q \lor r$
8. $\neg(\neg(p \to q) \lor \neg\neg((p \land r) \to q))$
9. $(p \to (q \leftrightarrow (p \land r))) \to (p \to (q \leftrightarrow r))$

Mit dem Begriff der $S1$-Gültigkeit hängt der folgende wichtige semantische Begriff eng zusammen:

Definition 1.1.2–7.

A ist eine *$S1$-Konsequenz aus* Γ gdw

(1) $A \in S1$;
(2) $\Gamma \subseteq S1$;
(3) $\Gamma \neq \emptyset$ und es gibt keine $S1$-Grundbewertung $\mathfrak{A}$, so daß gilt:

   $\mathfrak{A}$ ordnet jedem Element von Γ den Wert 1 und A den Wert 0 zu

oder

   $\Gamma = \emptyset$ und A ist $S1$-gültig.

Wir wollen uns zunächst anhand einiger Beispiele mit diesem Begriff vertraut machen.

1. p ist eine $S1$-Konsequenz aus $\{p\}$. Denn es gibt keine $S1$-Grundbewertung $\mathfrak{A}$, so daß gilt: $\mathfrak{A}$ ordnet p sowohl den Wert 1 als auch den Wert 0 zu.

2. $p \to p$ ist eine $S1$-Konsequenz aus $\emptyset$. Begründung: $p \to p$ ist $S1$-gültig.

3. $\neg q \to \neg p$ ist eine $S1$-Konsequenz aus $\{p \to q\}$. Denn es gibt keine $S1$-Grundbewertung $\mathfrak{A}$, so daß gilt: $\tilde{\mathfrak{A}}^\ell p \to q = 1$ und $\tilde{\mathfrak{A}}^\ell \neg q \to \neg p = 0$. Der Beweis hierfür erfolgt indirekt: Angenommen, es gibt eine derartige $S1$-Grundbewertung $\mathfrak{A}$. Für $\tilde{\mathfrak{A}}$ müßte dann gelten:

1 $\tilde{\mathfrak{A}}^\ell \neg q = 1$ und $\tilde{\mathfrak{A}}^\ell \neg p = 0$
2 $\tilde{\mathfrak{A}}^\ell q = 0$ und $\tilde{\mathfrak{A}}^\ell p = 1$
3 $\tilde{\mathfrak{A}}^\ell p \to q = 0$ (Widerspruch!)

4. q ist eine $S1$-Konsequenz aus $\{p, p \to q\}$. Denn es gibt keine $S1$-Grundbewertung $\mathfrak{A}$, so daß gilt: $\tilde{\mathfrak{A}}^\ell p = 1$, $\tilde{\mathfrak{A}}^\ell p \to q = 1$ und $\tilde{\mathfrak{A}}^\ell q = 0$.

5. $p \to r$ ist eine $S1$-Konsequenz aus $\{p \to q, q \to r\}$. Denn es gibt keine $S1$-Grundbewertung $\mathfrak{A}$, so daß gilt: $\tilde{\mathfrak{A}}^\ell p \to q = 1$, $\tilde{\mathfrak{A}}^\ell q \to r = 1$ und $\tilde{\mathfrak{A}}^\ell p \to r = 0$.

Zur Vereinfachung unserer metasprachlichen Ausdrucksweise treffen wir nun folgende Konvention:

> Um auszudrücken, daß eine Formel eine $S1$-Konsequenz aus einer Formelklasse ist, schreiben wir einen Namen dieser Formelklasse, dann das Symbol »$\Vdash_{\overline{S1}}$« und hierauf einen Namen der betreffenden Formel.

So besagt beispielsweise der Ausdruck »$\{p, p \to q\} \Vdash_{\overline{S1}} q$«, daß die Formel q eine $S1$-Konsequenz aus der Formelklasse $\{p, p \to q\}$ ist. Sind keine Mißverständnisse zu befürchten, so schreiben wir wie früher statt »$\Vdash_{\overline{S1}}$« auch kurz »$\Vdash$«. Ferner wollen wir vereinbaren, daß die beiden Klammern »$\{$« und »$\}$« weggelassen werden dürfen. Statt »$\{p, p \to q\} \Vdash_{\overline{S1}} q$« darf also auch kurz »$p, p \to q \Vdash q$« geschrieben werden.

Der folgende Satz beleuchtet einige der wichtigsten Zusammenhänge zwischen $S1$-Gültigkeit und $S1$-Konsequenz.

Satz 1.1.2–8.

Seien $A, B, A_1, \ldots, A_n$ irgendwelche $S1$-Formeln und Γ, Δ irgendwelche Teilklassen von $S1$. Dann gilt:

(1) $\emptyset \Vdash A$ gdw $\Vdash A$.

(2) $A \Vdash B$ gdw $\Vdash A \to B$.

(3) $A_1, \ldots, A_n \Vdash B$ gdw $\Vdash A_1 \to (A_2 \to \cdots (A_n \to B) \cdots)$ $(n \geq 2)$.

(4) Wenn $A \in \Gamma$, dann $\Gamma \Vdash A$.

(5) $A \Vdash A$.

(6) Wenn $\Gamma \Vdash A$, dann $\Gamma \cup \Delta \Vdash A$.

(7) Wenn $\Vdash A$, dann $\Gamma \Vdash A$.

(8) Wenn $\Gamma \Vdash A$ und $\Gamma \Vdash A \to B$, dann $\Gamma \Vdash B$.

(9) Wenn $\Vdash A$ und $\Vdash A \to B$, dann $\Vdash B$.

(10) Wenn $\Gamma \Vdash A$ und $A \Vdash B$, dann $\Gamma \Vdash B$.

(11) Wenn $\Gamma \cup \{A\} \Vdash B$, dann $\Gamma \Vdash A \to B$.

(12) Wenn $\Gamma \Vdash A \to B$, dann $\Gamma \cup \{A\} \Vdash B$.

Beweis:

Ad (1): Angenommen, $\emptyset \Vdash A$. Da nicht $\emptyset \neq \emptyset$, ergibt sich aufgrund von Def. 1.1.2–7 $\Vdash A$. Angenommen $\Vdash A$. Da $\emptyset = \emptyset$, gilt somit auch:

$$\emptyset = \emptyset \quad \text{und} \quad \Vdash A.$$

Folglich ergibt sich (wenn man $\emptyset = \Gamma$ setzt) aufgrund von Def. 1.1.2–7
$\emptyset \Vdash A$.

Ad (2): Angenommen, $A \Vdash B$. Wäre nun $A \to B$ nicht $S1$-gültig, so gäbe es eine $S1$-Grundbewertung $\mathfrak{A}$ mit $\tilde{\mathfrak{A}}^l A = 1$ und $\tilde{\mathfrak{A}}^l B = 0$. Eine solche Grundbewertung kann es aber wegen Def. 1.1.2–7 nicht geben. Angenommen $\Vdash A \to B$. Dann gibt es keine $S1$-Grundbewertung $\mathfrak{A}$ mit $\tilde{\mathfrak{A}}^l A = 1$ und $\tilde{\mathfrak{A}}^l B = 0$. Da nun $\{A\} \neq \emptyset$, gilt folglich $A \Vdash B$.

Ad (3): Dieser Satz wird analog wie (2) bewiesen.

Ad (4): Angenommen, $A \in \Gamma$. Dann ist $\Gamma \neq \emptyset$. Ferner gibt es keine $S1$-Grundbewertung $\mathfrak{A}$, so daß $\tilde{\mathfrak{A}}$ jedem Element von Γ den Wert 1 und A den Wert 0 zuordnet. Folglich gilt definitionsgemäß $\Gamma \Vdash A$.

Ad (5): Da $A \in \{A\}$, ergibt sich aufgrund von (4) $\{A\} \Vdash A$, d. h. $A \Vdash A$.

111

Ad (6): Angenommen, $\Gamma \nVdash A$. Es sind vier Fälle zu unterscheiden.

Fall 1: $\Gamma \neq \emptyset$ und $\Delta \neq \emptyset$.

Gäbe es nun eine $S1$-Grundbewertung $\mathfrak{A}$ derart, daß $\mathfrak{\tilde{A}}$ jedem Element von $\Gamma \cup \Delta$ den Wert 1 und A den Wert 0 zuordnet, so gäbe es eine $S1$-Bewertung, die jedem Element von Γ den Wert 1 und A den Wert 0 zuordnet. Dies ist aber voraussetzungsgemäß unmöglich.

Fall 2: $\Gamma \neq \emptyset$ und $\Delta = \emptyset$.

Da in diesem Fall $\Gamma \cup \Delta = \Gamma$, gilt voraussetzungsgemäß auch $\Gamma \cup \Delta \nVdash A$.

Fall 3: $\Gamma = \emptyset$ und $\Delta \neq \emptyset$.

Da $\Gamma \nVdash A$, gilt also definitionsgemäß $\nVdash A$. Also gibt es keine $S1$-Grundbewertung $\mathfrak{A}$ mit $\mathfrak{\tilde{A}}^{\prime} A = 0$. Folglich gilt $\Gamma \cup \Delta \nVdash A$.

Fall 4: $\Gamma = \emptyset$ und $\Delta = \emptyset$. (s. Fall 2)

Ad (7): Angenommen, $\nVdash A$. Dann gilt wegen (1) auch $\emptyset \nVdash A$. Da nun $\emptyset \cup \Gamma = \Gamma$, ergibt sich aufgrund von (6) $\Gamma \nVdash A$.

Ad (8): Angenommen, $\Gamma \Vdash A$ und $\Gamma \Vdash A \rightarrow B$. Wir betrachten zwei Fälle.

Fall 1: $\Gamma \neq \emptyset$.

Voraussetzungsgemäß gilt für jede $S1$-Grundbewertung $\mathfrak{A}$: wenn $\mathfrak{\tilde{A}}$ jedem Element von Γ den Wert 1 zuordnet, dann ordnet $\mathfrak{\tilde{A}}$ den Formeln A und $A \rightarrow B$ den Wert 1 zu. Gäbe es nun eine $S1$-Grundbewertung $\mathfrak{A}$ derart, daß $\mathfrak{\tilde{A}}$ jedem Element von Γ den Wert 1 und B den Wert 0 zuordnet, so gäbe es also eine $S1$-Bewertung, die der Formel A sowohl den Wert 1 als auch den Wert 0 zuordnet. Dies ist jedoch unmöglich. Folglich gilt $\Gamma \Vdash B$.

Fall 2: $\Gamma = \emptyset$.

Aufgrund von (1) gilt in diesem Fall $\Vdash A$ und $\Vdash A \rightarrow B$. Wäre nun B nicht $S1$-gültig, so gäbe es also eine $S1$-Bewertung, die der Formel A sowohl den Wert 1 als auch den Wert 0 zuordnet. Dies ist jedoch unmöglich. Folglich gilt $\Vdash B$ und somit wegen (1) auch $\Gamma \Vdash B$.

Ad (9): Der Beweis ergibt sich mit (1) und (8).

Ad (10): Angenommen, $\Gamma \Vdash A$ und $A \Vdash B$. Aufgrund von (2) gilt dann $\Vdash A \to B$, woraus sich mit (7) $\Gamma \Vdash A \to B$ ergibt. Also erhält man mit (8) $\Gamma \Vdash B$.

Ad (11): Angenommen, $\Gamma \cup \{A\} \Vdash B$. Wir betrachten wieder zwei Fälle.

Fall 1: $\Gamma \neq \emptyset$.

Gäbe es eine $S1$-Grundbewertung $\mathfrak{A}$ derart, daß $\tilde{\mathfrak{A}}$ jedem Element von Γ den Wert 1 und $A \to B$ den Wert 0 zuordnet, so gäbe es also eine $S1$-Bewertung, die jedem Element von $\Gamma \cup \{A\}$ den Wert 1 und B den Wert 0 zuordnet.

Fall 2: $\Gamma = \emptyset$.

Da in diesem Fall $\Gamma \cup \{A\} = \{A\}$, gilt voraussetzungsgemäß $A \Vdash B$. Hieraus gewinnt man mit (2) $\Vdash A \to B$. Also ergibt sich mit (1) $\Gamma \Vdash A \to B$.

Ad (12): Der Beweis sei dem Leser überlassen.

Wir haben oben gezeigt, daß die Klasse der $S1$-gültigen Formeln entscheidbar ist bezüglich $S1$ (Satz 1.1.2–7). Es ergibt sich nun die Frage, ob auch die Klasse aller $S1$-Konsequenzen aus einer vorgegebenen endlichen Formelklasse Γ entscheidbar ist bezüglich $S1$. Wir beantworten diese Frage dadurch, daß wir den folgenden Satz beweisen.

Satz 1.1.2–9.
   Sei Γ irgendeine endliche Teilklasse von $S1$, die bezüglich $S1$ entscheidbar ist. Dann ist die Klasse aller $S1$-Konsequenzen aus Γ entscheidbar bezüglich $S1$.

Beweis: Sei Γ irgendeine endliche Teilklasse von $S1$, die bezüglich $S1$ entscheidbar ist, und sei A irgendeine $S1$-Formel. Es sind drei Fälle möglich.

Fall 1: $\Gamma = \emptyset$.
Dann gilt nach Satz 1.1.2–8.(1) $\Gamma \Vdash A$ gdw $\Vdash A$.

Fall 2: Γ enthält genau eine Formel A_1.
Dann gilt nach Satz 1.1.2–8.(2) $\Gamma \Vdash A$ gdw $\Vdash A_1 \to A$.

113

Fall 3: Γ enthält genau die Formeln $A_1, ..., A_n (n \geq 2)$.

Dann gilt nach Satz 1.1.2–8.(3) $\Gamma \Vdash A$ gdw $\Vdash A_1 \rightarrow (A_2 \rightarrow \cdots (A_n \rightarrow B) \cdots)$.
Nun existiert aber aufgrund von Satz 1.1.2–7 ein Algorithmus α, mit dessen Hilfe man für jede $S1$-Formel feststellen kann, ob sie $S1$-gültig ist.

Es sei dem Leser überlassen, die im nächsten Satz zusammenge-faßten Aussagen zu beweisen. Die ersten zwölf dieser Aussagen sind für die aussagenlogische Semantik besonders wichtig, während die darauffolgenden speziell für den Beweis des Ersetzungstheorems benötigt werden.

Satz 1.1.2–10.
  Seien A, B und C irgendwelche $S1$-Formeln. Dann gilt:

  (1) $A, B \Vdash A \wedge B$
  (2) $A \Vdash A \vee B$
  (3) $A \vee B, \neg A \Vdash B$
  (4) $A \rightarrow B, A \Vdash B$
  (5) $A \rightarrow B, \neg B \Vdash \neg A$
  (6) $A \rightarrow B, B \rightarrow C \Vdash A \rightarrow C$
  (7) $A \vee B, A \rightarrow C, B \rightarrow C \Vdash C$
  (8) $A \Vdash B \rightarrow A$
  (9) $\neg A \Vdash A \rightarrow B$
  (10) $A, \neg A \Vdash B$
  (11) $A \rightarrow B, \neg A \rightarrow B \Vdash B$
  (12) $A \rightarrow B, A \rightarrow \neg B \Vdash \neg A$
  (13) $A \leftrightarrow B \Vdash \neg A \leftrightarrow \neg B$
  (14) $A \leftrightarrow B \Vdash A \wedge C \leftrightarrow B \wedge C$
  (15) $A \leftrightarrow B \Vdash C \wedge A \leftrightarrow C \wedge B$
  (16) $A \leftrightarrow B \Vdash A \vee C \leftrightarrow B \vee C$
  (17) $A \leftrightarrow B \Vdash C \vee A \leftrightarrow C \vee B$
  (18) $A \leftrightarrow B \Vdash (A \rightarrow C) \leftrightarrow (B \rightarrow C)$
  (19) $A \leftrightarrow B \Vdash (C \rightarrow A) \leftrightarrow (C \rightarrow B)$
  (20) $A \leftrightarrow B \Vdash (A \leftrightarrow C) \leftrightarrow (B \leftrightarrow C)$
  (21) $A \leftrightarrow B \Vdash (C \leftrightarrow A) \leftrightarrow (C \leftrightarrow B)$

Wir schließen nun die Semantik von $S1$ mit dem Ersetzungs-theorem für $S1$ ab.

Satz 1.1.2–11.   (*Ersetzungstheorem* für *S1*)

Seien *A, B, C* und *D* irgendwelche *S1*-Formeln. Dann gilt: Wenn

(1) *A* eine *S1*-Teilformel von *C* ist und
(2) *D* aus *C* dadurch entsteht, daß wenigstens ein Vorkommen von *A* in *C* durch *B* ersetzt wird,

dann ist $A \leftrightarrow B \Vdash C \leftrightarrow D$.

Beweis: Für den Beweis dieses Satzes genügt es, den Fall zu betrachten, daß *D* aus *C* durch Ersetzung genau eines Vorkommens von *A* durch *B* entsteht, da man durch mehrfache Anwendung dieses Ergebnisses sofort das allgemeine Resultat gewinnt. Damit wir uns übersichtlich ausdrücken können, treffen wir zunächst die folgende Vereinbarung: Sind *A, B, C* und *D* irgendwelche *S1*-Formeln, so schreiben wir, um auszudrücken, daß

(1) *A* eine *S1*-Teilformel von *C* ist und
(2) *D* aus *C* dadurch entsteht, daß genau ein Vorkommen von *A* in *C* durch *B* ersetzt wird,

(durch Kommata voneinander getrennt) der Reihe nach je einen Namen von *D, C, A* und *B*, setzen den so entstandenen Ausdruck in runde Klammern und stellen dem Ganzen den Ausdruck »Ers« voran. So gilt beispielsweise

$$\text{Ers} (p \wedge q \to r \vee s, p \wedge q \to p, p, r \vee s).$$

Das Ersetzungstheorem ergibt sich nun aus der folgenden Behauptung, die wir durch starke unendliche Induktion beweisen:

Für alle *n* mit $n \geq 0$ gilt: Sind *A, B, C, D* irgendwelche *S1*-Formeln derart, daß $g^l C - g^l A = n$ und Ers(D, C, A, B), so ist $A \leftrightarrow B \Vdash C \leftrightarrow D$.

Induktionsbasis

Die Basisbehauptung lautet:

Sind *A,B,C,D* irgendwelche *S1*-Formeln derart, daß $g^l C - g^l A = 0$ und Ers(D, C, A, B), so ist $A \leftrightarrow B \Vdash C \leftrightarrow D$.

Beweis: Seien *A, B, C, D* irgendwelche *S1*-Formeln mit $g^l C - g^l A = 0$ und Ers(D, C, A, B). Dann ist $g^l A = g^l C$ und daher nach Satz 1.1.1–1 auch $C = A$. Da nun *D* aus *C* voraussetzungsgemäß durch Ersetzung genau eines Vorkommens von *A* durch *B* entsteht, ist also auch $D = B$. Es gilt aber nach Satz 1.1.2–8.(5) $A \leftrightarrow B \Vdash A \leftrightarrow B$.

Induktionsschritt

Die Schrittbehauptung lautet:

Für alle k mit $k \geq 0$ gilt: Wenn für jedes i mit $0 \leq i \leq k$ gilt: sind A, B, C, D irgendwelche $S1$-Formeln derart, daß $g^I C - g^I A = i$ und Ers(D, C, A, B), so ist $A \leftrightarrow B \Vdash C \leftrightarrow D$; dann gilt: sind A, B, C, D irgendwelche $S1$-Formeln derart, daß $g^I C - g^I A = k + 1$ und Ers(D, C, A, B), so ist $A \leftrightarrow B \Vdash C \leftrightarrow D$.

Beweis: Sei k irgendeine natürliche Zahl mit $k \geq 0$ und gelte für jedes i mit $0 \leq i \leq k$: sind A, B, C, D irgendwelche $S1$-Formeln mit $g^I C - g^I A = i$ und Ers(D, C, A, B), so ist $A \leftrightarrow B \Vdash C \leftrightarrow D$. (I.V.)

Angenommen nun, A, B, C, D sind irgendwelche $S1$-Formeln mit $g^I C - g^I A = k + 1$ und Ers(D, C, A, B). Dann ist $g^I A \neq g^I C$, und man erhält mit Satz 1.1.1–1 $A \neq C$. Da $g^I C > 0$, gibt es $S1$-Formeln E und F derart, daß einer der folgenden fünf Fälle zutrifft:

(1) $C = \neg E$;

(2) $C = E \wedge F$;

(3) $C = E \vee F$;

(4) $C = E \rightarrow F$;

(5) $C = E \leftrightarrow F$.

Ad (1): Dann gibt es wegen $A \neq C$ eine $S1$-Formel F mit Ers$(\neg F, \neg E, A, B)$. Da $A \neq C$ und A eine $S1$-Teilformel von C ist, muß A auch eine $S1$-Teilformel von E sein, und also gelten Ers(F, E, A, B). Nun ist voraussetzungsgemäß $g^I \neg E = g^I A + k + 1$. Also erhält man wegen $g^I \neg E = g^I E + 1$ auch $g^I E - g^I A = k$. Somit ist die I.V. anwendbar, und es ergibt sich $A \leftrightarrow B \Vdash E \leftrightarrow F$. Hieraus folgt aber mit Satz 1.1.2–10.(13) und Satz 1.1.2–8.(10) $A \leftrightarrow B \Vdash \neg E \leftrightarrow \neg F$, d. h. $A \leftrightarrow B \Vdash C \leftrightarrow D$.

Ad (2): Dann gibt es wegen $A \neq C$ $S1$-Formeln G und H mit Ers$(G \wedge H, E \wedge F, A, B)$. Da $A \neq C$ und A eine $S1$-Teilformel von C ist, muß A eine $S1$-Teilformel von E oder von F sein und also Ers(G, E, A, B) oder Ers(H, F, A, B) gelten.

Angenommen, es gilt Ers(G, E, A, B). Da voraussetzungsgemäß $g^I E \wedge F = g^I A + k + 1$, gilt wegen $g^I E \wedge F = g^I E + g^I F + 1$ auch $g^I E - g^I A = k - g^I F$ und somit $g^I E - g^I A \leq k$. Also ist die I.V. anwendbar, und es ergibt sich $A \leftrightarrow B \Vdash E \leftrightarrow G$. Hieraus erhält man aber mit Satz 1.1.2–10.(14) und Satz 1.1.2–8.(10) $A \leftrightarrow B \Vdash E \wedge F \leftrightarrow G \wedge F$. Da nun $F = H$, gewinnt man schließlich $A \leftrightarrow B \Vdash C \leftrightarrow D$.

Angenommen, es gilt Ers(H, F, A, B). Dann ergibt sich ganz analog unter Verwendung von Satz 1.1.2–10.(15) $A \leftrightarrow B \Vdash C \leftrightarrow D$.

Die Fälle (3)–(5) erledigen sich (unter Verwendung von Satz 1.1.2–10.(16)–(21)) genauso wie Fall (2). Damit ist das Ersetzungstheorem bewiesen.

Aufgrund dieses Satzes gelten beispielsweise die folgenden drei Aussagen:

1. $p \leftrightarrow q \Vdash (\neg r \to p) \leftrightarrow (\neg r \to q)$
2. $p \leftrightarrow \neg \neg p \Vdash \neg (p \wedge (q \to p)) \leftrightarrow \neg (p \wedge (q \to \neg \neg p))$
3. $p \leftrightarrow \neg \neg p \Vdash \neg (p \wedge (q \to p)) \leftrightarrow \neg (\neg \neg p \wedge (q \to \neg \neg p))$

Die nächsten beiden Sätze sind wichtige Korollare (Folgesätze) des Ersetzungstheorems für $S1$.

Satz 1.1.2–12.

    Seien A, B, C und D irgendwelche $S1$-Formeln. Dann gilt: Wenn

(1) A eine $S1$-Teilformel von C ist,

(2) D aus C dadurch entsteht, daß wenigstens ein Vorkommen von A in C durch B ersetzt wird, und

(3) $\Vdash A \leftrightarrow B$,

dann $\Vdash C \leftrightarrow D$.

Satz 1.1.2–13.

    Seien A, B, C und D irgendwelche $S1$-Formeln. Dann gilt: Wenn

(1) A eine $S1$-Teilformel von C ist,

(2) D aus C dadurch entsteht, daß wenigstens ein Vorkommen von A in C durch B ersetzt wird,

(3) $\Vdash A \leftrightarrow B$ und

(4) $\Vdash C$,

dann $\Vdash D$.

Zur Anwendung des Ersetzungstheorems benötigt man häufig den leicht zu beweisenden

Satz 1.1.2–14.

    Seien A, B und C irgendwelche $S1$-Formeln. Dann gilt:

(1) Wenn $\Vdash A \leftrightarrow B$, dann $\Vdash B \leftrightarrow A$.

(2) Wenn $\Vdash A \leftrightarrow B$ und $\Vdash B \leftrightarrow C$, dann $\Vdash A \leftrightarrow C$.

Anhand eines Beispiels soll noch gezeigt werden, wie man die Korollare des Ersetzungstheorems anwendet. Unter Verwendung der Sätze 1.1.2–12 und 1.1.2–13 läßt sich nachweisen, daß $\Vdash \neg((\neg p \vee \neg q) \wedge \neg p) \leftrightarrow (p \vee q) \wedge p$. Dies ergibt sich beispielsweise so:

$\Vdash \neg p \vee \neg q \leftrightarrow \neg (p \wedge q)$	Satz 1.1.2–6.(2), 1.1.2–14.(1)
$\Vdash \neg((\neg p \vee \neg q) \wedge \neg p) \leftrightarrow \neg(\neg(p \wedge q) \wedge \neg p)$	Satz 1.1.2–12
$\Vdash \neg(\neg(p \wedge q) \wedge \neg p) \leftrightarrow \neg\neg(p \wedge q) \vee \neg\neg p$	Satz 1.1.2–6.(2)
$\Vdash \neg((\neg p \vee \neg q) \wedge \neg p) \leftrightarrow \neg\neg(p \wedge q) \vee \neg\neg p$	Satz 1.1.2–14.(2)
$\Vdash \neg\neg(p \wedge q) \leftrightarrow p \wedge q$	Satz 1.1.2–6.(14), 1.1.2–14.(1)
$\Vdash \neg((\neg p \vee \neg q) \wedge \neg p) \leftrightarrow (p \wedge q) \vee \neg\neg p$	Satz 1.1.2–13
$\Vdash \neg\neg p \leftrightarrow p$	Satz 1.1.2–6.(14), 1.1.2–14.(1)
$\Vdash \neg((\neg p \vee \neg q) \wedge \neg p) \leftrightarrow (p \wedge q) \vee p$	Satz 1.1.2–13
$\Vdash (p \wedge q) \vee p \leftrightarrow p \vee (p \wedge q)$	Satz 1.1.2–6.(5)
$\Vdash \neg((\neg p \vee \neg q) \wedge \neg p) \leftrightarrow p \vee (p \wedge q)$	Satz 1.1.2–14.(2)
$\Vdash p \vee (p \wedge q) \leftrightarrow (p \vee p) \wedge (p \vee q)$	Satz 1.1.2–6.(9)
$\Vdash p \vee p \leftrightarrow p$	Satz 1.1.2–6.(13), 1.1.2–14.(1)
$\Vdash p \vee (p \wedge q) \leftrightarrow p \wedge (p \vee q)$	Satz 1.1.2–13
$\Vdash \neg((\neg p \vee \neg q) \wedge \neg p) \leftrightarrow p \wedge (p \vee q)$	Satz 1.1.2–14.(2)
$\Vdash p \wedge (p \vee q) \leftrightarrow (p \vee q) \wedge p$	Satz 1.1.2–6.(4), 1.1.2–14.(1)
$\Vdash \neg((\neg p \vee \neg q) \wedge \neg p) \leftrightarrow (p \vee q) \wedge p$	Satz 1.1.2–14.(2)

1.1.3. Aussagenlogische Normalformen

In diesem Abschnitt werden wir uns mit einer besonderen Art von *S1*-Formeln beschäftigen, den sog. Normalformen. Es wird sich zeigen, daß man zu jeder Formel *A* sog. konjunktive Normalformen *B* und sog. adjunktive Normalformen *C* effektiv konstruieren kann, derart, daß die Formeln *A↔B* und *A↔C S1*-gültig sind. Aus dieser Tatsache ergeben sich einerseits interessante Anwendungsmöglichkeiten der Normalformen in der Aussagenlogik, andererseits werden der Aussagenlogik durch die Theorie der Normalformen auch Anwendungsgebiete außerhalb der Logik erschlossen. Ein solches Anwendungsgebiet ist z. B. die Theorie der elektrischen Schaltungen.

Definition 1.1.3–1.

A ist eine *S1-Basisformel* gdw A ein Satzbuchstabe oder die Negation eines Satzbuchstabens ist.

Definition 1.1.3–2.

A ist eine *S1-Basiskonjunktion* gdw sich dies aufgrund folgender Bestimmungen ergibt:
(1) Jede $S1$-Basisformel ist eine $S1$-Basiskonjunktion.
(2) Sind A und B $S1$-Basiskonjunktionen, so ist auch $(A \wedge B)$ eine $S1$-Basiskonjunktion.

Beispiele für $S1$-Basiskonjunktionen sind die Formeln p, $\neg p$, $(p \wedge q)$, $((\neg p \wedge q) \wedge \neg r)$, $((\neg p \wedge q) \wedge (\neg r \wedge p))$.

Definition 1.1.3–3.

B ist eine *konjunktive S1-Basiskomponente von* A gdw
(1) A ist eine $S1$-Basiskonjunktion;
(2) B ist eine $S1$-Basisformel;
(3) A ist eine $S1$-Basisformel und $B = A$, oder aber A ist keine $S1$-Basisformel und B ist Konjunktionsglied einer Teilformel von A.

Sei beispielsweise A die Formel $((\neg p \wedge q) \wedge (\neg r \wedge p))$. Dann sind die folgenden Formeln konjunktive $S1$-Basiskomponenten von A: $\neg p$, q, $\neg r$, p. Keine konjunktive $S1$-Basiskomponente von A hingegen ist die Formel r.

Satz 1.1.3–1.

Eine $S1$-Basiskonjunktion A ist $S1$-unerfüllbar gdw es einen Satzbuchstaben B gibt, so daß B und $\neg B$ konjunktive $S1$-Basiskomponenten von A sind.

Beweis: Sei A irgendeine $S1$-unerfüllbare Basiskonjunktion. Gäbe es nun keinen Satzbuchstaben B derart, daß B und $\neg B$ konjunktive Basiskomponenten von A sind, so gäbe es eine $S1$-Grundbewertung $\mathfrak{A}$, so daß für jeden in A (als Teilformel) vorkommenden Satzbuchstaben C gilt:

$$\mathfrak{A}^l C = \begin{cases} 1, \text{ falls } C \text{ konjunktive Basiskomponente von } A \text{ ist;} \\ 0, \text{ falls } \neg C \text{ konjunktive Basiskomponente von } A \text{ ist.} \end{cases}$$

Also müßte gelten $\widetilde{\mathfrak{A}}^l A = 1$ (Widerspruch!).

Definition 1.1.3–4.

Eine *S1*-Formel ist eine *S1-Basisadjunktion* gdw sich dies aufgrund folgender Bestimmungen ergibt:

(1) Jede *S1*-Basisformel ist eine *S1*-Basisadjunktion.
(2) Sind A und B *S1*-Basisadjunktionen, so ist auch $(A \lor B)$ eine *S1*-Basisadjunktion.

Beispiele für *S1*-Basisadjunktionen sind die Formeln p, $\neg p$, $(p \lor q)$, $((\neg p \lor q) \lor \neg r)$, $((\neg p \lor q) \lor (\neg r \lor p))$.

Definition 1.1.3–5.

B ist eine *adjunktive S1-Basiskomponente* von A gdw
(1) A ist eine *S1*-Basisadjunktion;
(2) B ist eine *S1*-Basisformel;
(3) A ist eine *S1*-Basisformel und $B = A$, oder aber A ist keine *S1*-Basisformel und B ist Adjunktionsglied einer Teilformel von A.

Sei beispielsweise A die Formel $((\neg p \lor q) \lor (\neg r \lor p))$. Dann sind die folgenden Formeln adjunktive *S1*-Basiskomponenten von A: $\neg p$, q, $\neg r$, p. Keine adjunktive *S1*-Basiskomponente von A hingegen ist die Formel r.

Satz 1.1.3–2.

Eine *S1*-Basisadjunktion A ist *S1*-gültig gdw es einen Satzbuchstaben B gibt, so daß B und $\neg B$ adjunktive *S1*-Basiskomponenten von A sind.

Dieser Satz wird analog bewiesen wie Satz 1.1.3–1. Wir wollen nun den Begriff der konjunktiven (bzw. adjunktiven) Normalform definieren.

Definition 1.1.3–6.

Eine *S1*-Formel ist eine *konjunktive S1-Normalform* gdw sich dies aufgrund folgender Bestimmungen ergibt:

(1) Jede *S1*-Basisadjunktion ist eine konjunktive *S1*-Normalform.
(2) Sind A und B konjunktive *S1*-Normalformen, so ist auch $(A \land B)$ eine konjunktive *S1*-Normalform.

Beispiele für konjunktive $S1$-Normalformen sind die Formeln:

$$p$$
$$(p \lor q)$$
$$((p \lor q) \land \neg p)$$
$$(((\neg p \lor q) \lor \neg r) \land (p \lor r))$$
$$((((\neg p \lor q) \land ((p \lor q) \land \neg q)) \land \neg r) \land (p \lor q))$$

Definition 1.1.3–7.

Eine $S1$-Formel ist eine *adjunktive $S1$-Normalform* gdw sich dies aufgrund folgender Bestimmungen ergibt:

(1) Jede $S1$-Basiskonjunktion ist eine adjunktive $S1$-Normalform.

(2) Sind A und B adjunktive $S1$-Normalformen, so ist auch $(A \lor B)$ eine adjunktive $S1$-Normalform.

Beispiele für adjunktive $S1$-Normalformen sind die Formeln:

$$p$$
$$(p \lor q)$$
$$((p \land q) \lor \neg p)$$
$$(((\neg p \land q) \land \neg r) \lor (p \land r))$$
$$((((\neg p \land q) \lor ((p \land q) \lor \neg q)) \lor \neg r) \lor (p \land q))$$

Um präzise über Normalformen sprechen zu können, benötigen wir noch die folgenden beiden Begriffe:

Definition 1.1.3–8.

B ist ein *$S1$-Konjunkt von A* gdw

(1) A ist eine konjunktive $S1$-Normalform;

(2) B ist eine $S1$-Basisadjunktion;

(3) A ist eine $S1$-Basisadjunktion und $B = A$, oder aber A ist keine $S1$-Basisadjunktion und B ist Konjunktionsglied einer Teilformel von A.

Definition 1.1.3–9.

B ist ein *$S1$-Adjunkt von A* gdw

(1) A ist eine adjunktive $S1$-Normalform;

(2) B ist eine $S1$-Basiskonjunktion;

(3) A ist eine $S1$-Basiskonjunktion und $B = A$, oder aber A ist keine $S1$-Basiskonjunktion und B ist Adjunktionsglied einer Teilformel von A.

Beispiele:

1. Sei A die konjunktive Normalform

$$((((\neg p \lor q) \land ((p \lor q) \land \neg q)) \land \neg r) \land (p \lor q)).$$

Dann sind die folgenden Formeln die Konjunkte von A: $(\neg p \lor q)$, $(p \lor q)$, $\neg q$, $\neg r$.

2. Sei A die adjunktive Normalform

$$((((\neg p \land q) \lor ((p \land q) \lor \neg q)) \lor \neg r) \lor (p \land q)).$$

Dann sind die folgenden Formeln die Adjunkte von A: $(\neg p \land q)$, $(p \land q)$, $\neg q$, $\neg r$.

Für Normalformen gelten zwei wichtige Sätze, von denen der erste mit Satz 1.1.3–2 und der zweite mit Satz 1.1.3–1 bewiesen wird.

Satz 1.1.3–3.

Eine konjunktive $S1$-Normalform A ist $S1$-gültig gdw es zu jedem $S1$-Konjunkt B von A einen Satzbuchstaben C gibt, so daß C und $\neg C$ adjunktive $S1$-Basiskomponenten von B sind.

Satz 1.1.3–4.

Eine adjunktive $S1$-Normalform A ist $S1$-unerfüllbar gdw es zu jedem $S1$-Adjunkt B von A einen Satzbuchstaben C gibt, so daß C und $\neg C$ konjunktive $S1$-Basiskomponenten von B sind.

Es ist nun eine interessante Tatsache, daß es zu jeder $S1$-Formel A sowohl eine konjunktive Normalform B als auch eine adjunktive Normalform C gibt, derart, daß die Formeln $A \leftrightarrow B$ und $A \leftrightarrow C$ $S1$-gültig sind. Wichtig für alle weiteren Betrachtungen in diesem Abschnitt ist jedoch, daß man für jede Formel derartige Normalformen effektiv konstruieren kann. Wir werden einen Algorithmus α zur Konstruktion einer konjunktiven und einen Algorithmus β zur Konstruktion einer adjunktiven Normalform angeben. Um diese beiden Algorithmen formulieren zu können, benötigen wir den folgenden Begriff:

Definition 1.1.3–10.

A ist eine *dominante Teilformel von B der Gestalt* 𝔊 gdw

(1) A ist eine Teilformel von B der Gestalt 𝔊;
(2) es gibt keine Teilformel C von B der Gestalt 𝔊, so daß A eine Teilformel von C mit $A \neq C$ ist.

Beispiel: Sei B die Formel $((p \to q) \to r)$. Dann ist B eine dominante Teilformel von B der Gestalt $D \to E$, während $(p \to q)$ keine dominante Teilformel von B der Gestalt $D \to E$ ist.

Wir geben nun den Algorithmus α zur Bildung einer konjunktiven Normalform für eine vorgegebene Formel an.

(1) Enthält die Formel eine Teilformel der Gestalt $(A \leftrightarrow B)$, so gehe man zu (2) über, andernfalls zu (3).

(2) Man ersetze in der Formel jede dominante Teilformel der Gestalt $(A \leftrightarrow B)$ durch $((A \to B) \wedge (B \to A))$ und gehe zu (1) über.

(3) Enthält die Formel eine Teilformel der Gestalt $(A \to B)$, so gehe man zu (4) über, andernfalls zu (5).

(4) Man ersetze in der Formel jede dominante Teilformel der Gestalt $(A \to B)$ durch $(\neg A \vee B)$ und gehe zu (3) über.

(5) Enthält die Formel eine Teilformel der Gestalt $\neg(A \wedge B)$, so gehe man zu (6) über, andernfalls zu (7).

(6) Man ersetze in der Formel jede dominante Teilformel der Gestalt $\neg(A \wedge B)$ durch $(\neg A \vee \neg B)$ und gehe zu (5) über.

(7) Enthält die Formel eine Teilformel der Gestalt $\neg(A \vee B)$, so gehe man zu (8) über, andernfalls zu (9).

(8) Man ersetze in der Formel jede dominante Teilformel der Gestalt $\neg(A \vee B)$ durch $(\neg A \wedge \neg B)$ und gehe zu (5) über.

(9) Enthält die Formel eine Teilformel der Gestalt $\neg \neg A$, so gehe man zu (10) über, andernfalls zu (11).

(10) Man ersetze in der Formel jede dominante Teilformel der Gestalt $\neg \neg A$ durch A und gehe zu (9) über.

(11) Enthält die Formel eine Teilformel der Gestalt $(A \vee (B \wedge C))$, so gehe man zu (12) über, andernfalls zu (13).

(12) Man ersetze in der Formel jede dominante Teilformel der Gestalt $(A \vee (B \wedge C))$ durch $((A \vee B) \wedge (A \vee C))$ und gehe zu (11) über.

(13) Enthält die Formel keine Teilformel der Gestalt $((A \wedge B) \vee C)$, so ist man fertig. Andernfalls gehe man zu (14) über.

(14) Man ersetze in der Formel jede dominante Teilformel der Gestalt $((A \wedge B) \vee C)$ durch $((A \vee C) \wedge (B \vee C))$ und gehe zu (13) über.

Beispiel: Gegeben sei die Formel $((p \leftrightarrow q) \rightarrow \neg r)$. Durch Anwendung von α auf diese Formel ergibt sich in zehn Schritten die folgende Formelsequenz:

A_1: $(((p \rightarrow q) \land (q \rightarrow p)) \rightarrow \neg r)$

A_2: $(\neg ((p \rightarrow q) \land (q \rightarrow p)) \lor \neg r)$

A_3: $(\neg ((\neg p \lor q) \land (\neg q \lor p)) \lor \neg r)$

A_4: $((\neg (\neg p \lor q) \lor \neg (\neg q \lor p)) \lor \neg r)$

A_5: $(((\neg \neg p \land \neg q) \lor (\neg \neg q \land \neg p)) \lor \neg r)$

A_6: $(((p \land \neg q) \lor (q \land \neg p)) \lor \neg r)$

A_7: $((((p \land \neg q) \lor q) \land ((p \land \neg q) \lor \neg p)) \lor \neg r)$

A_8: $((((p \land \neg q) \lor q) \lor \neg r) \land (((p \land \neg q) \lor \neg p) \lor \neg r))$

A_9: $((((p \lor q) \land (\neg q \lor q)) \lor \neg r) \land (((p \lor \neg p) \land (\neg q \lor \neg p)) \lor \neg r))$

A_{10}: $((((p \lor q) \lor \neg r) \land ((\neg q \lor q) \lor \neg r)) \land (((p \lor \neg p) \lor \neg r)$
$\land ((\neg q \lor \neg p) \lor \neg r)))$

A_1 ergibt sich aus der Ausgangsformel mit den Bestimmungen (1) und (2); A_2 aus A_1 mit (1), (3) und (4); A_3 aus A_2 mit (3) und (4); A_4 aus A_3 mit (3), (5) und (6); A_5 aus A_4 mit (5), (7) und (8); A_6 aus A_5 mit (7), (9) und (10); A_7 aus A_6 mit (9), (11) und (12); A_8 aus A_7 mit (11), (13) und (14); A_9 aus A_8 mit (13) und (14); A_{10} aus A_9 mit (13) und (14).

Bei A_{10} bricht der Algorithmus ab. Wie man leicht erkennt, ist A_{10} tatsächlich eine konjunktive Normalform. Da man mit α – von einer beliebigen Formel ausgehend – stets zu genau einer konjunktiven Normalform gelangt, ist die folgende Konvention gerechtfertigt:

Sei A eine beliebige *S1*-Formel. Dann bezeichne ein Ausdruck, der entsteht, wenn man an einen Namen von A rechts unten das Konjunktionszeichen anfügt, diejenige konjunktive Normalform, die man durch Anwendung des Algorithmus α auf A gewinnt.

Wir geben nun den Algorithmus β zur Bildung einer adjunktiven Normalform für eine vorgegebene Formel an. Da dieser Algorithmus in den Bestimmungen (1)–(10) mit α übereinstimmt, formulieren wir nur die restlichen vier Bestimmungen.

(11) Enthält die Formel eine Teilformel der Gestalt $(A \land (B \lor C))$, so gehe man zu (12) über, andernfalls zu (13).

(12) Man ersetze in der Formel jede dominante Teilformel der Gestalt $(A \land (B \lor C))$ durch $((A \land B) \lor (A \land C))$ und gehe zu (11) über.

(13) Enthält die Formel keine Teilformel der Gestalt $((A \lor B) \land C)$, so ist man fertig. Andernfalls gehe man zu (14) über.

(14) Man ersetze in der Formel jede dominante Teilformel der Gestalt $((A \lor B) \land C)$ durch $((A \land C) \lor (B \land C))$ und gehe zu (13) über.

Beispiel: Gegeben sei die Formel $((p \to q) \land (\neg r \to (p \to q)))$. Durch Anwendung von β auf diese Formel ergibt sich die folgende Formel-sequenz:

A_1: $((p \to q) \land (\neg \neg r \lor (p \to q)))$

A_2: $((\neg p \lor q) \land (\neg \neg r \lor (\neg p \lor q)))$

A_3: $((\neg p \lor q) \land (r \lor (\neg p \lor q)))$

A_4: $(((\neg p \lor q) \land r) \lor ((\neg p \lor q) \land (\neg p \lor q)))$

A_5: $(((\neg p \lor q) \land r) \lor (((\neg p \lor q) \land \neg p) \lor ((\neg p \lor q) \land q)))$

A_6: $(((\neg p \land r) \lor (q \land r)) \lor (((\neg p \land \neg p) \lor (q \land \neg p)) \lor ((\neg p \land q)$
$\lor (q \land q))))$

Bei A_6 bricht der Algorithmus β ab. Wie man sieht, ist A_6 eine ad-junktive Normalform. Da man mit β – von einer beliebigen Formel ausgehend – stets zu genau einer adjunktiven Normalform gelangt, ist auch die folgende Konvention gerechtfertigt:

Sei A eine beliebige $S1$-Formel. Dann bezeichne ein Ausdruck, der entsteht, wenn man an einen Namen von A rechts unten das Adjunktionszeichen anfügt, diejenige adjunktive Normalform, die man durch Anwendung des Algorithmus β auf A gewinnt.

Aufgabe: Welche $S1$-Formeln werden durch die folgenden Aus-drücke bezeichnet?

1. $(p \to p)_\land$
2. $(p \to p)_\lor$
3. $((p \to q) \to \neg p)_\land$
4. $((p \to q) \to \neg p)_\lor$
5. $((p \leftrightarrow q) \leftrightarrow \neg p)_\land$
6. $((p \leftrightarrow q) \leftrightarrow \neg p)_\lor$

Die nächsten Sätze sind für die Anwendung der oben geschilderten Konstruktionsverfahren grundlegend.

Satz 1.1.3–5.

Sei A irgendeine $S1$-Formel. Dann gilt:

(1) $\Vdash A \leftrightarrow A_\wedge$.

(2) $\Vdash A$ gdw $\Vdash A_\wedge$.

Ad (1): Diese Behauptung ergibt sich unter Verwendung von Satz 1.1.2–6 in der Reihenfolge (21), (19), (2), (3), (14), (9), Satz 1.1.2–12 und Satz 1.1.2–14.

Ad (2): Diese Behauptung ergibt sich aus (1) unter Verwendung von Satz 1.1.2–13 und Satz 1.1.2–14.(1).

Satz 1.1.3–6.

Sei A irgendeine $S1$-Formel. Dann gilt:

(1) $\Vdash A \leftrightarrow A_\vee$.

(2) $\Vdash A$ gdw $\Vdash A_\vee$.

Ad (1): Diese Behauptung ergibt sich unter Verwendung von Satz 1.1.2–6 in der Reihenfolge (21), (19), (2), (3), (14), (8), Satz 1.1.2–12 und Satz 1.1.2–14.

Ad (2): Siehe vorhergehenden Beweis!

Eine triviale Konsequenz aus den Sätzen 1.1.3–5 und 1.1.3–6 ist der

Satz 1.1.3–7.

(1) Zu jeder $S1$-Formel A gibt es eine konjunktive $S1$-Normalform B, so daß $A \leftrightarrow B$ $S1$-gültig ist.

(2) Zu jeder $S1$-Formel A gibt es eine adjunktive $S1$-Normalform B, so daß $A \leftrightarrow B$ $S1$-gültig ist.

Definition 1.1.3–11.

A ist eine *kanonische konjunktive S1-Normalform* gdw

(1) A ist eine konjunktive $S1$-Normalform;

(2) jeder Satzbuchstabe, der in A vorkommt, kommt auch in jedem $S1$-Konjunkt von A vor.

Eine kanonische konjunktive $S1$-Normalform ist beispielsweise die Formel

$$((((\neg p \vee q) \vee r) \wedge ((p \vee r) \vee \neg q)) \wedge (p \vee (\neg q \vee \neg r))).$$

Definition 1.1.3–12.

A ist eine *kanonische adjunktive S1-Normalform* gdw
(1) *A* ist eine adjunktive *S1*-Normalform;
(2) jeder Satzbuchstabe, der in *A* vorkommt, kommt auch in jedem *S1*-Adjunkt von *A* vor.

Eine kanonische adjunktive *S1*-Normalform ist z. B. die Formel

$$((((\neg p \wedge q) \wedge r) \vee ((p \wedge r) \wedge \neg q)) \vee (p \wedge (\neg q \wedge \neg r))).$$

Man kann nun zu jeder *S1*-Formel *A* auch eine kanonische konjunktive Normalform *B* und eine kanonische adjunktive Normalform *C* effektiv konstruieren, derart, daß die Formeln $A \leftrightarrow B$ und $A \leftrightarrow C$ *S1*-gültig sind. Dementsprechend geben wir noch einen Algorithmus α^* zur Konstruktion einer kanonischen konjunktiven und einen Algorithmus β^* zur Konstruktion einer kanonischen adjunktiven Normalform an.

Algorithmus α^* zur Bildung einer kanonischen konjunktiven Normalform für eine vorgegebene Formel:

(1) Man bilde die konjunktive Normalform, die sich mit dem Algorithmus α aus der Formel ergibt, und gehe zu (2) über.
(2) Kommt jeder in der Formel vorkommende Satzbuchstabe auch in jedem Konjunkt der Formel vor, so ist man fertig. Andernfalls gehe man zu (3) über.
(3) Ist *C* derjenige in der Formel vorkommende Satzbuchstabe mit der kleinsten Strichzahl, der in wenigstens einem Konjunkt der Formel nicht vorkommt, so ersetze man in der Formel jedes derartige Konjunkt *B* durch $((B \vee C) \wedge (B \vee \neg C))$ und gehe zu (2) über.

Beispiel: Gegeben sei die Formel $((p \vee \neg q) \wedge q)$. Dann ergibt sich durch Anwendung von α^* auf diese Formel im ersten Schritt

$$((p \vee \neg q) \wedge q), \quad \text{da} \quad ((p \vee \neg q) \wedge q)_\wedge = ((p \vee \neg q) \wedge q).$$

Im zweiten Schritt ergibt sich schon die kanonische konjunktive Normalform

$$((p \vee \neg q) \wedge ((q \vee p) \wedge (q \vee \neg p))).$$

Da man mit α^* – von einer beliebigen Formel ausgehend – stets zu genau einer kanonischen konjunktiven Normalform gelangt, ist die folgende Konvention gerechtfertigt:

Sei *A* eine beliebige *S1*-Formel. Dann bezeichne ein Ausdruck, der entsteht, wenn man an einen Namen von *A* rechts unten das Kon-

127

junktionszeichen und rechts oben das Zeichen »∗« anfügt, diejenige kanonische konjunktive Normalform, die sich durch Anwendung von α^* auf A ergibt.

Wir geben schließlich noch den Algorithmus β^* zur Bildung einer kanonischen adjunktiven Normalform für eine vorgegebene Formel an.

(1) Man bilde die adjunktive Normalform, die sich mit dem Algorithmus β aus der Formel ergibt, und gehe zu (2) über.

(2) Kommt jeder in der Formel vorkommende Satzbuchstabe auch in jedem Adjunkt der Formel vor, so ist man fertig. Andernfalls gehe man zu (3) über.

(3) Ist C derjenige in der Formel vorkommende Satzbuchstabe mit der kleinsten Strichzahl, der in wenigstens einem Adjunkt der Formel nicht vorkommt, so ersetze man in der Formel jedes derartige Adjunkt B durch $((B \wedge C) \vee (B \wedge \neg C))$ und gehe zu (2) über.

Beispiel: Gegeben sei die Formel $((p \to q) \to \neg p)$. Dann ergibt sich durch Anwendung von β^* auf diese Formel im ersten Schritt

$$((p \wedge \neg q) \vee \neg p), \quad \text{da} \quad ((p \to q) \to \neg p)_{\vee} = ((p \wedge \neg q) \vee \neg p).$$

In einem weiteren Schritt ergibt sich schließlich die kanonische adjunktive Normalform

$$((p \wedge \neg q) \vee ((\neg p \wedge q) \vee (\neg p \wedge \neg q))).$$

Da man mit β^* – von einer beliebigen Formel ausgehend – stets zu genau einer kanonischen adjunktiven Normalform gelangt, ist die folgende Konvention gerechtfertigt:

Sei A eine beliebige *S1*-Formel. Dann bezeichne ein Ausdruck, der entsteht, wenn man an einen Namen von A rechts unten das Adjunktionszeichen und rechts oben das Zeichen »∗« anfügt, diejenige kanonische adjunktive Normalform, die sich durch Anwendung von β^* auf A ergibt.

Aufgabe: Welche *S1*-Formeln werden durch die folgenden Ausdrücke bezeichnet?

1. $(p \to p)_{\wedge}^*$
2. $(p \to p)_{\vee}^*$
3. $((p \to \neg q) \to \neg p)_{\wedge}^*$
4. $((p \to \neg q) \to \neg p)_{\vee}^*$
5. $((p \leftrightarrow q) \leftrightarrow \neg p)_{\wedge}^*$
6. $((p \leftrightarrow q) \leftrightarrow \neg p)_{\vee}^*$

Den Sätzen 1.1.3–5 und 1.1.3–6 entsprechen die nächsten beiden Sätze.

Satz 1.1.3–8.
   Sei A irgendeine $S1$-Formel. Dann gilt:
   (1) $\Vdash A \leftrightarrow A^*_\wedge$.
   (2) $\Vdash A$ gdw $\Vdash A^*_\wedge$.

Ad (1): Sei A irgendeine $S1$-Formel. Nach Satz 1.1.3–5 gilt $\Vdash A \leftrightarrow A_\wedge$. Da ferner jede $S1$-Formel der Gestalt $B \leftrightarrow ((B \vee C) \wedge (B \vee \neg C))$ $S1$-gültig ist, ergibt sich unter Verwendung von Satz 1.1.2–12 $\Vdash A_\wedge \leftrightarrow A^*_\wedge$. Also folgt mit Satz 1.1.2–14.(2) $\Vdash A \leftrightarrow A^*_\wedge$.

Ad (2): Sei dem Leser überlassen!

Satz 1.1.3–9.
   Sei A irgendeine $S1$-Formel. Dann gilt:
   (1) $\Vdash A \leftrightarrow A^*_\vee$.
   (2) $\Vdash A$ gdw $\Vdash A^*_\vee$.

Aus diesen Sätzen folgt trivialerweise der

Satz 1.1.3–10.
   (1) Zu jeder $S1$-Formel A gibt es eine kanonische konjunktive $S1$-Normalform B, so daß $A \leftrightarrow B$ $S1$-gültig ist.
   (2) Zu jeder $S1$-Formel A gibt es eine kanonische adjunktive $S1$-Normalform B, so daß $A \leftrightarrow B$ $S1$-gültig ist.

Im folgenden sollen nun einige Anwendungsmöglichkeiten der Theorie der Normalformen in der Aussagenlogik behandelt werden.
   Zunächst wollen wir zeigen, daß man Normalformen zur Entscheidung der Frage heranziehen kann, ob eine vorgegebene Formel $S1$-gültig ist. Das in 1.1.2 anhand von Beispielen eingeführte »direkte« Entscheidungsverfahren hat, wie dort schon erwähnt wurde, den praktischen Nachteil, daß es im allgemeinen erst aufgrund einer langwierigen Kalkulation zum Ergebnis führt. Dies sieht man ganz deutlich, wenn man das »direkte« Verfahren in Anlehnung an den Beweis für Satz 1.1.2–7 als Algorithmus explizit formuliert. In vielen Fällen führt das folgende, auf der Theorie der Normalform beruhende Verfahren zur Entscheidung der Frage, ob eine gegebene Formel A $S1$-gültig ist, wesentlich schneller zum Ziel.

(1) Man bilde mit Hilfe des Algorithmus α die konjunktive Normalform $A_\wedge$ und gehe zu (2) über.

(2) Man stelle fest, ob es zu jedem Konjunkt B von $A_\wedge$ einen Satzbuchstaben C gibt, so daß C und $\neg\,C$ adjunktive Basiskomponenten von B sind. Wenn ja, dann ist A $S1$-gültig (wegen Satz 1.1.3–3 und Satz 1.1.3–5.(2)). Wenn nein, dann ist A nicht $S1$-gültig (ebenfalls wegen Satz 1.1.3–3 und Satz 1.1.3–5.(2)).

Sei beispielsweise die Formel $((p\leftrightarrow q)\to\neg\,r)$ vorgegeben. Aufgrund von (1) ergibt sich die Formel A_{10} (s. S. 124). Diese enthält die folgenden vier Konjunkte:

1. $((p\vee q)\vee\neg\,r)$
2. $((\neg\,q\vee q)\vee\neg\,r)$
3. $((p\vee\neg\,p)\vee\neg\,r)$
4. $((\neg\,q\vee\neg\,p)\vee\neg\,r)$

Da nur das zweite und dritte Konjunkt einen Satzbuchstaben zusammen mit seiner Negation als adjunktive Basiskomponenten enthalten, ist die obige Formel nicht $S1$-gültig.

Auch zur Entscheidung der Frage, ob eine gegebene Formel A $S1$-unerfüllbar ist, läßt sich in analoger Weise ein Algorithmus formulieren:

(1) Man bilde mit Hilfe des Algorithmus β die adjunktive Normalform $A_\vee$ und gehe zu (2) über.

(2) Man stelle fest, ob es zu jedem Adjunkt B von $A_\vee$ einen Satzbuchstaben C gibt, so daß C und $\neg\,C$ konjunktive Basiskomponenten von B sind. Wenn ja, dann ist A $S1$-unerfüllbar (wegen Satz 1.1.3–4 und Satz 1.1.3–6.(1)). Wenn nein, dann ist A nicht unerfüllbar (ebenfalls wegen Satz 1.1.3–4 und Satz 1.1.3–6.(1)).

Aufgabe: Der Leser entscheide mit Hilfe der beiden Algorithmen, welche der folgenden Formeln $S1$-gültig und welche $S1$-unerfüllbar sind.

1. $\neg\,(p\leftrightarrow q)\wedge\neg\,(p\leftrightarrow\neg\,q)$
2. $(p\to q)\vee(p\to r)\leftrightarrow(\neg\,p\to q\vee r)$
3. $\neg\,(p\leftrightarrow q)\leftrightarrow(p\wedge\neg\,q)\vee(\neg\,p\wedge q)$
4. $((p\to r)\wedge(q\to r))\wedge\neg\,(p\vee q\to r)$
5. $(p\wedge q)\vee(\neg\,p\wedge r)\leftrightarrow(p\to q)\wedge(\neg\,p\to r)$

Um weitere Anwendungsmöglichkeiten der Theorie der Normalformen prägnant darstellen zu können, empfiehlt es sich, die folgende
Symbolik einzuführen:

Sei $\mathfrak{B}$ eine beliebige $S1$-Belegung. Dann bezeichne ein Ausdruck,
der entsteht, wenn man an einen Namen von $\mathfrak{B}$ rechts oben das
Zeichen »*« anfügt, die durch $\mathfrak{B}$ bestimmte $S1$-Grundbewertung
(s. S. 107).

Die nächsten beiden Verfahren dienen der Lösung der Aufgabe, für
jede Belegung $\mathfrak{B}$ einer vorgegebenen Formel A den Wert $\mathfrak{B}*(A)$ zu
ermitteln. Eine derartige Aufgabenstellung ergibt sich z. B. bei der
(aussagenlogischen) Analyse elektrischer Schaltungen (s. Abschnitt
1.2.2). Speziell in dieser Anwendung führen die beiden auf der Theorie
der Normalformen beruhenden Verfahren im allgemeinen wesentlich
schneller zum Ziel als ein Verfahren, das in der Auswertung einer
jeden einzelnen Belegung von A (gemäß der in 1.1.2, S. 100, einge-
übten Methode) bestehen würde. Das erste Verfahren führt zur
Feststellung sämtlicher Belegungen $\mathfrak{B}$ von A, für welche gilt:
$\mathfrak{B}*(A)=0$; das zweite Verfahren führt zur Feststellung sämtlicher
Belegungen $\mathfrak{B}$ von A, für welche gilt: $\mathfrak{B}*(A)=1$.

Verfahren 1

(1) Man bilde mit Hilfe des Algorithmus $\alpha*$ die kanonische konjunktive Normalform $A_\wedge^*$ und gehe zu (2) über.

(2) Man stelle fest, ob es zu jedem Konjunkt B von $A_\wedge^*$ einen Satzbuchstaben C gibt, so daß C und $\neg C$ adjunktive Basiskomponenten von B sind. Wenn ja, dann gilt für keine $S1$-Belegung
$\mathfrak{B}$ von A: $\mathfrak{B}*(A)=0$ (wegen Satz 1.1.3–3 und Satz 1.1.3–5.(2)).
Wenn nein, dann gehe man zu (3) über.

(3) Man ermittle sämtliche Konjunkte B von $A_\wedge^*$, für welche gilt:
es gibt keinen Satzbuchstaben C, so daß C und $\neg C$ adjunktive
Basiskomponenten von B sind, und gehe zu (4) über.

(4) Seien $B_1, \ldots, B_n$ diese Konjunkte von $A_\wedge^*$. Man ermittle nun zu
jedem B_i $(1 \leq i \leq n)$ diejenige $S1$-Belegung $\mathfrak{B}_i$ von B_i, für welche
gilt: $\mathfrak{B}_i$ ordnet jedem Satzbuchstaben, der adjunktive Basiskomponente von B_i ist, den Wert 0 und jedem Satzbuchstaben,
dessen Negation adjunktive Basiskomponente von B_i ist, den
Wert 1 zu. Dann gilt für jede $S1$-Belegung $\mathfrak{B}$ von A: $\mathfrak{B}*(A)=0$
gdw $\mathfrak{B} \in \{\mathfrak{B}_1, \ldots, \mathfrak{B}_n\}$ (u. a. wegen Satz 1.1.3–2).

Beispiel: Es sollen mit Verfahren 1 sämtliche Belegungen $\mathfrak{B}$ von $(p \wedge \neg q) \vee r$ ermittelt werden, für welche gilt $\widetilde{\mathfrak{B}}^{*/}(p \wedge \neg q) \vee r = 0$.
Lösung: Mit α^* ergibt sich die kanonische konjunktive Normalform

$$((((p \vee r) \vee q) \wedge ((p \vee r) \vee \neg q)) \wedge (((\neg q \vee r) \vee p) \wedge ((\neg q \vee r) \vee \neg p))).$$

Die Formeln

$$((p \vee r) \vee q), \qquad ((p \vee r) \vee \neg q), \qquad ((\neg q \vee r) \vee p), \qquad ((\neg q \vee r) \vee \neg p)$$

sind sämtliche Konjunkte dieser Normalform, die keinen SB zusammen mit seiner Negation als adjunktive Basiskomponenten enthalten. Folglich sind die drei Funktionen

$$\{\langle p, 0 \rangle, \langle q, 0 \rangle, \langle r, 0 \rangle\}$$
$$\{\langle p, 0 \rangle, \langle q, 1 \rangle, \langle r, 0 \rangle\}$$
$$\{\langle p, 1 \rangle, \langle q, 1 \rangle, \langle r, 0 \rangle\}$$

die gesuchten Belegungen.

Verfahren 2

(1) Man bilde mit Hilfe des Algorithmus β^* die kanonische adjunktive Normalform $A_\vee^*$ und gehe zu (2) über.

(2) Man stelle fest, ob es zu jedem Adjunkt B von $A_\vee^*$ einen Satzbuchstaben C gibt, so daß C und $\neg C$ konjunktive Basiskomponenten von B sind. Wenn ja, dann gilt für keine *S1*-Belegung $\mathfrak{B}$ von A: $\widetilde{\mathfrak{B}}^*(A) = 1$ (wegen Satz 1.1.3–4 und Satz 1.1.3–6.(1)). Wenn nein, dann gehe man zu (3) über.

(3) Man ermittle sämtliche Adjunkte B von $A_\vee^*$, für welche gilt: es gibt keinen Satzbuchstaben C, so daß C und $\neg C$ konjunktive Basiskomponenten von B sind, und gehe zu (4) über.

(4) Seien $B_1, \ldots, B_n$ diese Adjunkte von $A_\vee^*$. Man ermittle nun zu jedem B_i ($1 \leq i \leq n$) diejenige *S1*-Belegung $\mathfrak{B}_i$ von B_i, für welche gilt: $\mathfrak{B}_i$ ordnet jedem Satzbuchstaben, der konjunktive Basiskomponente von B_i ist, den Wert 1, und jedem Satzbuchstaben, dessen Negation konjunktive Basiskomponente von B_i ist, den Wert 0 zu. Dann gilt für jede *S1*-Belegung $\mathfrak{B}$ von A: $\widetilde{\mathfrak{B}}^*(A) = 1$ gdw $\mathfrak{B} \in \{\mathfrak{B}_1, \ldots, \mathfrak{B}_n\}$ (u. a. wegen Satz 1.1.3–1).

Beispiel: Es sollen mit Verfahren 2 sämtliche Belegungen $\mathfrak{B}$ von $(p \wedge \neg q) \vee r$ ermittelt werden, für welche gilt $\widetilde{\mathfrak{B}}^{*/}(p \wedge \neg q) \vee r = 1$.
Lösung: Mit β^* ergibt sich die kanonische adjunktive Normalform

$$((((p \wedge \neg q) \wedge r) \vee ((p \wedge \neg q) \wedge \neg r)) \vee ((((r \wedge p) \wedge q) \vee ((r \wedge p) \wedge \neg q)) \vee (((r \wedge \neg p) \wedge q) \vee ((r \wedge \neg p) \wedge \neg q)))).$$

Die Formeln

$$((p \land \neg q) \land r), \quad ((p \land \neg q) \land \neg r), \quad ((r \land p) \land q), \quad ((r \land p) \land \neg q),$$
$$((r \land \neg p) \land q), \quad ((r \land \neg p) \land \neg q)$$

sind sämtliche Adjunkte dieser Normalform, die keinen SB zusammen mit seiner Negation als konjunktive Basiskomponenten enthalten. Folglich sind die fünf Funktionen

$$\{\langle p, 1 \rangle, \langle q, 0 \rangle, \langle r, 1 \rangle\}$$
$$\{\langle p, 1 \rangle, \langle q, 0 \rangle, \langle r, 0 \rangle\}$$
$$\{\langle p, 1 \rangle, \langle q, 1 \rangle, \langle r, 1 \rangle\}$$
$$\{\langle p, 0 \rangle, \langle q, 1 \rangle, \langle r, 1 \rangle\}$$
$$\{\langle p, 0 \rangle, \langle q, 0 \rangle, \langle r, 1 \rangle\}$$

die gesuchten Belegungen.

Schließlich wollen wir noch eine Anwendungsmöglichkeit der Theorie der Normalformen betrachten, die vor allem für die Synthese elektrischer Schaltungen (s. Abschnitt 1.2.3) von Bedeutung ist.

Definition 1.1.3–13.

A ist eine *Repräsentationsformel* bezüglich $\mathfrak{F}$ gdw
(1) $A \in S1$;
(2) $\mathfrak{F}$ ist eine Funktion von der Klasse aller $S1$-Belegungen von A in $\{0, 1\}$;
(3) für jede $S1$-Belegung $\mathfrak{B}$ von A gilt: $\tilde{\mathfrak{B}}^*(A) = \mathfrak{F}(\mathfrak{B})$.

Bei der Synthese elektrischer Schaltungen ergeben sich nun Aufgabenstellungen der folgenden Art:

Gegeben seien n Satzbuchstaben $B_1, \ldots, B_n$ sowie sämtliche $S1$-Belegungen $\mathfrak{B}_1, \ldots, \mathfrak{B}_m$, deren Definitionsbereich die Klasse $\{B_1, \ldots, B_n\}$ ist. Ferner sei $\mathfrak{F}$ eine vorgegebene Funktion von der Klasse $\{\mathfrak{B}_1, \ldots, \mathfrak{B}_m\}$ in $\{0, 1\}$. Es soll eine Repräsentationsformel bezüglich $\mathfrak{F}$ konstruiert werden.

Zur Lösung dieser Aufgabe bieten sich wieder zwei Verfahren an. Das erste Verfahren, das zur Bildung einer kanonischen konjunktiven Normalform führt, ist nur anwendbar, wenn es ein i ($1 \leq i \leq m$) gibt, so daß $\mathfrak{F}(\mathfrak{B}_i) = 0$. Das zweite Verfahren, das zur Bildung einer kanonischen adjunktiven Normalform führt, ist nur anwendbar, wenn es ein i ($1 \leq i \leq m$) gibt, so daß $\mathfrak{F}(\mathfrak{B}_i) = 1$.

Verfahren 1

(1) Man ermittle alle Elemente von db($\mathfrak{F}$), denen $\mathfrak{F}$ den Wert 0 zuordnet.

(2) Seien $\mathfrak{C}_1, \ldots, \mathfrak{C}_r$ diese Elemente von db($\mathfrak{F}$). Man bilde nun zu jedem $\mathfrak{C}_j$ ($1 \leq j \leq r$) eine Basisadjunktion C_j, deren adjunktive Basiskomponenten genau die Basisformeln $D_1, \ldots, D_n$ sind, wobei jedes k ($1 \leq k \leq n$) gilt:

$$D_k = \begin{cases} B_k, \text{ falls } \mathfrak{C}_j(B_k) = 0 \, ; \\ \neg\, B_k, \text{ falls } \mathfrak{C}_j(B_k) = 1 \, . \end{cases}$$

(3) Man bilde schließlich eine kanonische konjunktive Normalform, deren Konjunkte genau die Basisadjunktionen $C_1, \ldots, C_r$ sind.

Verfahren 2

(1) Man ermittle alle Elemente von db($\mathfrak{F}$), denen $\mathfrak{F}$ den Wert 1 zuordnet.

(2) Seien $\mathfrak{C}_1, \ldots, \mathfrak{C}_r$ diese Elemente von db($\mathfrak{F}$). Man bilde nun zu jedem $\mathfrak{C}_j$ ($1 \leq j \leq r$) eine Basiskonjunktion C_j, deren konjunktive Basiskomponenten genau die Basisformeln $D_1, \ldots, D_n$ sind, wobei für jedes k ($1 \leq k \leq n$) gilt:

$$D_k = \begin{cases} B_k, \text{ falls } \mathfrak{C}_j(B_k) = 1 \, ; \\ \neg\, B_k, \text{ falls } \mathfrak{C}_j(B_k) = 0 \, . \end{cases}$$

(3) Man bilde schließlich eine kanonische adjunktive Normalform, deren Adjunkte genau die Basiskonjunktionen $C_1, \ldots, C_r$ sind.

Der Leser zeige, daß jede gemäß Verfahren 1 und Verfahren 2 konstruierte Formel eine Repräsentationsformel bezüglich $\mathfrak{F}$ ist.

Beispiel: Sei $\mathfrak{F}$ eine Funktion von der Klasse aller Belegungen, deren Definitionsbereich die Klasse $\{p, q\}$ ist, in $\{0, 1\}$; seien ferner die Funktionen $\{\langle p, 0 \rangle, \langle q, 1 \rangle\}$ und $\{\langle p, 0 \rangle, \langle q, 0 \rangle\}$ genau diejenigen Elemente von db($\mathfrak{F}$), denen $\mathfrak{F}$ den Wert 0 zuordnet. Diese Angaben können übersichtlich auch durch das folgende Schema dargestellt werden:

p	q	$\mathfrak{F}$
1	1	1
1	0	1
0	1	0
0	0	0

Dann ist gemäß Verfahren 1 die kanonische konjunktive Normalform $((p \vee \neg q) \wedge (p \vee q))$ eine Repräsentationsformel bezüglich $\mathfrak{F}$. Ebenso ist gemäß Verfahren 2 die kanonische adjunktive Normalform $((p \wedge q) \vee (p \wedge \neg q))$ eine Repräsentationsformel bezüglich $\mathfrak{F}$.

Aufgabe: Man bilde gemäß Verfahren 1 und Verfahren 2 Repräsentationsformeln bezüglich der durch das folgende Schema definierten Funktion $\mathfrak{F}$:

p	q	r	$\mathfrak{F}$
1	1	1	0
1	1	0	0
1	0	1	1
1	0	0	0
0	1	1	1
0	1	0	1
0	0	1	1
0	0	0	1

1.2. Anwendungen der Aussagenlogik in der Theorie der elektrischen Schaltungen

Die Entwicklung elektronischer Rechenautomaten stellt eine der größten technischen Leistungen der letzten Jahrzehnte dar. Derartige Automaten ermöglichen es in zunehmendem Maße, Routinearbeiten, deren sämtliche Etappen durch algorithmische Regeln bestimmbar sind, auch ohne den Einsatz menschlicher Geisteskräfte auszuführen. Grundlegend für diese Entwicklung war die Erkenntnis, daß sich gewisse Zweige der mathematischen Logik für die Analyse und Konstruktion elektrischer Schaltungen besonders gut eignen. Viele der heute bekannten Arten elektrischer Schaltungen erfordern zu ihrer Beschreibung komplizierte logische und mathematische Theorien. Im Rahmen dieses Buches wollen wir uns jedoch auf die einfachsten elektrischen Schaltungen, die sog. *Reihenparallelschaltungen*, beschränken. Für die Analyse und Konstruktion (Synthese) solcher Schaltungen ist die Theorie der aussagenlogischen Normalformen ein nützliches Hilfsmittel.

Eine Reihenparallelschaltung besteht aus elektrischen *Kontakten*, die durch elektrische Leitungen miteinander verbunden sind; sie besitzt zwei nach außen führende Anschlüsse, so daß sie in einen

Stromkreis eingebaut werden kann. Dabei ist schon jeder mit zwei Anschlüssen versehene Kontakt eine Reihenparallelschaltung. Zwei Reihenparallelschaltungen können zu einer neuen verknüpft werden. Sie werden *in Reihe (in Serie)* geschaltet, wenn man einen Anschluß der einen Schaltung mit einem Anschluß der anderen verbindet; und sie werden *parallel* geschaltet, wenn man ihre Anschlüsse paarweise miteinander verbindet.

Jeder Kontakt kann nun genau zwei Zustände annehmen: er ist entweder *geschlossen* (stromleitend) oder *offen* (nicht stromleitend). Dabei ist jedem Kontakt ein *Schaltelement* (Schalter, Relais usw.) zugeordnet, von welchem er geöffnet bzw. geschlossen wird. Auch diese Schaltelemente können dementsprechend nur zwei Zustände (Stellungen) annehmen: sie sind entweder *eingeschaltet* oder *ausgeschaltet*. Häufig werden mehrere Kontakte einer Schaltung gleichzeitig von demselben Schaltelement betätigt. Man unterscheidet zwei Arten von Kontakten: Arbeits- und Ruhekontakte. Ein *Arbeitskontakt* ist dann und nur dann geschlossen, wenn das zugehörige Schaltelement eingeschaltet ist. Dagegen ist ein *Ruhekontakt* dann und nur dann geschlossen, wenn das zugehörige Schaltelement ausgeschaltet ist. Ein Schaltelement kann auch Arbeits- und Ruhekontakte gleichzeitig betätigen. Die durch ein und dasselbe Schaltelement betätigten Arbeits- und Ruhekontakte sind dann weder zugleich geschlossen noch zugleich geöffnet.

Je nachdem, in welcher Stellung sich die einer Reihenparallelschaltung zugeordneten Schaltelemente befinden, ist die ganze Schaltung geschlossen oder offen. Denn jede Stellung der Schaltelemente, jede *Schaltstellung*, bestimmt ja den elektrischen Zustand der Kontakte.

Da durch jede Schaltstellung eindeutig festgelegt ist, ob die entsprechende Reihenparallelschaltung geschlossen oder offen ist, ergibt sich die Aufgabe, festzustellen, bei genau welchen Schaltstellungen die Schaltung geschlossen bzw. offen ist. Diese Aufgabe wird durch die sog. *Analyse* der Schaltung gelöst. Eine weitere, für praktische Belange sogar noch wichtigere Aufgabe besteht darin, ausgehend von einer bestimmten Menge von Schaltelementen eine Reihenparallelschaltung zu konstruieren, welche bestimmten vorgegebenen Bedingungen hinsichtlich ihrer Stromdurchlässigkeit genügt, die also bei bestimmten vorgegebenen Schaltstellungen geschlossen bzw. offen ist. Dies ist die Aufgabe der *Synthese* einer Reihenparallelschaltung. Für die Synthese gibt es immer mehrere Lösungen. Man kann immer völlig verschieden aufgebaute Schaltungen konstruieren, die alle vorgegebenen Bedingungen erfüllen. Aus dieser Tatsache erwächst das Problem, eine gegebene Schaltung in optimaler Weise zu vereinfachen, ohne daß sich dabei etwas an ihrer Leistungsfähigkeit ändert. Zur Lösung dieses Problems der *Minimierung* einer Reihenparallelschaltung sind mehrere algorithmische Verfahren entwickelt worden, von denen einige auf rein algebraischen, andere hingegen auf graphischen Methoden beruhen.

In der Literatur ist es üblich, Reihenparallelschaltungen durch Diagramme (Kontaktzeichnungen, Netzdiagramme) zu veranschaulichen. In diesen kommen alle relevanten Eigenschaften einer Schaltung klar zum Ausdruck. Wir werden im folgenden von der technischen Ausführung einer Reihenparallelschaltung völlig absehen und nur solche Diagramme sowie deren Zusammenhang mit gewissen aussagenlogischen Formeln betrachten. Es erweist sich dementsprechend als zweckmäßig, Schaltungen einfach mit solchen Diagrammen zu identifizieren. Die einfache Umsetzung eines als Schaltung aufgefaßten Diagramms in eine elektrische Apparatur ist Sache des Technikers.

1.2.1. Schaltungen und Schaltformeln

Wir haben bereits darauf hingewiesen, daß sich jedes Schaltelement einer Reihenparallelschaltung entweder im ein- oder ausgeschalteten Zustand befindet. Da nun eine $S1$-Grundbewertung jedem Satzbuchstaben entweder den Wert 1 oder 0 zuordnet, erweist es sich für die folgenden Betrachtungen als zweckmäßig, Schaltelemente einfach mit Satzbuchstaben zu identifizieren. Wir nennen also ein graphisches Gebilde A ein *Schaltelement* gdw A ein Satzbuchstabe ist. Die Arbeitskontakte, welche durch ein Schaltelement A »betätigt« werden, stellen wir dar, indem wir A links und rechts mit einem waagerechten Strich versehen (damit werden die beiden elektrischen Anschlüsse des Kontakts angedeutet). Die durch A »betätigten« Ruhekontakte unterscheiden wir von den Arbeitskontakten durch Überstreichung des Schaltelements A.

Als Variable für Reihenparallelschaltungen verwenden wir im folgenden stets die kleinen griechischen Buchstaben »σ«, »τ«, »α« und »β« (auch indiziert).

Definition 1.2.1–1.

(1) σ ist ein *Arbeitskontakt* gdw es ein Schaltelement A gibt, so daß σ das graphische Gebilde $-A-$ ist.

(2)   σ ist ein *Ruhekontakt* gdw es ein Schaltelement A gibt, so daß
       σ das graphische Gebilde $-\overline{A}-$ ist.

(3)   σ ist ein *Kontakt* gdw σ ein Arbeits- oder Ruhekontakt ist.

Der Begriff der Reihenparallelschaltung läßt sich nun induktiv so
definieren:

Definition 1.2.1–2.

   Ein graphisches Gebilde ist eine *Reihenparallelschaltung* (kurz:
   Schaltung) gdw sich dies aufgrund folgender Bestimmungen ergibt:

(1)   Jeder Kontakt ist eine Reihenparallelschaltung.

(2)   Sind σ und τ Reihenparallelschaltungen, so sind auch die
       graphischen Gebilde

   $$-\sigma - \tau -$$

   und

   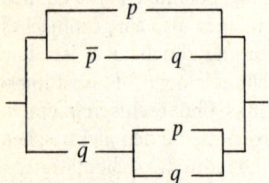

   Reihenparallelschaltungen.

So ist beispielsweise das folgende graphische Gebilde eine Reihenparallelschaltung:

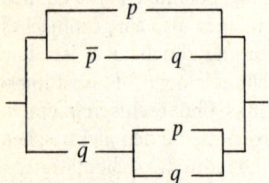

Ähnlich wie der Begriff der *S1*-Teilformel läßt sich auch ein Teil-
schaltungsbegriff definieren.

Definition 1.2.1–3.

   Ein graphisches Gebilde ist *Teilschaltung* einer Schaltung gdw
   sich dies aufgrund folgender Bestimmungen ergibt:

(1)   Ist σ eine Schaltung, so ist σ Teilschaltung von σ.

138

(2) Sind σ_1 und σ_2 Schaltungen und ist τ Teilschaltung von σ_1 oder von σ_2, so ist τ auch Teilschaltung von

$$-\sigma_1-\sigma_2-$$

und von

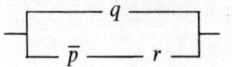

Beispiel: Sei σ die Schaltung

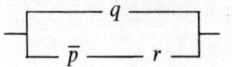

Dann gibt es fünf Teilschaltungen von σ, nämlich die Schaltungen

$$-q-,\ -\bar{p}-,\ -r-,\ -\bar{p}-r-,\ \sigma\,.$$

Dagegen ist die Schaltung $-p-$ keine Teilschaltung von σ.

Es sei noch bemerkt, daß die Teilschaltungsbeziehung *transitiv* ist, d. h., daß für alle Schaltungen σ_1, σ_2 und σ_3 gilt: ist σ_1 Teilschaltung von σ_2 und σ_2 Teilschaltung von σ_3, so ist auch σ_1 Teilschaltung von σ_3. Das Analoge gilt natürlich auch für die Teilformelbeziehung.

Der nächste Begriff dient lediglich der Vereinfachung unserer Ausdrucksweise.

Definition 1.2.1–4.

A ist ein *Schaltelement von* σ gdw
(1) σ ist eine Schaltung;
(2) A ist ein Schaltelement;
(3) $-A-$ oder $-\bar{A}-$ ist Teilschaltung von σ.

Die Satzbuchstaben p, q und r sind also die Schaltelemente der obigen Schaltung σ.

Ob eine Schaltung offen oder geschlossen ist, hängt, wie wir schon einleitend bemerkt haben, davon ab, in welcher Stellung sich die Schaltelemente dieser Schaltung befinden. Den Begriff der Schaltstellung legen wir nun so fest:

Definition 1.2.1–5.

ϕ ist eine *Schaltstellung von* σ gdw
(1) σ ist eine Schaltung;
(2) ϕ ist eine Funktion von der Klasse aller Schaltelemente von σ in $\{0, 1\}$.

Ferner nennen wir eine Funktion ϕ kurz eine *Schaltstellung* gdw es ein σ gibt, so daß ϕ eine Schaltstellung von σ ist. Wie man sieht, entspricht der Begriff der Schaltstellung dem Begriff der *S1*-Belegung.

Es ist klar, daß gilt (s. auch Satz 1.1.2–3): Ist σ irgendeine Schaltung und n die Anzahl der Schaltelemente von σ, so gibt es genau 2^n Schaltstellungen von σ.

Wir wollen nun festlegen, was es heißt, daß eine Schaltung τ bei einer Schaltstellung geschlossen bzw. offen ist. Dazu erweist es sich als zweckmäßig, von den Teilschaltungen von τ auszugehen.

Definition 1.2.1–6.

Eine Schaltung σ ist *in* einer Schaltung τ *geschlossen bei* einer Schaltstellung ϕ gdw sich dies aufgrund folgender Bestimmungen ergibt:

(1) Ist ϕ eine Schaltstellung von τ, $A \in \mathrm{db}(\phi)$, $-A-$ Teilschaltung von τ und $\phi(A) = 1$, so ist $-A-$ in τ geschlossen bei ϕ.

(2) Ist ϕ eine Schaltstellung von τ, $A \in \mathrm{db}(\phi)$, $-\overline{A}-$ Teilschaltung von τ und $\phi(A) = 0$, so ist $-\overline{A}-$ in τ geschlossen bei ϕ.

(3) Sind σ_1 und σ_2 Schaltungen, die beide in τ geschlossen bei ϕ sind, und ist $-\sigma_1-\sigma_2-$ Teilschaltung von τ, so ist $-\sigma_1-\sigma_2-$ in τ geschlossen bei ϕ.

(4) Sind σ_1 und σ_2 Schaltungen, von denen wenigstens eine in τ bei ϕ geschlossen ist, und ist $-\!\begin{array}{c} \sigma_1 \\ \sigma_2 \end{array}\!-$ Teilschaltung von τ, so ist $-\!\begin{array}{c} \sigma_1 \\ \sigma_2 \end{array}\!-$ in τ geschlossen bei ϕ.

Da jede Schaltung auch Teilschaltung von sich selbst ist, ergibt sich nun zwanglos die folgende

Definition 1.2.1–7.

Eine Schaltung σ ist *geschlossen bei* einer Schaltstellung ϕ gdw σ in σ geschlossen bei ϕ ist.

Definition 1.2.1–8.

σ ist *offen bei* ϕ gdw
(1) ϕ ist eine Schaltstellung von σ;
(2) σ ist nicht geschlossen bei ϕ.

140

Zur Verdeutlichung dieser Begriffe geben wir einige Beispiele.

1. Sei σ_1 die Schaltung $-p-q-$ und σ_2 die Schaltung ⌐ p ⌐ q ⌐.

Dann gibt es genau vier Schaltstellungen $\phi_1-\phi_4$ von σ_1 bzw. von σ_2, die in folgendem Diagramm dargestellt sind:

	p	q
ϕ_1	1	1
ϕ_2	1	0
ϕ_3	0	1
ϕ_4	0	0

Es gilt nun: σ_1 ist geschlossen bei ϕ_1 und offen bei ϕ_2, ϕ_3 sowie ϕ_4; σ_2 dagegen ist geschlossen bei ϕ_1, ϕ_2 sowie ϕ_3 und offen bei ϕ_4.

2. Sei σ die Schaltung. Die acht

Schaltstellungen von σ sind:

	p	q	r
ϕ_1	1	1	1
ϕ_2	1	1	0
ϕ_3	1	0	1
ϕ_4	1	0	0
ϕ_5	0	1	1
ϕ_6	0	1	0
ϕ_7	0	0	1
ϕ_8	0	0	0

Man findet, daß σ bei ϕ_3, ϕ_5 sowie ϕ_7 geschlossen und bei ϕ_1, ϕ_2, ϕ_4, ϕ_6 sowie ϕ_8 offen ist.

Aufgabe: Sei σ die Schaltung

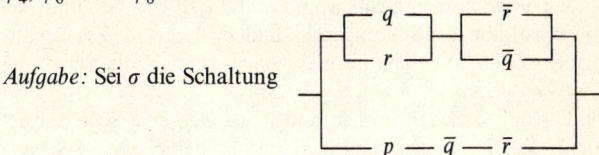

Man ermittle, bei welchen Schaltstellungen σ geschlossen und bei welchen Schaltstellungen σ offen ist.

Wir wollen nun einen Zusammenhang zwischen Schaltungen und solchen $S1$-Formeln herstellen, die an logischen Konstanten nur die Zeichen $\neg$, $\wedge$ und $\vee$ enthalten, wobei das Negationszeichen stets vor einem Satzbuchstaben steht. Der Zusammenhang soll so beschaffen sein, daß jeder Schaltung mindestens eine derartige Formel, und jeder solchen Formel genau eine Schaltung entspricht.

Definition 1.2.1–9.

Eine $S1$-Formel ist eine *Schaltformel von* einer Schaltung gdw sich dies aufgrund folgender Bestimmungen ergibt:

(1) Ist A ein Satzbuchstabe, so ist A eine Schaltformel von $-A-$ und $\neg A$ eine Schaltformel von $-\overline{A}-$.

(2) Ist A eine Schaltformel von σ und B eine Schaltformel von τ, so ist $(A \wedge B)$ eine Schaltformel von $-\sigma-\tau-$ und $(A \vee B)$ eine Schaltformel von $-\!\!\begin{array}{c}\sigma\\\tau\end{array}\!\!-$.

Ferner nennen wir eine $S1$-Formel A eine *Schaltformel* gdw es eine Schaltung σ gibt, so daß A eine Schaltformel von σ ist. Der Leser überlege sich, daß gilt:

(1) Jede Teilformel einer Schaltformel ist eine Schaltformel.

(2) Sind A und B Schaltformeln, so sind auch die Formeln $(A \wedge B)$ und $(A \vee B)$ Schaltformeln.

(3) Jede konjunktive und jede adjunktive $S1$-Normalform ist eine Schaltformel.

Aus den obigen Definitionen ergibt sich ferner, daß für jede Schaltung σ gilt:

(1) Ist A ein Satzbuchstabe und eine Schaltformel von σ, so ist σ die Schaltung $-A-$.

(2) Ist A ein Satzbuchstabe und $\neg A$ eine Schaltformel von σ, so ist σ die Schaltung $-\overline{A}-$.

(3) Sind A und B Schaltformeln und ist $(A \wedge B)$ eine Schaltformel von σ, so gibt es Schaltungen σ_1 und σ_2 derart, daß A Schaltformel von σ_1, B Schaltformel von σ_2 und σ die Schaltung $-\sigma_1-\sigma_2-$ ist.

(4) Sind A und B Schaltformeln und ist $(A \vee B)$ eine Schaltformel von σ, so gibt es Schaltungen σ_1 und σ_2 derart, daß A Schaltformel von σ_1, B Schaltformel von σ_2 und σ die Schaltung $-\!\!\begin{array}{c}\sigma_1\\\sigma_2\end{array}\!\!-$ ist.

Zu einer Schaltung σ gibt es im allgemeinen nicht nur eine, sondern mehrere Schaltformeln. Umgekehrt jedoch gibt es zu jeder Schaltformel A wenigstens und höchstens eine, d. h. genau eine Schaltung σ derart, daß A Schaltformel von σ ist. Daß es wenigstens ein solches σ gibt, folgt unmittelbar aus der Definition des Begriffs der Schaltformel; daß es höchstens ein solches σ gibt, soll nun bewiesen werden.

Lemma

Seien σ und τ irgendwelche Schaltungen und sei A irgendeine *S1*-Formel, die Schaltformel sowohl von σ als auch von τ ist. Dann ist $\sigma = \tau$.

Dieses Lemma ergibt sich aus folgender Behauptung, die wir durch starke unendliche Induktion beweisen.

Für alle n mit $n \geq 0$ gilt: Sind α, β, σ und τ irgendwelche Schaltungen, ist A irgendeine *S1*-Formel vom Grad n, die Schaltformel sowohl von α als auch von β ist, und ist α Teilschaltung von σ und β Teilschaltung von τ, so ist $\alpha = \beta$.

(Um aus dieser Behauptung das Lemma zu gewinnen, muß man α auf σ und β auf τ spezialisieren.)

Induktionsbasis

Seien α, β, σ und τ irgendwelche Schaltungen, sei A irgendeine Formel vom Grad 0, die Schaltformel sowohl von α als auch von β ist, und sei α Teilschaltung von σ und β Teilschaltung von τ. Dann ist A ein Satzbuchstabe, und es gilt daher $\alpha = -A-$ sowie $\beta = -A-$. Also ist $\alpha = \beta$.

Induktionsschritt

Sei k irgendeine natürliche Zahl mit $k \geq 0$ und gelte für jedes i mit $1 \leq i \leq k$: Sind α, β, σ und τ irgendwelche Schaltungen, ist A irgendeine Formel vom Grad i, die Schaltformel sowohl von α als auch von β ist, und ist α Teilschaltung von σ und β Teilschaltung von τ, so ist $\alpha = \beta$. (I.V.)

Seien nun α, β, σ und τ irgendwelche Schaltungen, sei A irgendeine Formel vom Grad $k + 1$, die Schaltformel sowohl von α als auch von β ist, und sei α Teilschaltung von σ und β Teilschaltung von τ. Es sind drei Fälle zu unterscheiden.

Fall 1: Es gibt einen Satzbuchstaben B mit $A = \neg B$.

Dann ist $\neg B$ Schaltformel von α und von β. Also ist $\alpha = -\overline{B}-$ und $\beta = -\overline{B}-$. Folglich gilt $\alpha = \beta$.

Fall 2: Es gibt Formeln B und C mit $A = B \wedge C$.

Da dann $B \wedge C$ Schaltformel von α und von β ist, gibt es Schaltungen α_1, α_2, β_1 und β_2 derart, daß B Schaltformel von α_1 und von β_1, C Schaltformel von α_2 und von β_2, α die Schaltung $-\alpha_1 - \alpha_2 -$ und β die Schaltung $-\beta_1 - \beta_2 -$ ist. Da ferner α_1, α_2 Teilschaltungen von σ und β_1, β_2 Teilschaltungen von τ sind, ergibt sich aufgrund der I.V., daß $\alpha_1 = \beta_1$ und $\alpha_2 = \beta_2$. Also gilt $\alpha = \beta$.

Fall 3: Es gibt Formeln B und C mit $A = B \vee C$.

Daß auch diesmal gilt $\alpha = \beta$, ergibt sich ganz analog wie im vorangehenden Fall. Damit ist das Lemma bewiesen. Es gilt also

Satz 1.2.1–1.
    Zu jeder Schaltformel A gibt es genau eine Schaltung σ derart, daß A Schaltformel von σ ist.

Dieser Satz rechtfertigt die folgende Konvention:

    Sei A eine beliebige *S1*-Formel. Dann bezeichne ein Ausdruck, der entsteht, wenn man einen Namen von A in die eckigen Klammern »[« und »]« einschließt, diejenige Schaltung σ, für welche gilt: A ist Schaltformel von σ.

Satz 1.2.1–2.
    Seien A und B irgendwelche Schaltformeln und sei σ irgendeine Schaltung. Dann gilt:

(1) Ist A Schaltformel von σ, so ist $\sigma = [A]$.
(2) A ist Schaltformel von $[A]$.
(3) Ist A Schaltformel von σ und B Teilformel von A, so ist $[B]$ Teilschaltung von σ.
(4) $[A \wedge B] = -[A] - [B] -$.

(5) $[A \vee B] = -\begin{array}{c}\lceil [A] \rceil \\ \lfloor [B] \rfloor\end{array}-$.

Zum Verständnis der nächsten Sätze vergegenwärtige man sich, daß jede Schaltstellung ϕ auch eine *S1*-Belegung ist und umgekehrt. Infolgedessen ist ϕ^* die durch ϕ bestimmte *S1*-Grundbewertung (s. S. 107) und $\widetilde{\phi^*}$ die mit ϕ^* übereinstimmende *S1*-Bewertung.

Satz 1.2.1–3.

Seien σ und τ irgendwelche Schaltungen, sei σ Teilschaltung von τ, ϕ eine Schaltstellung von τ und A eine Schaltformel von σ. Dann ist σ in τ geschlossen bei ϕ gdw $\widetilde{\phi^*}(A) = 1$.

Dieser Satz ergibt sich aus der folgenden Behauptung, die wir durch starke unendliche Induktion beweisen.

Für alle n mit $n \geq 0$ gilt: Ist τ irgendeine Schaltung, σ eine Teilschaltung von τ, ϕ eine Schaltstellung von τ und A eine Schaltformel von σ mit $g^l A = n$, so ist σ in τ geschlossen bei ϕ gdw $\widetilde{\phi^*}(A) = 1$.

Induktionsbasis

Sei τ irgendeine Schaltung, σ eine Teilschaltung von τ, ϕ eine Schaltstellung von τ und A eine Schaltformel von σ mit $g^l A = 0$. Dann ist A ein Satzbuchstabe und $\sigma = -A-$. Ist nun σ in τ geschlossen bei ϕ, so ist $\phi(A) = 1$, und es gilt daher $\widetilde{\phi^*}(A) = 1$. Ist umgekehrt $\widetilde{\phi^*}(A) = 1$, so ist $\phi(A) = 1$, und σ ist daher in τ geschlossen bei ϕ.

Induktionsschritt

Sei k irgendeine natürliche Zahl mit $k \geq 0$ und gelte für jedes i mit $0 \leq i \leq k$: Ist τ irgendeine Schaltung, σ eine Teilschaltung von τ, ϕ eine Schaltstellung von τ und A eine Schaltformel von σ mit $g^l A = i$, so ist σ in τ geschlossen bei ϕ gdw $\widetilde{\phi^*}(A) = 1$. (I.V.)

Sei nun τ irgendeine Schaltung, σ eine Teilschaltung von τ, ϕ eine Schaltstellung von τ und A eine Schaltformel von σ mit $g^l A = k + 1$.

Fall 1: Es gibt einen Satzbuchstaben B mit $A = \neg B$.

Dann ist $\sigma = -\overline{B}-$. Ist nun σ in τ geschlossen bei ϕ, so ist $\phi(B) = 0$ und also $\widetilde{\phi^*}(A) = 1$. Ist umgekehrt $\widetilde{\phi^*}(A) = 1$, so ist $\phi(B) = 0$, und σ ist daher in τ geschlossen bei ϕ.

Fall 2: Es gibt Formeln B und C mit $A = B \wedge C$.

Dann gibt es Schaltungen σ_1 und σ_2 derart, daß B Schaltformel von σ_1, C Schaltformel von σ_2 und σ die Schaltung $-\sigma_1-\sigma_2-$ ist. Ferner sind dann σ_1 und σ_2 Teilschaltungen von τ.

Angenommen nun, σ ist in τ geschlossen bei ϕ. Dann ist sowohl σ_1 als auch σ_2 in τ geschlossen bei ϕ, und es gilt nach I.V. $\widehat{\phi^*}(B) = 1$ und $\widehat{\phi^*}(C) = 1$. Also ist $\widehat{\phi^*}(A) = 1$.

Angenommen umgekehrt, es gilt $\widetilde{\phi^*}(A) = 1$. Dann ist $\widetilde{\phi^*}(B) = 1$ und $\phi^*(C) = 1$. Folglich ist nach I.V. sowohl σ_1 als auch σ_2 in τ geschlossen bei ϕ. Also ist auch σ in τ geschlossen bei ϕ.

Fall 3: Es gibt Formeln B und C mit $A = B \vee C$.

Daß die Behauptung auch dann gilt, ergibt sich ganz analog wie im vorangehenden Fall.

Aus Satz 1.2.1–3 erhält man nun durch Spezialisierung von τ auf σ den folgenden grundlegenden Satz.

Satz 1.2.1–4.
Sei σ irgendeine Schaltung, ϕ eine Schaltstellung von σ und A eine Schaltformel von σ. Dann ist σ geschlossen bei ϕ gdw $\widetilde{\phi^*}(A) = 1$.

Aus diesem Satz ergibt sich leicht

Satz 1.2.1–5.
Sei A irgendeine Schaltformel und ϕ eine $S1$-Belegung von A. Dann ist $[A]$ geschlossen bei ϕ gdw $\widetilde{\phi^*}(A) = 1$.

1.2.2. Analyse von Schaltungen

In der Technik der elektrischen Schaltungen ergeben sich verschiedene Aufgabenstellungen. Die einfachste dieser Aufgabenstellungen besteht darin, daß für jede Stellung der Schaltelemente einer vorgegebenen Reihenparallelschaltung anzugeben ist, ob die Schaltung bei der betreffenden Stellung stromleitend ist oder nicht. Man nennt diese Aufgabenstellung das *Problem der Analyse* einer gegebenen Reihenparallelschaltung.

Für uns nimmt das Problem der Analyse die folgende Gestalt an: Für jede Schaltstellung ϕ einer vorgegebenen Schaltung σ ist anzugeben, ob σ bei ϕ geschlossen oder offen ist.

Um dieses Problem zu lösen, kann man so verfahren: man geht von der gegebenen Schaltung σ zu einer Schaltformel σ_F von σ über und ermittelt für jede Schaltstellung ϕ von σ den Wert $\widetilde{\phi^*}(\sigma_F)$ (die Schaltstellungen von σ sind genau die Belegungen von σ_F). Denn nach Satz 1.2.1–4 ist σ geschlossen bei ϕ genau dann, wenn $\widetilde{\phi^*}(\sigma_F) = 1$. Ist also $\widetilde{\phi^*}(\sigma_F) = 1$, so ist σ geschlossen bei ϕ; ist hingegen $\widetilde{\phi^*}(\sigma_F) = 0$, so ist σ offen bei ϕ.

Es ist nun vorteilhaft, bei der Ermittlung dieser Werte auf die Theorie der Normalformen zurückzugreifen und die in 1.1.3 (S. 131f.) geschilderten Verfahren anzuwenden, mit deren Hilfe man für jede Belegung $\mathfrak{B}$ einer Formel A feststellen kann, welchen Wert $\widetilde{\mathfrak{B}}^*$ der Formel A zuordnet.

Das erste der beiden in 1.1.3 angegebenen Verfahren (»Verfahren 1«) macht Gebrauch von der durch den Algorithmus α^* bestimmten kanonischen konjunktiven Normalform $A^*_\wedge$, das zweite (»Verfahren 2«) von der durch den Algorithmus β^* bestimmten kanonischen adjunktiven Normalform $A^*_\vee$.

Ist nun irgendeine Schaltung σ vorgegeben, so können wir dementsprechend zwei Verfahren zur Lösung des Problems der Analyse unterscheiden.

Erstes Analyseverfahren: Man bilde zunächst eine Schaltformel σ_F von σ. Dann stelle man mit Hilfe von Verfahren 1 für jede Belegung ϕ von σ_F fest, welchen Wert $\widetilde{\phi}^*$ der Formel σ_F zuordnet.

Zweites Analyseverfahren: Man bilde zunächst eine Schaltformel σ_F von σ. Dann stelle man mit Hilfe von Verfahren 2 für jede Belegung ϕ von σ_F fest, welchen Wert $\widetilde{\phi}^*$ der Formel σ_F zuordnet.

Ergibt sich für ein ϕ mit Hilfe des ersten oder zweiten Analyseverfahrens, daß $\widetilde{\phi}^*(\sigma_F) = 1$, so ist σ geschlossen bei ϕ; ergibt sich dagegen, daß $\widetilde{\phi}^*(\sigma_F) = 0$, so ist σ offen bei ϕ. Zur Einübung der beiden Verfahren wollen wir nun einige Schaltungen analysieren.

1. Beispiel: Sei σ die Schaltung

und σ_F die Formel $((p \wedge q) \vee \neg p)$. Dann ist σ_F eine Schaltformel von σ.

Gehen wir nach dem ersten Analyseverfahren vor, so müssen wir zunächst die kanonische konjunktive Normalform $(\sigma_F)^*_\wedge$ bilden. Wir finden, daß $(\sigma_F)^*_\wedge$ die Formel

$$((((p \vee \neg p) \vee q) \wedge ((p \vee \neg p) \vee \neg q)) \wedge (q \vee \neg p))$$

ist. Wie man sieht, ist $(q \vee \neg p)$ das einzige Konjunkt von $(\sigma_F)^*_\wedge$, in dem kein SB zusammen mit seiner Negation als adjunktive Basiskomponente vorkommt. Also ist

$$\{\langle p, 1 \rangle, \langle q, 0 \rangle\}$$

die einzige Schaltstellung von σ, bei der σ offen ist; bei allen anderen Schaltstellungen von σ ist σ folglich geschlossen.

Gehen wir hingegen nach dem zweiten Analyseverfahren vor, so müssen wir zunächst die kanonische adjunktive Normalform $(\sigma_F)_\vee^*$ bilden. Es ergibt sich, daß $(\sigma_F)_\vee^*$ die Formel

$$((p \wedge q) \vee ((\neg p \wedge q) \vee (\neg p \wedge \neg q)))$$

ist. Diejenigen Adjunkte von $(\sigma_F)_\vee^*$, in denen kein SB zusammen mit seiner Negation als konjunktive Basiskomponente vorkommt, sind die Formeln $(p \wedge q)$, $(\neg p \wedge q)$ und $(\neg p \wedge \neg q)$. Also sind die Funktionen

$$\{\langle p, 1\rangle, \langle q, 1\rangle\}$$
$$\{\langle p, 0\rangle, \langle q, 1\rangle\}$$
$$\{\langle p, 0\rangle, \langle q, 0\rangle\}$$

genau diejenigen Schaltstellungen von σ, bei denen σ geschlossen ist.

2. *Beispiel:* Sei σ die Schaltung

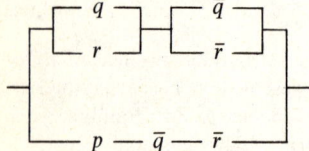

und σ_F die Formel $(((q \vee r) \wedge (\neg q \vee \neg r)) \vee ((p \wedge \neg q) \wedge \neg r))$. Offensichtlich ist σ_F eine Schaltformel von σ. Um zu ermitteln, bei genau welchen Schaltstellungen σ geschlossen bzw. offen ist, wenden wir das erste Analyseverfahren an. Mit Hilfe des Algorithmus α^* finden wir, daß $(\sigma_F)_\wedge^*$ die Formel

$(((((q \vee r) \vee p) \wedge$
$((\neg q \vee \neg r) \vee p)) \wedge$
$(((((q \vee r) \vee \neg q) \vee p) \wedge$
$(((q \vee r) \vee \neg q) \vee \neg p)) \wedge$
$((((\neg q \vee \neg r) \vee \neg q) \vee p) \wedge$
$(((\neg q \vee \neg r) \vee \neg q) \vee \neg p)))) \wedge$
$(((((q \vee r) \vee \neg r) \vee p) \wedge$
$(((q \vee r) \vee \neg r) \vee \neg p)) \wedge$
$((((\neg q \vee \neg r) \vee \neg r) \vee p) \wedge$
$(((\neg q \vee \neg r) \vee \neg r) \vee \neg p))))$

ist. Also sind die Funktionen

$$\{\langle p,0\rangle,\langle q,0\rangle,\langle r,0\rangle\}$$
$$\{\langle p,0\rangle,\langle q,1\rangle,\langle r,1\rangle\}$$
$$\{\langle p,1\rangle,\langle q,1\rangle,\langle r,1\rangle\}$$

genau jene Schaltstellungen von σ, bei denen σ offen ist.

Aufgabe: Man analysiere die folgenden drei Schaltungen:

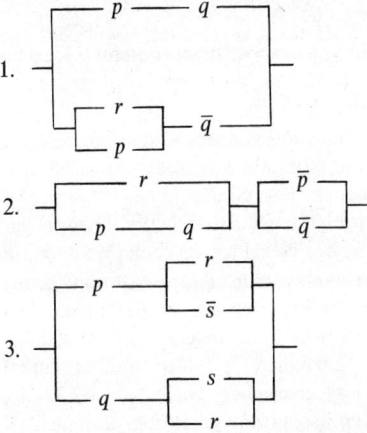

1.2.3. Synthese von Schaltungen

In der Technik der elektrischen Schaltungen ergibt sich als weitere Aufgabenstellung das Problem der Synthese einer Schaltung. Die Aufgabe, eine Schaltung mit bestimmten vorgegebenen elektrischen Eigenschaften zu konstruieren (synthetisieren), stellt sich in der Praxis viel häufiger als die Aufgabe, eine gegebene Schaltung zu analysieren. Um die Aufgabenstellung der Synthese in unserem Sinne präzis formulieren zu können, empfiehlt es sich, einen Begriff zu definieren, welcher dem der Repräsentationsformel entspricht (s. Def. 1.1.3–13).

Definition 1.2.3–1.

σ ist eine *Repräsentationsschaltung* bezüglich $\mathfrak{F}$ gdw

(1) σ ist eine Reihenparallelschaltung;

(2) $\mathfrak{F}$ ist eine Funktion von der Klasse aller Schaltstellungen von σ in $\{0,1\}$;

149

(3) für jede Schaltstellung ϕ von σ gilt: σ ist geschlossen bei ϕ gdw $\mathfrak{F}(\phi) = 1$.

Unter Verwendung von Satz 1.2.1–5 beweist man dann leicht den

Satz 1.2.3–1.
Sei A irgendeine Schaltformel und $\mathfrak{F}$ eine Funktion von der Klasse der Belegungen von A in $\{0, 1\}$. Dann ist A eine Repräsentationsformel bezüglich $\mathfrak{F}$ gdw $[A]$ eine Repräsentationsschaltung bezüglich $\mathfrak{F}$ ist.

Wir kommen nun zur Formulierung des Syntheseproblems. Gegeben seien n Schaltelemente $B_1, \ldots, B_n$ sowie sämtliche Schaltstellungen $\phi_1, \ldots, \phi_m$, deren Definitionsbereich die Klasse $\{B_1, \ldots, B_n\}$ ist. Ferner sei $\mathfrak{F}$ eine vorgegebene Funktion von der Klasse $\{\phi_1, \ldots, \phi_m\}$ in $\{0, 1\}$. Das *Problem der Synthese* besteht nun in der Aufgabe, eine Repräsentationsschaltung bezüglich $\mathfrak{F}$ zu konstruieren.

Auch zur Lösung dieses Problems erweist sich die Theorie der Normalformen als nützlich. Denn dieses Problem entspricht der in 1.1.3 (S. 134) behandelten Aufgabe, eine Repräsentationsformel bezüglich $\mathfrak{F}$ zu konstruieren. Tatsächlich werden wir in einem ersten Schritt mit Hilfe eines der beiden in 1.1.3 angegebenen Verfahren eine Repräsentationsformel A bezüglich $\mathfrak{F}$ bilden und in einem zweiten Schritt zur Schaltung $[A]$ übergehen. Nach Satz 1.2.3–1 ist dann die Schaltung $[A]$ eine Repräsentationsschaltung bezüglich $\mathfrak{F}$. Wir müssen also auch hier zwei Lösungsverfahren unterscheiden.

Das erste ist anwendbar, wenn es ein $i(1 \leq i \leq m)$ gibt, so daß $\mathfrak{F}(\phi_i) = 0$; das zweite ist anwendbar, wenn es ein $i(1 \leq i \leq m)$ gibt, so daß $\mathfrak{F}(\phi_i) = 1$. Bei der Formulierung beider Verfahren nehmen wir Bezug auf die in 1.1.3 dargestellten Verfahren (»Verfahren 1« und »Verfahren 2«) zur Bildung einer Repräsentationsformel bezüglich $\mathfrak{F}$.

Erstes Syntheseverfahren: Man bilde zunächst gemäß Verfahren 1 eine Repräsentationsformel A bezüglich $\mathfrak{F}$. Dann konstruiere man die Schaltung $[A]$.

Zweites Syntheseverfahren: Man bilde zunächst gemäß Verfahren 2 eine Repräsentationsformel A bezüglich $\mathfrak{F}$. Dann konstruiere man die Schaltung $[A]$.

Nicht in allen Fällen, in denen man beide Syntheseverfahren anwenden kann, ist die Anwendung des ersten und des zweiten

Syntheseverfahrens gleich vorteilhaft. Aus leicht ersichtlichen Gründen empfiehlt es sich meist, nach folgender Faustregel vorzugehen.

Es sei n die Anzahl derjenigen Elemente ϕ von $db(\mathfrak{F})$, für welche gilt $\mathfrak{F}(\phi) = 1$, und m die Anzahl derjenigen Elemente ϕ von $db(\mathfrak{F})$, für welche gilt $\mathfrak{F}(\phi) = 0$. Dann wende man das erste Syntheseverfahren an, wenn $n > m$; das zweite wende man an, wenn $n < m$.

Beispiel: Es sei $\mathfrak{F}$ die durch das folgende Schema definierte Funktion.

p	q	$\mathfrak{F}$
1	1	1
1	0	0
0	1	1
0	0	1

Die Aufgabe laute: Es ist eine Repräsentationsschaltung bezüglich $\mathfrak{F}$ anzugeben. Geht man nach dem ersten Syntheseverfahren vor, so bildet man im ersten Schritt etwa die kanonische konjunktive Normalform $(\neg p \vee q)$ und im zweiten Schritt die Schaltung

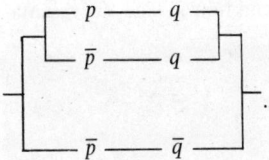

Geht man hingegen nach dem zweiten Syntheseverfahren vor, so bildet man im ersten Schritt etwa die kanonische adjunktive Normalform $(((p \wedge q) \vee (\neg p \wedge q)) \vee (\neg p \wedge \neg q))$ und im zweiten Schritt die Schaltung

Wie man sieht, ist in diesem Fall das zweite Syntheseverfahren weniger vorteilhaft, da es zu einer komplizierteren Schaltung führt als das erste. Da beide Schaltungen gleichwertig sind (s. Abschnitt 1.2.4), wird man daher die erste Schaltung der zweiten vorziehen.

Aufgabe: Man gebe für jede der durch das folgende Schema definierten Funktionen $\mathfrak{F}_1$, $\mathfrak{F}_2$ und $\mathfrak{F}_3$ eine Repräsentationsschaltung an.

p	q	r	$\mathfrak{F}_1$	$\mathfrak{F}_2$	$\mathfrak{F}_3$
1	1	1	1	0	1
1	1	0	1	1	0
1	0	1	0	0	0
1	0	0	0	0	0
0	1	1	1	1	0
0	1	0	0	1	0
0	0	1	1	0	1
0	0	0	1	1	1

Im folgenden soll noch an einigen Beispielen gezeigt werden, wie konkrete Aufgabenstellungen schalttheoretisch formuliert und dann mit Hilfe der Syntheseverfahren rasch und einfach gelöst werden können.

Beispiel 1: Für ein aus drei Personen bestehendes Komitee soll ein elektrischer Schaltkreis eingerichtet werden, der so konstruiert ist, daß für jedes Mitglied des Komitees ein Schalter zur Verfügung steht und eine Lampe genau dann aufleuchtet, wenn die Mehrheit den Schalter betätigt.

Um diese Aufgabe zu lösen, übertragen wir sie zunächst in unsere Terminologie. Sie stellt sich dann so dar: Gesucht ist eine aus den drei Schaltelementen *p*, *q* und *r* bestehende Schaltung, die genau bei denjenigen Schaltstellungen geschlossen ist, welche mindestens zwei dieser Schaltelemente mit 1 bewerten. Da es genau acht Schaltstellungen gibt, deren Definitionsbereich die Klasse $\{p, q, r\}$ ist, läßt sich die Aufgabenstellung also auch so formulieren: Es ist für die durch das folgende Schema definierte Funktion $\mathfrak{F}$ eine Repräsentationsschaltung anzugeben.

p	q	r	$\mathfrak{F}$
1	1	1	1
1	1	0	1
1	0	1	1
1	0	0	0
0	1	1	1
0	1	0	0
0	0	1	0
0	0	0	0

Da es vier Schaltstellungen gibt, denen $\mathfrak{F}$ den Wert 1 zuordnet (und daher ebensoviele, denen $\mathfrak{F}$ den Wert 0 zuordnet), ist es also gleichgültig, ob man das erste oder das zweite Syntheseverfahren anwendet. Wendet man das erste Verfahren an, so ergibt sich zunächst als Repräsentationsformel bezüglich $\mathfrak{F}$ die Formel

$$(((((\neg p \vee q) \vee r) \wedge ((p \vee \neg q) \vee r)) \wedge ((p \vee q) \vee \neg r)) \wedge ((p \vee q) \vee r)).$$

Bei Anwendung des zweiten Verfahrens ergibt sich als Repräsentationsformel bezüglich $\mathfrak{F}$ die Formel

$$(((((p \wedge q) \wedge r) \vee ((p \wedge q) \wedge \neg r)) \vee ((p \wedge \neg q) \wedge r)) \vee ((\neg p \wedge q) \wedge r)).$$

Also sind die folgenden beiden Schaltungen Repräsentationsschaltungen bezüglich $\mathfrak{F}$:

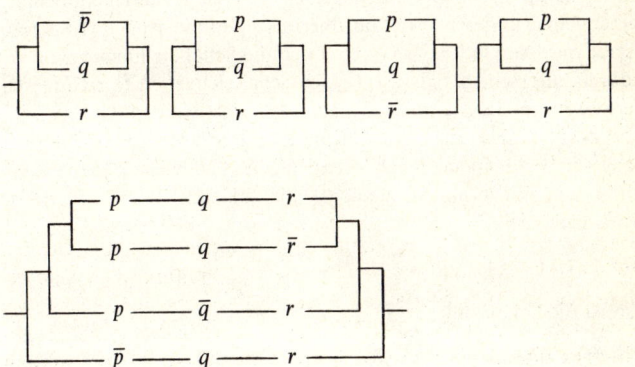

Beispiel 2: Für die Beleuchtung eines Ganges soll ein elektrischer Schaltkreis mit zwei im Wechselbetrieb arbeitenden Schaltern eingerichtet werden (die Beleuchtung soll also mit jedem der beiden Schalter unabhängig vom anderen ein- und ausgeschaltet werden können).

Formulieren wir diese Problemstellung im Rahmen unserer Terminologie, so nimmt sie die folgende Gestalt an. Gesucht ist eine aus den zwei Schaltelementen p und q bestehende Schaltung, für welche gilt: ist sie bei einer Schaltstellung ϕ geschlossen, so auch bei jeder Schaltstellung, die keinem Schaltelement denselben Wert zuordnet wie ϕ; ist sie hingegen bei einer Schaltstellung ϕ offen, so

153

auch bei jeder Schaltstellung, die keinem Schaltelement denselben Wert zuordnet wie ϕ. Ist nun $\mathfrak{F}$ die durch das Schema

	p	q	$\mathfrak{F}$
ϕ_1	1	1	1
ϕ_2	1	0	0
ϕ_3	0	1	0
ϕ_4	0	0	1

definierte Funktion, so ist jede Repräsentationsschaltung bezüglich $\mathfrak{F}$ eine Schaltung mit den angegebenen Eigenschaften. Der Definition von $\mathfrak{F}$ liegt die willkürliche Annahme zugrunde, daß die gesuchte Schaltung bei der Schaltstellung ϕ_1 geschlossen ist. Daher haben wir festgelegt, daß $\mathfrak{F}(\phi_1) = 1$. Da sich die beiden Schaltstellungen ϕ_2 und ϕ_3 dadurch von ϕ_1 unterscheiden, daß sie genau einem Schaltelement einen anderen Wert zuordnen als ϕ_1, mußte $\mathfrak{F}(\phi_2) = \mathfrak{F}(\phi_3) = 0$ gesetzt werden. Und da sich schließlich die Schaltstellung ϕ_4 von ϕ_1 dadurch unterscheidet, daß sie beiden Schaltelementen einen anderen Wert zuordnet als ϕ_1, mußte $\mathfrak{F}(\phi_4) = 1$ gesetzt werden. Unsere Aufgabe besteht also nur noch darin, eine Repräsentationsschaltung bezüglich $\mathfrak{F}$ zu finden. Dazu wenden wir das zweite Syntheseverfahren an. Wir erhalten zunächst die folgende Repräsentationsformel bezüglich $\mathfrak{F}$:

$$((p \wedge q) \vee (\neg p \wedge \neg q)).$$

Also ist die Schaltung

eine Repräsentationsschaltung bezüglich $\mathfrak{F}$.

Beispiel 3: Für drei Generatoren, die eine Maschine mit elektrischem Strom versorgen, soll ein Warnsystem konstruiert werden, das aus zwei getrennten Stromkreisen besteht. Ist der eine Stromkreis geschlossen, so soll eine Warnlampe aufleuchten; ist der andere Stromkreis geschlossen, so soll eine Sirene ertönen. Die Warnlampe soll dabei genau dann aufleuchten, wenn ein oder zwei Generatoren ausfallen; die Sirene soll genau dann ertönen, wenn zwei oder alle drei Generatoren ausfallen.

Wir lösen dieses Problem offensichtlich, wenn wir zwei Schaltungen σ und τ konstruieren, für welche gilt:

1. Jede der beiden Schaltungen ist aus den drei Schaltelementen p, q und r aufgebaut;
2. σ ist offen bei genau denjenigen Schaltstellungen von σ, die allen drei Schaltelementen den Wert 1 oder allen drei Schaltelementen den Wert 0 zuordnen;
3. τ ist geschlossen bei genau denjenigen Schaltstellungen von τ, die mindestens zwei Schaltelementen den Wert 1 zuordnen.

Sind nun $\mathfrak{F}_1$ und $\mathfrak{F}_2$ die durch das Schema

p	q	r	$\mathfrak{F}_1$	$\mathfrak{F}_2$
1	1	1	0	1
1	1	0	1	1
1	0	1	1	1
1	0	0	1	0
0	1	1	1	1
0	1	0	1	0
0	0	1	1	0
0	0	0	0	0

definierten Funktionen, so ist jede Repräsentationsschaltung bezüglich $\mathfrak{F}_1$ eine geeignete Schaltung für das optische Warnsystem und jede Repräsentationsschaltung bezüglich $\mathfrak{F}_2$ eine geeignete Schaltung für das akustische Warnsystem. Wir müssen also nur noch eine Repräsentationsschaltung bezüglich $\mathfrak{F}_1$ und eine Repräsentationsschaltung bezüglich $\mathfrak{F}_2$ konstruieren. Für die erste Schaltung ist es ratsam, das erste Syntheseverfahren anzuwenden. Wir finden zunächst, daß die Formel

$$(((\neg p \vee \neg q) \vee \neg r) \wedge ((p \vee q) \vee r))$$

eine Repräsentationsformel bezüglich $\mathfrak{F}_1$ ist. Also ist die Schaltung

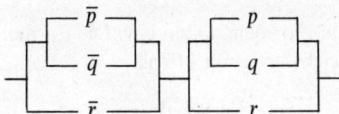

eine Repräsentationsschaltung bezüglich $\mathfrak{F}_1$. Da die Funktion $\mathfrak{F}_2$ mit der Funktion $\mathfrak{F}$ von Beispiel 1 übereinstimmt, sind die Repräsentationsschaltungen bezüglich $\mathfrak{F}_2$ dieselben wie die bezüglich $\mathfrak{F}$.

Aufgabe:

1. Für die Beleuchtung eines Ganges konstruiere man eine Schaltung mit drei im Wechselbetrieb arbeitenden Schaltern.

2. Für ein aus vier Personen bestehendes Komitee, von denen eine den Vorsitz führt, soll ein elektrischer Schaltkreis eingerichtet werden, der so konstruiert ist, daß für jedes Mitglied des Komitees ein Schalter zur Verfügung steht und eine Lampe genau dann aufleuchtet, wenn die Mehrheit den Schalter betätigt oder wenn zwei Mitglieder den Schalter betätigen, von denen eines der Vorsitzende ist.

1.2.4. Vereinfachung von Schaltungen

Das Problem der Synthese einer Schaltung wird normalerweise in einem engeren Sinne verstanden als in 1.2.3. Die Abweichung besteht darin, daß man von der zu synthetisierenden Schaltung noch die Erfüllung gewisser Nebenbedingungen verlangt. Meist handelt es sich dabei um die Bedingung, daß die Anzahl der Vorkommen von Kontakten in der betreffenden Schaltung möglichst klein ist. Aus didaktischen Gründen ist es jedoch besser, diesen Gesichtspunkt vom Syntheseproblem getrennt zu behandeln.

Eine Schaltung, die durch Vereinfachung aus einer vorgegebenen Schaltung entsteht, muß dasselbe leisten wie diese, d. h., beide Schaltungen müssen gleichwertig sein.

Definition 1.2.4–1.

σ ist *gleichwertig mit* τ gdw

(1) σ und τ sind Schaltungen;

(2) für jede Schaltstellung ϕ von $-\sigma-\tau-$ gilt:
σ ist in $-\sigma-\tau-$ geschlossen bei ϕ gdw τ in $-\sigma-\tau-$ geschlossen bei ϕ ist.

Unter Verwendung der Sätze 1.2.1–3 und 1.2.1–2 beweist man leicht

Satz 1.2.4–1.

Seien A und B irgendwelche Schaltformeln. Dann gilt: Die Formel $A \leftrightarrow B$ ist $S1$-gültig gdw $[A]$ gleichwertig mit $[B]$ ist.

Beispiel: Sei σ die Schaltung $-p-$ und τ die Schaltung

Dann ist p eine Schaltformel von σ und $p \vee (p \wedge q)$ eine Schaltformel von τ. Da nun die Formel $p \leftrightarrow p \vee (p \wedge q)$ *S1*-gültig ist, ist σ also aufgrund des vorangehenden Satzes gleichwertig mit τ. Darüber hinaus ist σ auch einfacher als τ. Daher wird man die Schaltung σ der Schaltung τ vorziehen.

Wann nun aber eine Schaltung vom Standpunkt der Praxis aus als einfacher zu betrachten ist als eine andere, kann nicht allgemein gesagt werden. Dies hängt vielmehr weitgehend von den jeweiligen praktischen Erfordernissen ab. Auf jeden Fall müssen die entsprechenden Schaltungen gleichwertig sein.

Um zum Thema »Vereinfachung« noch einige allgemeine Bemerkungen machen zu können, führen wir die folgenden beiden Termini ein:

σ ist eine *Und-Schaltung* gdw es Schaltungen σ_1 und σ_2 gibt, so
daß $\sigma = -\sigma_1 - \sigma_2 - $;

σ ist eine *Oder-Schaltung* gdw es Schaltungen σ_1 und σ_2 gibt, so

daß $\sigma = $

Daß eine Schaltung σ einfacher als eine Schaltung τ ist, kann nun etwa bedeuten, daß σ weniger Vorkommen von Und-Schaltungen enthält als τ. In diesem Sinne ist beispielsweise die Schaltung

einfacher als die Schaltung

Daß eine Schaltung σ einfacher ist als eine Schaltung τ, kann aber auch bedeuten, daß σ weniger Vorkommen von Oder-Schaltungen enthält als τ. In diesem Sinne ist natürlich die zweite Schaltung einfacher als die erste. Wir wollen nun festlegen, was wir im folgenden unter einer vereinfachten Schaltung verstehen (und was auch häufig darunter verstanden wird).

Definition 1.2.4–2.

σ ist *einfacher als* τ gdw
(1) σ ist gleichwertig mit τ;
(2) die Anzahl der Vorkommen von Kontakten in σ ist kleiner als die Anzahl der Vorkommen von Kontakten in τ.

Das *Problem der Vereinfachung* einer vorgegebenen Schaltung τ besteht nun darin, eine Schaltung zu finden, die einfacher als τ ist. Zur Lösung dieses Problems sind mehrere Algorithmen entwickelt worden. Die bekanntesten stammen von KARNAUGH und QUINE/McCLUSKEY. Derartige Algorithmen sind für den Techniker von größtem Interesse. Ihre Schilderung würde jedoch den Rahmen dieser Einführung überschreiten. Wir wollen uns stattdessen mit einem bescheideneren Ziel zufrieden geben und zeigen, wie man eine vorgegebene Schaltung vereinfachen kann, indem man schrittweise bestimmte aussagenlogische Gesetze anwendet. Um die Übersicht etwas zu erleichtern, geben wir zunächst eine Zusammenstellung solcher aussagenlogischer Gesetze an, die sich hierbei besonders vorteilhaft anwenden lassen. Dabei seien A, B und C irgendwelche *S1*-Formeln.

(1) $\Vdash A \wedge A \leftrightarrow A$

(2) $\Vdash A \vee A \leftrightarrow A$

(3) $\Vdash A \wedge B \leftrightarrow B \wedge A$

(4) $\Vdash A \vee B \leftrightarrow B \vee A$

(5) $\Vdash (A \wedge B) \wedge C \leftrightarrow A \wedge (B \wedge C)$

(6) $\Vdash (A \vee B) \vee C \leftrightarrow A \vee (B \vee C)$

(7) $\Vdash (A \wedge B) \vee (A \wedge C) \leftrightarrow A \wedge (B \vee C)$

(8) $\Vdash (A \vee B) \wedge (A \vee C) \leftrightarrow A \vee (B \wedge C)$

(9) $\Vdash A \wedge (A \vee B) \leftrightarrow A$

(10) $\Vdash A \vee (A \wedge B) \leftrightarrow A$

(11) $\Vdash A \wedge (\neg A \vee B) \leftrightarrow A \wedge B$

(12) $\Vdash A \vee (\neg A \wedge B) \leftrightarrow A \vee B$

(13) $\Vdash (A \vee B) \wedge (\neg A \vee C) \leftrightarrow (A \wedge C) \vee (\neg A \wedge B)$

(14)   Wenn $\Vdash A$, dann $\Vdash A \vee B \leftrightarrow A$ und $\Vdash A \wedge B \leftrightarrow B$.

(15)   Wenn A *S1*-unerfüllbar ist, dann $\Vdash A \wedge B \leftrightarrow A$ und $\Vdash A \vee B \leftrightarrow B$.

Beispiel 1: Sei σ die Schaltung

und σ_F die Formel $p \vee (\neg p \wedge q)$. Dann ist σ_F eine Schaltformel von σ. Nun gilt wegen (12) $\Vdash \sigma_F \leftrightarrow p \vee q$.

Wegen Satz 1.2.4–1 ist damit gezeigt, daß die Schaltung

einfacher als σ ist.

Beispiel 2: Sei σ die Schaltung

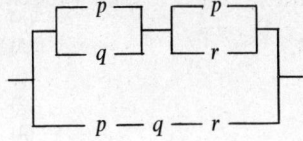

und σ_F die Formel $((p \vee q) \wedge (p \vee r)) \vee ((p \wedge q) \wedge r)$. Dann gilt:

$$
\begin{array}{ll}
\Vdash \sigma_F \leftrightarrow (p \vee (q \wedge r)) \vee ((p \wedge q) \wedge r) & \text{(7), Satz 1.1.2–12} \\
\leftrightarrow p \vee ((q \wedge r) \vee ((p \wedge q) \wedge r)) & \text{(6)} \\
\leftrightarrow p \vee (((p \wedge q) \wedge r) \vee (q \wedge r)) & \text{(4), Satz 1.1.2–12} \\
\leftrightarrow p \vee ((p \wedge (q \wedge r)) \vee (q \wedge r)) & \text{(5), Satz 1.1.2–12} \\
\leftrightarrow (p \vee (p \wedge (q \wedge r))) \vee (q \wedge r) & \text{(6), Satz 1.1.2–14.(1)} \\
\leftrightarrow p \vee (q \wedge r) & \text{(10), Satz 1.1.2–12}
\end{array}
$$

Mit Satz 1.1.2–14.(2) ergibt sich also $\Vdash \sigma_F \leftrightarrow p \vee (q \wedge r)$. Folglich ist die Schaltung

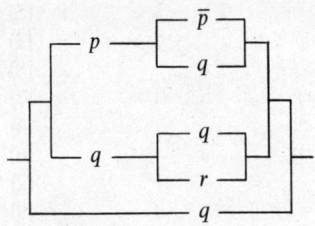

einfacher als σ.

(In den folgenden Beispielen werden wir die Hinweise auf die Sätze 1.1.2–12 und 1.1.2–14 weglassen.)

Beispiel 3: Sei σ die Schaltung

und σ_F die Formel $((p \wedge (\neg p \vee q)) \vee (q \wedge (q \vee r))) \vee q$. Es gilt:

$$\Vdash \sigma_F \leftrightarrow ((p \wedge (\neg p \vee q)) \vee q) \vee q \qquad (9)$$
$$\leftrightarrow (((p \wedge \neg p) \vee (p \wedge q)) \vee q) \vee q \qquad (8)$$
$$\leftrightarrow ((p \wedge q) \vee q) \vee q \qquad (15)$$
$$\leftrightarrow (p \wedge q) \vee (q \vee q) \qquad (6)$$
$$\leftrightarrow (p \wedge q) \vee q \qquad (2)$$
$$\leftrightarrow q \vee (p \wedge q) \qquad (4)$$
$$\leftrightarrow q \vee (q \wedge p) \qquad (3)$$
$$\leftrightarrow q \qquad (10)$$

Also ist $-q-$ eine Schaltung, die einfacher als σ ist.

Beispiel 4: Sei σ die Schaltung

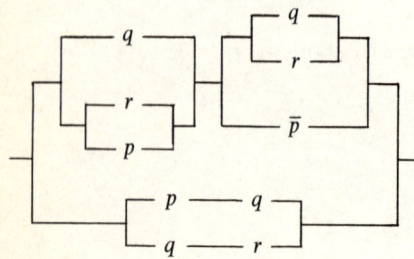

und σ_F die Formel $((q \vee (r \vee p)) \wedge ((q \vee r) \vee \neg p)) \vee ((p \wedge q) \vee (q \wedge r))$. Es gilt:

$$\Vdash \sigma_F \leftrightarrow ((q \vee (r \vee p)) \wedge (q \vee (r \vee \neg p))) \vee ((p \wedge q) \vee (q \wedge r)) \qquad (6)$$
$$\leftrightarrow (q \vee ((r \vee p) \wedge (r \vee \neg p))) \vee ((p \wedge q) \vee (q \wedge r)) \qquad (7)$$
$$\leftrightarrow (q \vee (r \vee (p \wedge \neg p))) \vee ((p \wedge q) \vee (q \wedge r)) \qquad (7)$$
$$\leftrightarrow (q \vee ((p \wedge \neg p) \vee r)) \vee ((p \wedge q) \vee (q \wedge r)) \qquad (4)$$
$$\leftrightarrow (q \vee r) \vee ((p \wedge q) \vee (q \wedge r)) \qquad (15)$$
$$\leftrightarrow (q \vee r) \vee ((q \wedge p) \vee (q \wedge r)) \qquad (3)$$
$$\leftrightarrow (q \vee r) \vee (q \wedge (p \vee r)) \qquad (8)$$
$$\leftrightarrow ((q \vee r) \vee q) \wedge ((q \vee r) \vee (p \vee r)) \qquad (7)$$
$$\leftrightarrow (q \vee (q \vee r)) \wedge ((q \vee r) \vee (p \vee r)) \qquad (4)$$
$$\leftrightarrow ((q \vee q) \vee r) \wedge ((q \vee r) \vee (p \vee r)) \qquad (6)$$
$$\leftrightarrow (q \vee r) \wedge ((q \vee r) \vee (p \vee r)) \qquad (2)$$
$$\leftrightarrow q \vee r \qquad (9)$$

Also ist die Schaltung

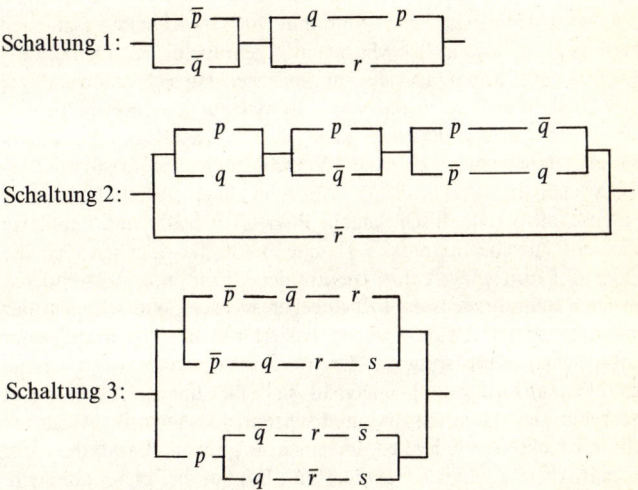

einfacher als σ.

Aufgabe: Man vereinfache die folgenden Schaltungen:

Schaltung 1:

Schaltung 2:

Schaltung 3:

1.3. Das aussagenlogische axiomatische System $\Pi 1$

In 0.5 haben wir uns mit dem Begriff des axiomatischen Systems beschäftigt. Unter einem axiomatischen System haben wir dort ein formales System verstanden, dessen Axiomenklasse nicht leer ist. Wie jedes formale System dient auch ein axiomatisches System dazu, eine bestimmte Teilklasse seiner Sprache auf rein syntaktische Weise auszuzeichnen. Es soll nun in diesem Abschnitt ein axiomatisches System betrachtet werden, dessen Sprache die aussagenlogische Sprache $S1$ ist. Wir werden zeigen, daß dieses axiomatische System genau die $S1$-gültigen Formeln auszeichnet, daß es also bezüglich der Klasse der $S1$-gültigen Formeln adäquat ist.

Man bezeichnet das Problem, ein adäquates axiomatisches System für die Aussagenlogik zu entwickeln (genauer: ein axiomatisches System aufzubauen, das adäquat ist bezüglich der Klasse der gültigen Formeln der zugrundegelegten aussagenlogischen Sprache), als das Problem, die Aussagenlogik zu *axiomatisieren*, bzw. als das Problem einer *Axiomatisierung* der Aussagenlogik.

Die erste Axiomatisierung der Aussagenlogik stammt von G. Frege. Sie findet sich in seiner ›Begriffsschrift‹ aus dem Jahre 1879. Freges Absicht war es, alle mathematischen Begriffe unter ausschließlicher Verwendung rein logischer Begriffe zu definieren und alle mathematischen Sätze aus rein logischen Axiomen abzuleiten. Um dieses »logizistische« Programm zu verwirklichen, sah sich Frege genötigt, die in der Mathematik gebräuchlichen Definitions- und Beweisverfahren auf eine in logischer Hinsicht einwandfreie Grundlage zu stellen, so daß die Voraussetzungen eines mathematischen Beweises vollständig angegeben werden können. Frege gelangte dabei auch zu einer Verschärfung des aristotelischen Wissenschaftsbegriffs (s. 0.5.3). Während nach Aristoteles eine Wissenschaft bereits durch Angabe ihrer Grundsätze und Lehrsätze im wesentlichen bestimmt ist, verlangte Frege, daß daneben auch alle bei der Ableitung eines Lehrsatzes aus den Grundsätzen verwendeten logischen Schlußregeln explizit angeben werden. Wie schon in der Einleitung zu 1.1 erwähnt wurde, basiert Freges System auf einer symbolischen Kunstsprache, deren Formeln wahre oder falsche Gedanken ausdrücken. Demgemäß sind für ihn die Axiome und Theoreme der (adäquat axiomatisierten) Mathematik Ausdruck wahrer, objektiver Gedanken. In seinem Bestreben, die Mathematik axiomatisch aufzubauen, entwickelte Frege die erste adäquate Axiomatisierung der elementaren Logik und damit auch der Aussagenlogik.

Freges Werk fand lange Zeit nicht die ihm gebührende Beachtung; den meisten Mathematikern erschien seine zweidimensionale Symbolik unverständlich. Erst B. Russell erkannte – etwa zwanzig Jahre nach dem Erscheinen der ›Begriffsschrift‹! – die Bedeutung der Fregeschen Logik. Russell verfolgte, ebenso wie Frege, das logizistische Programm der Zurückführung der Mathematik auf die Logik. Nachdem er bereits einige wichtige Vorarbeiten geleistet hatte, schuf er zusammen mit A. N. Whitehead die ›Principia Mathematica‹ (erschienen: 1910–1913), die einerseits die Krönung der vorangehenden und andererseits den Ausgangspunkt für die weitere Entwicklung der mathematischen Logik bildeten.

Die Fregesche Axiomatisierung der Aussagenlogik wurde später von J. Łukasiewicz und A. Tarski vereinfacht. Weitere Axiomatisierungen der Aussagenlogik stammen außer von Whitehead/ Russell u. a. von D. Hilbert (1923), D. Hilbert/W. Ackermann

(1928) und ŁUKASIEWICZ (1929). Heute werden meistens axiomatische Systeme verwendet, die auf D. HILBERT/P. BERNAYS (1934) zurückgehen.

Hat man ein axiomatisches System eingeführt, so gilt es, seine Adäquatheit zu beweisen. Im Falle eines aussagenlogischen Systems muß also die Adäquatheit des Systems bezüglich der Klasse G der aussagenlogisch gültigen Formeln nachgewiesen werden. Dazu genügt der Nachweis, daß es sowohl korrekt als auch vollständig bezüglich G ist (s. S. 54). Den ersten Adäquatheitsbeweis lieferte im Jahre 1921 E. POST, und zwar für das aussagenlogische System der ›Principia Mathematica‹. (Da sich die Korrektheit eines aussagenlogischen Systems im Gegensatz zur Vollständigkeit sehr einfach beweisen läßt, sind vor allem die Vollständigkeitsbeweise von Interesse.) Vollständigkeitsbeweise für die Aussagenlogik, die dem POSTschen ähnlich sind, haben HILBERT/ACKERMANN (1928) und HILBERT/BERNAYS (1934) angeben. Einen Vollständigkeitsbeweis mit Hilfe der konjunktiven Normalformen hatte P. BERNAYS bereits 1918 gefunden, aber erst 1926 veröffentlicht. Andere Vollständigkeitsbeweise stammen u. a. von ŁUKASIEWICZ, L. KALMÁR, W. V. QUINE und L. HENKIN.

Nicht so wichtig wie die Adäquatheit ist die Unabhängigkeit der Axiome eines axiomatischen Systems (zum Begriff der Unabhängigkeit s. in Abschnitt 0.5.1 S. 50). Es handelt sich bei der Forderung nach der Unabhängigkeit der Axiome im allgemeinen um eine ästhetische Forderung. Jedenfalls muß ein axiomatisches System diese Forderung nicht erfüllen, um brauchbar zu sein. In der Geschichte der Geometrie spielte bekanntlich die Frage nach der Unabhängigkeit des Parallelenaxioms von den übrigen Axiomen der Euklidischen Geometrie eine große Rolle. Was nun die Logik anbetrifft, hat J. ŁUKASIEWICZ im Jahre 1924 entdeckt, daß die Axiome des aussagenlogischen Systems der ›Principia Mathematica‹ nicht unabhängig sind. Den ersten Unabhängigkeitsbeweis für ein aussagenlogisches System hat P. BERNAYS bereits 1918 geführt, aber erst 1926 veröffentlicht. Weitere Unabhängigkeitsbeweise für die Aussagenlogik stammen u. a. von HILBERT/ACKERMANN, ŁUKASIEWICZ und HILBERT/BERNAYS.

Wir wollen uns nun der Definition unseres aussagenlogischen axiomatischen Systems $\Pi 1$ zuwenden. Dieses System stellt historisch gesehen eine Modifikation des aussagenlogischen Systems von HILBERT/BERNAYS (1934) dar. Wir werden für $\Pi 1$ zwei Vollständigkeitsbeweise angeben, von denen der eine auf L. KALMÁR und der andere auf P. BERNAYS zurückgeht.

1.3.1. Definition von $\Pi 1$

Wir definieren zunächst 13 Teilklassen $\alpha 1$–$\alpha 13$ von $S1$ (vgl. dazu Satz 1.1.2–6(24)–(36) S. 106). Jede dieser Teilklassen enthält alle $S1$-Formeln einer bestimmten Gestalt. Die Vereinigung dieser Klassen werden wir dann mit der Axiomenklasse des zu definierenden aussagenlogischen axiomatischen Systems identifizieren.

$\alpha 1$ sei die Klasse aller derjenigen $S1$-Formeln D, für welche gilt: es gibt $S1$-Formeln A und B derart, daß

$$D = A \rightarrow (B \rightarrow A).$$

$\alpha 2$ sei die Klasse aller derjenigen $S1$-Formeln D, für welche gilt: es gibt $S1$-Formeln A, B und C derart, daß

$$D = (A \rightarrow (B \rightarrow C)) \rightarrow ((A \rightarrow B) \rightarrow (A \rightarrow C)).$$

$\alpha 3$ sei die Klasse aller derjenigen $S1$-Formeln D, für welche gilt: es gibt $S1$-Formeln A und B derart, daß

$$D = A \wedge B \rightarrow A.$$

$\alpha 4$ sei die Klasse aller derjenigen $S1$-Formeln D, für welche gilt: es gibt $S1$-Formeln A und B derart, daß

$$D = A \wedge B \rightarrow B.$$

$\alpha 5$ sei die Klasse aller derjenigen $S1$-Formeln D, für welche gilt: es gibt $S1$-Formeln A und B derart, daß

$$D = A \rightarrow (B \rightarrow A \wedge B).$$

$\alpha 6$ sei die Klasse aller derjenigen $S1$-Formeln D, für welche gilt: es gibt $S1$-Formeln A und B derart, daß

$$D = A \rightarrow A \vee B.$$

$\alpha 7$ sei die Klasse aller derjenigen $S1$-Formeln D, für welche gilt: es gibt $S1$-Formeln A und B derart, daß

$$D = B \rightarrow A \vee B.$$

$\alpha 8$ sei die Klasse aller derjenigen $S1$-Formeln D, für welche gilt: es gibt $S1$-Formeln A, B und C derart, daß

$$D = (A \rightarrow C) \rightarrow ((B \rightarrow C) \rightarrow (A \vee B \rightarrow C)).$$

$\alpha 9$ sei die Klasse aller derjenigen $S1$-Formeln D, für welche gilt: es gibt $S1$-Formeln A und B derart, daß

$$D = (A \rightarrow B) \rightarrow ((A \rightarrow \neg B) \rightarrow \neg A).$$

$\alpha 10$ sei die Klasse aller derjenigen $S1$-Formeln D, für welche gilt: es gibt eine $S1$-Formel A derart, daß

$$D = \neg \neg A \rightarrow A.$$

$\alpha 11$ sei die Klasse aller derjenigen $S1$-Formeln D, für welche gilt: es gibt $S1$-Formeln A und B derart, daß

$$D = (A \rightarrow B) \rightarrow ((B \rightarrow A) \rightarrow (A \leftrightarrow B)).$$

$\alpha 12$ sei die Klasse aller derjenigen $S1$-Formeln D, für welche gilt: es gibt $S1$-Formeln A und B derart, daß

$$D = (A \leftrightarrow B) \rightarrow (A \rightarrow B).$$

$\alpha 13$ sei die Klasse aller derjenigen $S1$-Formeln D, für welche gilt: es gibt $S1$-Formeln A und B derart, daß

$$D = (A \leftrightarrow B) \rightarrow (B \rightarrow A).$$

Sei nun $P1$ die Klasse $\alpha 1 \cup \cdots \cup \alpha 13$. $P1$ ist intendiert als die Klasse der Axiome von $\Pi 1$.

Die folgende Ableitungsregel heiße $S1$-Modus ponens (kurz: $S1$-MP):

Ist $C_1, \ldots, C_n$ eine Folge von $S1$-Formeln, B eine $S1$-Formel und gibt es C_i und $C_j (1 \leq i, j \leq n)$ derart, daß $C_i = C_j \rightarrow B$, so darf man von

$$C_1, \ldots, C_n$$

zu der Folge

$$C_1, \ldots, C_n, B$$

übergehen.

$R1$ sei diejenige Klasse, deren einziges Element der $S1$-Modus ponens ist. Wir setzen nun fest:

$\Pi 1$ sei das Tripel $\langle S1, P1, R1 \rangle$.

Aufgrund der Ausführungen in 0.5.1 erkennt man leicht, daß $\Pi 1$ ein axiomatisches System ist. Die Elemente von $P1$ sind die Axiome von $\Pi 1$. Es ist klar, daß $\Pi 1$ unendlich viele Axiome besitzt.

Beispiele für Axiome von $\varPi 1$:

Die Formel $p\rightarrow(q\rightarrow p)$ ist ein Axiom von $\varPi 1$. Begründung: Es gibt $S1$-Formeln A und B (nämlich die Formeln p und q) derart, daß $p\rightarrow(q\rightarrow p)=A\rightarrow(B\rightarrow A)$. Also ist die Formel $p\rightarrow(q\rightarrow p)$ ein Element von $\alpha 1$ und daher auch von $P1$.

Ebenso leicht läßt sich zeigen, daß auch die folgenden Formeln Axiome von $\varPi 1$ sind:

$p\rightarrow(p\rightarrow p)$ $(\alpha 1)$

$p\wedge q\rightarrow(q\rightarrow p\wedge q)$ $(\alpha 1)$

$(p\rightarrow(p\rightarrow q))\rightarrow(\neg(r\leftrightarrow p)\rightarrow(p\rightarrow(p\rightarrow q)))$ $(\alpha 1)$

$(q\rightarrow(p\rightarrow r))\rightarrow((q\rightarrow p)\rightarrow(q\rightarrow r))$ $(\alpha 2)$

$r\wedge\neg q\rightarrow(r\wedge\neg q)\vee\neg(p\rightarrow q\vee r)$ $(\alpha 6)$

$(q\rightarrow(p\rightarrow r))\rightarrow((\neg q\rightarrow(p\rightarrow r))\rightarrow(q\vee\neg q\rightarrow(p\rightarrow r)))$ $(\alpha 8)$

$(\neg(p\leftrightarrow q)\rightarrow r)\rightarrow((\neg(p\leftrightarrow q)\rightarrow\neg r)\rightarrow\neg\neg(p\leftrightarrow q))$ $(\alpha 9)$

Keine Axiome von $\varPi 1$ hingegen sind die Formeln:

$p\rightarrow(q\rightarrow q)$

$(p\rightarrow(q\rightarrow r))\rightarrow((p\rightarrow q)\rightarrow(p\rightarrow q))$

$(r\vee p\rightarrow q)\rightarrow((q\rightarrow r\vee p)\rightarrow(p\vee r\leftrightarrow q))$

Aufgabe: Welche der folgenden Formeln sind Axiome von $\varPi 1$?

1. $\neg\neg\neg p\rightarrow\neg p$
2. $q\rightarrow(q\vee p\rightarrow q\wedge(q\vee p))$
3. $(p\leftrightarrow q)\rightarrow(p\rightarrow r)$
4. $(r\rightarrow(p\rightarrow q))\rightarrow(((p\rightarrow q)\rightarrow r)\rightarrow(r\leftrightarrow(p\rightarrow q)))$
5. $((p\rightarrow r)\rightarrow(r\rightarrow p))\rightarrow(((p\rightarrow r)\rightarrow(\neg r\rightarrow p))\rightarrow\neg(p\rightarrow r))$
6. $((((p\rightarrow q)\rightarrow(q\rightarrow(p\rightarrow q)))\rightarrow((q\rightarrow(p\rightarrow q))\rightarrow((p\rightarrow q)\rightarrow$
    $(q\rightarrow(p\rightarrow q)))))$.

Beispiele für Anwendungen des $S1$-Modus ponens:

Die folgenden Übergänge sind aufgrund des $S1$-MP zulässig:

1. Von der Formelfolge

    $p, p\rightarrow q$

    zu der Formelfolge

    $p, p\rightarrow q, q$.

2. *Von der Formelfolge*

    $\neg\neg p\rightarrow q, \neg\neg p$

    zu der Formelfolge

    $\neg\neg p\rightarrow q, \neg\neg p, q$.

3. Von der Formelfolge

$r, p, q \to r, p \to q, \neg q$

zu der Formelfolge

$r, p, q \to r, p \to q, \neg q, q$.

4. Von der Formelfolge

$p \to (q \to r), q, (q \to r) \to p, q \to r$

sowohl zur Formelfolge

$p \to (q \to r), q, (q \to r) \to p, q \to r, r$

als auch zur Formelfolge

$p \to (q \to r), q, (q \to r) \to p, q \to r, p$.

Keine Anwendungen des $S1$-Modus ponens hingegen sind die folgenden Übergänge:

1. Von der Formelfolge

$p, p \to q$

zur Formelfolge

p.

2. Von der Formelfolge

$p \to q, (q \to p) \to q$

zur Folge

$p \to q, (q \to p) \to q, q$.

1.3.2. Der Beweisbegriff für $\Pi 1$

Nach diesen Vorbereitungen wollen wir nun den Beweisbegriff für $\Pi 1$ festlegen.

Definition 1.3.2–1.

Eine Folge $C_1, ..., C_n$ von $S1$-Formeln ist ein *Beweis* in $\Pi 1$ gdw
(1) C_1 ist ein Axiom von $\Pi 1$;
(2) ist $n \geq 2$, so gilt für jedes $C_i (2 \leq i \leq n)$: C_i ist ein Axiom von $\Pi 1$ oder die Folge $C_1, ..., C_i$ ergibt sich durch Anwendung des $S1$-Modus ponens auf die Folge $C_1, ..., C_{i-1}$.

Beispiele für Beweise in $\Pi 1$:

Die folgende fünfgliedrige Formelfolge ist ein Beweis in $\Pi 1$:

$$p \to ((q \to p) \to p)$$
$$(p \to ((q \to p) \to p)) \to ((p \to (q \to p)) \to (p \to p))$$
$$(p \to (q \to p)) \to (p \to p)$$
$$p \to (q \to p)$$
$$p \to p$$

Daß es sich hierbei wirklich um einen Beweis in $\Pi 1$ handelt, kann man sich so klarmachen: Sei C_1 das erste , ..., C_5 das fünfte Glied dieser Folge. C_1 ist ein Element von $\alpha 1$ und C_2 ein Element von $\alpha 2$. Also sind C_1 und C_2 Axiome von $\Pi 1$. Wie man ferner sieht, ergibt sich die Folge C_1, C_2, C_3 durch Anwendung des $S1$-MP auf die Folge C_1, C_2. Die Formel C_4 ist wieder ein Element von $\alpha 1$. Durch Anwendung des $S1$-MP auf die Folge C_1, C_2, C_3, C_4 ergibt sich schließlich die Folge C_1, C_2, C_3, C_4, C_5. In gleicher Weise kann man sich davon überzeugen, daß auch die folgende Formelfolge ein Beweis in $\Pi 1$ ist:

$$p \to ((p \to p) \to p)$$
$$(p \to ((p \to p) \to p)) \to ((p \to (p \to p)) \to (p \to p))$$
$$(p \to (p \to p)) \to (p \to p)$$
$$p \to (p \to p)$$
$$p \to p$$

Ein Beweis in $\Pi 1$ ist auch die Formel

$$p \to (q \to p) .$$

Denn diese Formel stellt eine Formelfolge dar, deren einziges Glied ein Element von $\alpha 1$ ist. Ein weiteres Beispiel für einen Beweis in $\Pi 1$ ist die Formelfolge

$C_1:$ $((p \to (q \to r)) \to ((p \to q) \to (p \to r)))$
$\qquad \to ((q \to r) \to ((p \to (q \to r)) \to ((p \to q) \to (p \to r))))$

$C_2:$ $(p \to (q \to r)) \to ((p \to q) \to (p \to r))$

$C_3:$ $(q \to r) \to ((p \to (q \to r)) \to ((p \to q) \to (p \to r)))$

$C_4:$ $((q \to r) \to ((p \to (q \to r)) \to ((p \to q) \to (p \to r))))$
$\qquad \to (((q \to r) \to (p \to (q \to r))) \to ((q \to r) \to ((p \to q) \to (p \to r))))$

$C_5:$ $((q \to r) \to (p \to (q \to r))) \to ((q \to r) \to ((p \to q) \to (p \to r)))$

$C_6:$ $(q \to r) \to (p \to (q \to r))$

$C_7:$ $(q \to r) \to ((p \to q) \to (p \to r))$

Begründung: C_1 ist ein Element von $\alpha 1$ und C_2 ein Element von $\alpha 2$. Die Folge C_1, C_2, C_3 ergibt sich durch Anwendung des $S1$-MP auf die Folge C_1, C_2. C_4 ist ein Element von $\alpha 2$. Die Folge $C_1, ..., C_5$ ergibt sich durch Anwendung des $S1$-MP auf die Folge $C_1, ..., C_4$. C_6 ist ein Element von $\alpha 1$, und die Folge $C_1, ..., C_7$ ergibt sich schließlich durch Anwendung des $S1$-MP auf die Folge $C_1, ..., C_6$.

Wie man sich leicht anhand von Def. 1.3.2.–1 klarmachen kann, gelten die folgenden fünf Behauptungen:

(1) Jedes Axiom von $\Pi 1$ ist ein Beweis in $\Pi 1$.
(2) Das erste Glied eines Beweises in $\Pi 1$ ist ein Axiom von $\Pi 1$.
(3) Ist $C_1, ..., C_n$ ein Beweis in $\Pi 1$ und A ein Axiom von $\Pi 1$, so ist auch die Folge $C_1, ..., C_n, A$ ein Beweis in $\Pi 1$.
(4) Wendet man den $S1$-MP auf einen Beweis in $\Pi 1$ an, so erhält man wieder einen Beweis in $\Pi 1$.
(5) Ist $C_1, ..., C_n$ ein Beweis in $\Pi 1$, so gilt für alle i ($1 \leq i \leq n$): $C_1, ..., C_i$ ist ein Beweis in $\Pi 1$.

Wir definieren nun noch zwei weitere Begriffe:

Definition 1.3.2–2.

$\mathfrak{B}$ ist ein *Beweis für* A in $\Pi 1$ gdw $\mathfrak{B}$ ein Beweis in $\Pi 1$ ist, dessen letztes Glied A ist.

Definition 1.3.2–3.

A ist ein *Theorem* von $\Pi 1$ (A ist *beweisbar* in $\Pi 1$) gdw es einen Beweis für A in $\Pi 1$ gibt.

Um auszudrücken, daß eine Formel A ein Theorem von $\Pi 1$ ist, schreiben wir vor einen Namen von A das Symbol »$\vdash_{\overline{\Pi 1}}$«. So besagt beispielsweise der Ausdruck »$\vdash_{\overline{\Pi 1}} p \rightarrow p$«, daß die Formel $p \rightarrow p$ ein Theorem von $\Pi 1$ ist. Falls keine Mißverständnisse zu befürchten sind, schreiben wir statt »$\vdash_{\overline{\Pi 1}}$« auch einfach »$\vdash$«.

Um nachzuweisen, daß eine Formel ein Theorem von $\Pi 1$ ist, muß man nicht unbedingt einen Beweis für diese Formel angeben. Denn es ist oft möglich, den Nachweis für die Beweisbarkeit einer Formel mit Hilfe gewisser Metatheoreme zu erbringen. Darauf werden wir noch ausführlich eingehen.

Aus den obigen Definitionen ergibt sich unmittelbar, daß gilt:

(1) Jedes Axiom von $\Pi 1$ ist ein Theorem von $\Pi 1$.
(2) Jedes Glied eines Beweises in $\Pi 1$ ist ein Theorem von $\Pi 1$.

Wie man sich leicht überlegt, kann man stets in endlich vielen Schritten effektiv feststellen, ob eine vorgegebene Formelfolge $C_1, ..., C_n$ ein Beweis in $\Pi 1$ ist. Denn man kann für jedes i ($1 \leqq i \leqq n$) in endlich vielen Schritten effektiv entscheiden, ob C_i ein Axiom von $\Pi 1$ ist oder ob die Folge $C_1, ..., C_i$ durch Anwendung des $S1$-MP auf die Folge $C_1, ..., C_{i-1}$ entsteht. Die Klasse aller Beweise in $\Pi 1$ ist also entscheidbar bezüglich der Klasse aller endlichen Folgen von $S1$-Formeln.

Man könnte nun fragen, ob auch die Klasse der Theoreme von $\Pi 1$ entscheidbar ist bezüglich der Klasse aller $S1$-Formeln. Diese Frage ist jedoch nicht so einfach zu beantworten. Wir werden auf sie im Anschluß an den Beweis der Adäquatheit von $\Pi 1$ zurückkommen.

1.3.3. Der Ableitungsbegriff für $\Pi 1$

Wir definieren nun einen weiteren grundlegenden syntaktischen Begriff:

Definition 1.3.3–1.

Eine Folge $C_1, ..., C_n$ von $S1$-Formeln ist eine *Ableitung von A aus Γ in $\Pi 1$* gdw

(1) $A = C_n$;
(2) $\Gamma \subseteq S1$;
(3) C_1 ist ein Element von Γ oder ein Axiom von $\Pi 1$;
(4) ist $n \geqq 2$, so gilt für jedes C_i ($2 \leqq i \leqq n$): C_i ist ein Element von Γ oder ein Axiom von $\Pi 1$, oder die Folge $C_1, ..., C_i$ ergibt sich durch Anwendung des $S1$-Modus ponens auf die Folge $C_1, ..., C_{i-1}$.

Beispiele für Ableitungen in $\Pi 1$:

Die folgende Formelfolge ist eine Ableitung von q aus $\{p, p \to q\}$ in $\Pi 1$:

p
$p \to q$
q

170

Denn p und $p \to q$ sind Elemente von $\{p, p \to q\}$, und die Folge $p, p \to q, q$ ergibt sich durch Anwendung des $S1$-MP auf die Folge $p, p \to q$.

Als nächstes Beispiel betrachten wir die Formelfolge $C_1, ..., C_8$:

C_1: $p \land q$
C_2: $p \land q \to p$
C_3: p
C_4: $p \to (q \to r)$
C_5: $q \to r$
C_6: $p \land q \to q$
C_7: q
C_8: r

Diese Folge ist eine Ableitung von r aus $\{p \land q, p \to (q \to r)\}\ (= \Gamma)$. Begründung: C_1 ist ein Element von Γ, und C_2 ist ein Element von $\alpha 3$. Die Folge C_1, C_2, C_3 ergibt sich durch Anwendung des $S1$-MP auf die Folge C_1, C_2. C_4 ist wieder ein Element von Γ. Die Folge $C_1, ..., C_5$ ergibt sich durch Anwendung des $S1$-MP auf $C_1, ..., C_4$. C_6 ist ein Element von $\alpha 4$. $C_1, ..., C_7$ ergibt sich durch Anwendung des $S1$-MP auf $C_1, ..., C_6$, und durch eine nochmalige Anwendung desselben erhält man schließlich $C_1, ..., C_8$.

Ein weiteres Beispiel ist:

C_1: $p \to (\neg q \to p)$
C_2: p
C_3: $\neg q \to p$
C_4: $(\neg q \to p) \to ((\neg q \to \neg p) \to \neg \neg q)$
C_5: $(\neg q \to \neg p) \to \neg \neg q$
C_6: $\neg p \to (\neg q \to \neg p)$
C_7: $\neg p$
C_8: $\neg q \to \neg p$
C_9: $\neg \neg q$
C_{10}: $\neg \neg q \to q$
C_{11}: q

Diese Folge ist eine Ableitung von q aus $\{p, \neg p\}$. Denn C_1 und C_6 sind Elemente von $\alpha 1$, C_4 ist ein Element von $\alpha 9$, und C_{10} ist ein Element von $\alpha 10$. C_2 und C_7 sind Elemente von $\{p, \neg p\}$. Die Formeln C_3, C_5, C_8, C_9 und C_{11} schließlich sind Endglieder von Folgen, die sich durch Anwendung des $S1$-MP ergeben.

Aufgabe: Man gebe Ableitungen an

1. von $p \wedge q$ aus $\{p, q\}$,
2. von r aus $\{p, q, p \wedge q \rightarrow r\}$,
3. von $p \rightarrow r$ aus $\{p \rightarrow (q \rightarrow r), q\}$,
4. von $p \rightarrow r$ aus $\{p \rightarrow q, q \rightarrow r\}$ und
5. von $\neg p$ aus $\{p \rightarrow \neg p\}$.

Es gilt: Ist $C_1, \ldots, C_n$ eine Ableitung einer Formel aus einer Formelklasse Γ, so gilt für jedes i ($1 \leq i \leq n$): $C_1, \ldots, C_i$ ist eine Ableitung von C_i *aus* Γ.

Im folgenden wird der Begriff der Ableitbarkeit einer Formel eine wichtige Rolle spielen. Wir definieren:

Definition 1.3.3–2.

Eine *S1*-Formel A ist in *$\Pi 1$ ableitbar aus* Γ gdw es eine Ableitung von A aus Γ in *$\Pi 1$* gibt.

Um kurz auszudrücken, daß eine Formel in *$\Pi 1$* aus einer Formelklasse ableitbar ist, schreiben wir einen Namen dieser Formelklasse, dann das Symbol »$\overline{\overline{\Pi 1}}$« und hierauf einen Namen der betreffenden Formel. So besagt beispielsweise der Ausdruck »$\{p, p \rightarrow q\} \models_{\overline{\Pi 1}} q$«, daß die Formel q in *$\Pi 1$* aus der Formelklasse $\{p, p \rightarrow q\}$ ableitbar ist, d. h., daß es eine Ableitung von q aus $\{p, p \rightarrow q\}$ in *$\Pi 1$* gibt. Wenn keine Mißverständnisse zu befürchten sind, schreiben wir wie früher statt »$\models_{\overline{\Pi 1}}$« auch kurz »$\vdash$«. Ferner wollen wir vereinbaren, daß auch die beiden Klammern »$\{$«und«$\}$« fortgelassen werden dürfen. So darf man also beispielsweise statt »$\{p, p \rightarrow q\} \models_{\overline{\Pi 1}} q$« auch kurz »$p, p \rightarrow q \vdash q$« schreiben.

Im folgenden Satz sind einige wichtige Metatheoreme über Ableitbarkeit und Beweisbarkeit in *$\Pi 1$* zusammengefaßt.

Satz 1.3.3.

Es seien A, B irgendwelche *S1*-Formeln und Γ, Δ irgendwelche Teilklassen von *S1*. Dann gilt:

(1) $\vdash A$ gdw $\emptyset \vdash A$.
(2) Wenn $A \in \Gamma$, dann $\Gamma \vdash A$.
(3) $A \vdash A$.

172

(4) Wenn $\Gamma \vdash A$, dann $\Gamma \cup \Delta \vdash A$.

(5) Wenn $\vdash A$, dann $\Gamma \vdash A$.

(6) Wenn $\Gamma \vdash A$ und $\Gamma \vdash A \rightarrow B$, dann $\Gamma \vdash B$.

(7) Wenn $\Gamma \vdash A$ und $\vdash A \rightarrow B$, dann $\Gamma \vdash B$.

(8) Wenn $\vdash A$ und $\vdash A \rightarrow B$, dann $\vdash B$.

(9) Wenn $\Gamma \vdash A \rightarrow B$, dann $\Gamma \cup \{A\} \vdash B$.

(10) Wenn $\vdash A \rightarrow B$, dann $A \vdash B$.

(11) $\Gamma \vdash A \leftrightarrow B$ gdw $\Gamma \vdash A \rightarrow B$ und $\Gamma \vdash B \rightarrow A$.

(12) $\vdash A \leftrightarrow B$ gdw $\vdash A \rightarrow B$ und $\vdash B \rightarrow A$.

(13) Wenn $\Gamma \vdash A \leftrightarrow B$, dann $\Gamma \cup \{A\} \vdash B$ und $\Gamma \cup \{B\} \vdash A$.

(14) $\vdash A \leftrightarrow B$ gdw $A \vdash B$ und $B \vdash A$.

Beweis:

Ad (1): Angenommen, $\vdash A$. Dann gibt es einen Beweis $C_1, ..., C_n$ für A. Sei $n = 1$. Da C_1 definitionsgemäß ein Axiom von $\Pi 1$ ist, ergibt sich: C_1 ist ein Element von $\emptyset$ oder ein Axiom von $\Pi 1$. Also ist C_1 eine Ableitung von A aus $\emptyset$. Also gilt $\emptyset \vdash A$. Sei nun $n \geq 2$. Es gilt definitionsgemäß für jedes $C_i (2 \leq i \leq n)$: C_i ist ein Axiom von $\Pi 1$, oder $C_1, ..., C_i$ ergibt sich durch Anwendung des *S1*-MP auf $C_1, ..., C_{i-1}$. Hieraus folgt, daß für jedes $C_i (2 \leq i \leq n)$ gilt: C_i ist ein Element von $\emptyset$ oder ein Axiom von $\Pi 1$, oder $C_1, ..., C_i$ ergibt sich durch Anwendung des *S1*-MP auf $C_1, ..., C_{i-1}$. Also ist die Folge $C_1, ..., C_n$ eine Ableitung von A aus $\emptyset$. Also gilt auch in diesem Fall $\emptyset \vdash A$.

Angenommen umgekehrt, $\emptyset \vdash A$. Dann gibt es eine Ableitung $C_1, ..., C_n$ von A aus $\emptyset$. Sei $n = 1$. Definitionsgemäß ist C_1 ein Element von $\emptyset$ oder ein Axiom von $\Pi 1$. Da C_1 jedoch kein Element von $\emptyset$ sein kann, ist also C_1 ein Axiom von $\Pi 1$. Also ist C_1 ein Beweis für A, und es gilt daher $\vdash A$. Sei nun $n \geq 2$. Es gilt definitionsgemäß für jedes $C_i (2 \leq i \leq n)$: C_i ist ein Element von $\emptyset$ oder ein Axiom von $\Pi 1$, oder $C_1, ..., C_i$ ergibt sich durch Anwendung des *S1*-MP auf $C_1, ..., C_{i-1}$. Da $\emptyset$ jedoch kein Element enthält, folgt hieraus, daß für jedes $C_i (2 \leq i \leq n)$ gilt: C_i ist ein Axiom von $\Pi 1$, oder $C_1, ..., C_i$ ergibt sich durch Anwendung des *S1*-MP auf $C_1, ..., C_{i-1}$. Also ist $C_1, ..., C_n$ ein Beweis für A. Also gilt wieder $\vdash A$.

Ad (2): Angenommen, $A \in \Gamma$. Dann ist A eine Ableitung von A aus Γ.

Ad (3): A ist eine Ableitung von A aus $\{A\}$.

Ad (4): Angenommen, $\Gamma \vdash A$. Dann gibt es eine Ableitung $C_1, ..., C_n$ von A aus Γ. Da nun jedes C_i, das ein Element von Γ ist, auch ein Element von $\Gamma \cup \Delta$ ist, muß also $C_1, ..., C_n$ auch eine Ableitung von A aus $\Gamma \cup \Delta$ sein.

Ad (5): Angenommen, $\vdash A$. Mit (1) und (4) ergibt sich daraus $\emptyset \cup \Gamma \vdash A$, d. h. $\Gamma \vdash A$.

Ad (6): Angenommen, $\Gamma \vdash A$ und $\Gamma \vdash A \rightarrow B$. Dann gibt es eine Ableitung $C_1, ..., C_n$ von A aus Γ und eine Ableitung $D_1, ..., D_m$ von $A \rightarrow B$ aus Γ. Da $C_n = A$ und $D_m = A \rightarrow B$, kann man auf die Folge $C_1, ..., C_n, D_1, ..., D_m$ den $S1$-MP anwenden. Die dadurch entstehende Folge $C_1, ..., C_n, D_1, ..., D_m, B$ ist dann eine Ableitung von B aus Γ.

Ad (7): Angenommen, $\Gamma \vdash A$ und $\vdash A \rightarrow B$. Dann gilt wegen (5) $\Gamma \vdash A \rightarrow B$, und man erhält mit (6) $\Gamma \vdash B$.

Ad (8): Dieser Satz läßt sich leicht unter Verwendung von (1) und (6) beweisen.

Ad (9): Angenommen, $\Gamma \vdash A \rightarrow B$. Dann gibt es eine Ableitung $C_1, ..., C_n$ von $A \rightarrow B$ aus Γ. Die Folge $C_1, ..., C_n, A, B$ ist somit eine Ableitung von B aus $\Gamma \cup \{A\}$.

Ad (10): Dieser Satz folgt unmittelbar aus (1) und (9).

Ad (11): Angenommen, $\Gamma \vdash A \leftrightarrow B$. Dann gibt es eine Ableitung $C_1, ..., C_n$ von $A \leftrightarrow B$ aus Γ. Also ist die Folge

C_1
⋮
C_n
$(A \leftrightarrow B) \rightarrow (A \rightarrow B)$
$A \rightarrow B$

eine Ableitung von $A \rightarrow B$ aus Γ. Folglich gilt $\Gamma \vdash A \rightarrow B$. In gleicher Weise gewinnt man $\Gamma \vdash B \rightarrow A$.

Angenommen, $\Gamma \vdash A \rightarrow B$ und $\Gamma \vdash B \rightarrow A$. Dann gibt es eine Ableitung $C_1, ..., C_n$ von $A \rightarrow B$ aus Γ und eine Ableitung $D_1, ..., D_m$ von $B \rightarrow A$

aus Γ. Da $C_n = A \to B$ und $D_m = B \to A$, ist die Folge

C_1
$\vdots$
C_n
D_1
$\vdots$
D_m
$(A \to B) \to ((B \to A) \to (A \leftrightarrow B))$
$(B \to A) \to (A \leftrightarrow B)$
$(A \leftrightarrow B)$

eine Ableitung von $A \leftrightarrow B$ aus Γ.

Ad (12): Dieser Satz folgt unmittelbar aus (1) und (11).

Ad (13): Angenommen, $\Gamma \vdash A \leftrightarrow B$. Dann gilt wegen (11) $\Gamma \vdash A \to B$. Hieraus ergibt sich mit (9) $\Gamma \cup \{A\} \vdash B$. In gleicher Weise gewinnt man $\Gamma \cup \{B\} \vdash A$.

Ad (14): Dieser Satz folgt unmittelbar aus (1) und (13).

1.3.4. Das Substitutionstheorem für $\Pi 1$

Satz 1.3.4. *(Substitutionstheorem* für $\Pi 1$*)*
Für alle $S1$-Formeln A, B und C gilt: Ist A ein Theorem von $\Pi 1$ und entsteht B aus A dadurch, daß alle Vorkommen eines Satzbuchstabens in A durch C ersetzt werden, so ist auch B ein Theorem von $\Pi 1$.

Beweis: Seien A, B und C irgendwelche $S1$-Formeln. Sei ferner A ein Theorem von $\Pi 1$, und entstehe B aus A dadurch, daß alle Vorkommen eines SB in A durch C ersetzt werden. Dann gibt es einen Beweis $C_1, \dots, C_n$ für A in $\Pi 1$. Ersetzt man nun in diesem Beweis alle Vorkommen des betreffenden SB durch C, so erhält man eine Formelfolge $D_1, \dots, D_n$, für welche offensichtlich gilt:

(1) $D_n = B$;
(2) D_1 ist ein Axiom von $\Pi 1$;
(3) ist $n \geq 2$, so gilt für jedes $D_i (2 \leq i \leq n)$: D_i ist ein Axiom von $\Pi 1$ oder $D_1, \dots, D_i$ ergibt sich durch Anwendung des $S1$-MP auf $D_1, \dots, D_{i-1}$.

Also ist $D_1, \dots, D_n$ ein Beweis für B in $\Pi 1$.

1.3.5. Das Deduktionstheorem für $\Pi 1$

Das nächste Metatheorem beinhaltet, daß es für den Beweis der Ableitbarkeit einer Implikation aus einer Formelklasse Γ bereits genügt, nachzuweisen, daß aus Γ zusammen mit dem Antezedens der Implikation deren Konsequenz ableitbar ist. Dieses Metatheorem spielt beim Beweis vieler weiterer Metatheoreme eine wichtige Rolle. Es wurde für die Prädikatenlogik und damit auch für die Aussagenlogik erstmalig von dem französischen Logiker J. HERBRAND im Jahre 1930 bewiesen.

Satz 1.3.5–1. *(Deduktionstheorem für $\Pi 1$)*
Seien A und B irgendwelche $S1$-Formeln und sei Γ irgendeine Teilklasse von $S1$. Dann gilt: Wenn $\Gamma \cup \{A\} \vdash B$, dann $\Gamma \vdash A \to B$.

Beweis: Angenommen, A, B sind irgendwelche $S1$-Formeln und Γ ist irgendeine Teilklasse von $S1$. Angenommen ferner, $\Gamma \cup \{A\} \vdash B$. Dann gibt es eine Ableitung $C_1, \ldots, C_n$ von B aus $\Gamma \cup \{A\}$. Wir unterscheiden zwei Fälle.

Fall 1: $n = 1$. Wir müssen zeigen, daß $\Gamma \vdash A \to C_1$.

Nach Definition 1.3.3–1 ist C_1 ein Element von $\Gamma \cup \{A\}$ oder ein Axiom von $\Pi 1$. Ist $C_1 \in \Gamma \cup \{A\}$, so ist $C_1 \in \Gamma$ oder $C_1 = A$.

(a) Sei $C_1 \in \Gamma$. Dann ist die Folge

$$C_1$$
$$C_1 \to (A \to C_1)$$
$$A \to C_1$$

eine Ableitung von $A \to C_1$ aus Γ. Also gilt $\Gamma \vdash A \to C_1$.

(b) Sei $C_1 = A$. Wie wir früher (in 1.3.2) gezeigt haben, gilt $\vdash p \to p$. Hieraus erhält man mit Hilfe des Substitutionstheorems für $\Pi 1$ (Satz 1.3.4) $\vdash A \to A$. Also ergibt sich mit Satz 1.3.3.(5) $\Gamma \vdash A \to A$, d. h. $\Gamma \vdash A \to C_1$.

(c) C_1 ist ein Axiom von $\Pi 1$. Dann ist die Folge

$$C_1$$
$$C_1 \to (A \to C_1)$$
$$A \to C_1$$

ein Beweis für $A \to C_1$. Wegen Satz 1.3.3.(5) gilt daher $\Gamma \vdash A \to C_1$.

Fall 2: $n > 1$.

Wir beweisen zunächst durch starke endliche Induktion den folgenden Satz:

Für alle j mit $1 \leq j \leq n$ gilt: $\Gamma \vdash A \to C_j$.

Hieraus folgt dann durch Spezialisierung von j auf n: $\Gamma \vdash A \to C_n$, d. h. $\Gamma \vdash A \to B$.

Induktionsbasis

Den Beweis für die Basisbehauptung $\Gamma \vdash A \to C_1$ haben wir schon unter Fall 1 geführt.

Induktionsschritt

Sei k irgendeine natürliche Zahl mit $1 \leq k < n$ und gelte für alle i mit $1 \leq i \leq k$: $\Gamma \vdash A \to C_i$. (I.V.)

C_{k+1} ist nun ein Element von Γ oder identisch mit A oder ein Axiom von $\Pi 1$, oder die Folge $C_1, ..., C_{k+1}$ ergibt sich durch Anwendung des $S1$-MP auf $C_1, ..., C_k$. Ist $C_{k+1} \in \Gamma$ oder $C_{k+1} = A$ oder $C_{k+1} \in P1$, so erhält man $\Gamma \vdash A \to C_{k+1}$ ganz analog wie im Fall 1. Angenommen nun, $C_1, ..., C_{k+1}$ ergibt sich durch Anwendung des $S1$-MP auf $C_1, ..., C_k$. Dann gibt es ein l ($1 \leq l \leq k$) derart, daß die Formeln C_l und $C_l \to C_{k+1}$ Glieder von $C_1, ..., C_k$ sind. Aufgrund der I.V. gilt

$(*_1)$ $\Gamma \vdash A \to C_l$

und

$(*_2)$ $\Gamma \vdash A \to (C_l \to C_{k+1})$.

Ferner gilt

$(*_3)$ $\vdash (A \to (C_l \to C_{k+1})) \to ((A \to C_l) \to (A \to C_{k+1}))$

(da diese Formel ein Axiom aus $\alpha 2$ ist). Aus $(*_2)$ und $(*_3)$ ergibt sich nun unter Verwendung von Satz 1.3.3.(7) $\Gamma \vdash (A \to C_l) \to (A \to C_{k+1})$. Hieraus und aus $(*_1)$ folgt wegen Satz 1.3.3.(6) schließlich, daß gilt $\Gamma \vdash A \to C_{k+1}$. Damit ist die Induktionsbehauptung bewiesen.

Zur Einübung in den Gebrauch des Deduktionstheorems geben wir einige Beispiele.

Wie wir früher (in 1.3.3) durch Angabe einer Ableitung gezeigt haben, gilt $p, \neg p \vdash q$. Mit Hilfe des Deduktionstheorems ergibt sich hieraus

$$p \vdash \neg p \to q$$

und

$$\neg p \vdash p \to q \,.$$

Also gilt trivialerweise auch

$$\emptyset \cup \{p\} \vdash \neg p \to q$$

und

$$\emptyset \cup \{\neg p\} \vdash p \to q \,.$$

Daraus erhält man durch abermalige Anwendung des Deduktionstheorems

$$\emptyset \vdash p \to (\neg p \to q)$$

und

$$\emptyset \vdash \neg p \to (p \to q) \,.$$

Mit Satz 1.3.3.(1) gewinnt man dann schließlich

$$\vdash p \to (\neg p \to q)$$

und

$$\vdash \neg p \to (p \to q) \,.$$

Aufgabe: Man zeige unter Verwendung des Deduktionstheorems, daß gilt:

1. $\vdash (p \to q) \to ((q \to r) \to (p \to r))$
2. $p \to (q \to r) \vdash p \wedge q \to r$
3. $p \wedge q \to r \vdash p \to (q \to r)$

Die im folgenden Satz zusammengestellten Metatheoreme ergeben sich leicht mit Hilfe des Deduktionstheorems.

Satz 1.3.5–2.

Es seien $A, B, C, A_1, ..., A_n$ irgendwelche *S1*-Formeln; ferner sei Γ irgendeine Teilklasse von *S1*. Dann gilt:

(1) Wenn $A \vdash B$, dann $\vdash A \rightarrow B$.

(2) Wenn $A_1, ..., A_n \vdash B$, dann $\vdash A_1 \rightarrow (A_2 \rightarrow \cdots (A_n \rightarrow B)...)$ $(n \geqq 2)$.

(3) Wenn $\Gamma \vdash A$ und $A \vdash B$, dann $\Gamma \vdash B$.

(4) Wenn $\Gamma \vdash A_1, ..., \Gamma \vdash A_n$ und $A_1, ..., A_n \vdash B$, dann $\Gamma \vdash B$.

(5) Wenn $\Gamma \cup \{A\} \vdash B$ und $\vdash A$, dann $\Gamma \vdash B$.

(6) Wenn $\vdash A_1, ..., \vdash A_n$ und $\Gamma \cup \{A_1, ..., A_n\} \vdash B$, dann $\Gamma \vdash B$.

(7) Wenn $\vdash A_1, ..., \vdash A_n$ und $A_1, ..., A_n \vdash B$, dann $\vdash B$.

(8) Wenn $\Gamma \cup \{A\} \vdash C$ und $\Gamma \cup \{B\} \vdash C$, dann $\Gamma \cup \{A \vee B\} \vdash C$.

(9) Wenn $\Gamma \cup \{A\} \vdash B$ und $\Gamma \cup \{A\} \vdash \neg B$, dann $\Gamma \vdash \neg A$.

Beweis:

Ad (1): Angenommen, $A \vdash B$. Da dann trivialerweise auch gilt $\emptyset \cup \{A\} \vdash B$, ergibt sich mit Hilfe des Deduktionstheorems $\emptyset \vdash A \rightarrow B$. Also gilt wegen Satz 1.3.3.(1) $\vdash A \rightarrow B$.

Ad (2): Angenommen, $A_1, ..., A_n \vdash B$. Durch n-malige Anwendung des Deduktionstheorems und mit Satz 1.3.3.(1) ergibt sich hieraus $\vdash A_1 \rightarrow (A_2 \rightarrow \cdots (A_n \rightarrow B)...)$.

Ad (3): Angenommen, $\Gamma \vdash A$ und $A \vdash B$. Wegen (1) gilt dann $\vdash A \rightarrow B$. Also erhält man mit Satz 1.3.3.(7) $\Gamma \vdash B$.

Ad (4): Angenommen, $\Gamma \vdash A_1, ..., \Gamma \vdash A_n$ und $A_1, ..., A_n \vdash B$. Dann gilt wegen (2) $\vdash A_1 \rightarrow (A_2 \rightarrow \cdots (A_n \rightarrow B)...)$. Also ist Satz 1.3.3.(7) anwendbar, und man erhält $\Gamma \vdash A_2 \rightarrow (A_3 \rightarrow \cdots (A_n \rightarrow B)...)$. Durch $n - 1$ weitere Anwendungen von Satz 1.3.3.(7) gelangt man schließlich zu $\Gamma \vdash B$.

Ad (5): Angenommen, $\Gamma \cup \{A\} \vdash B$ und $\vdash A$. Dann gilt aufgrund des Deduktionstheorems $\Gamma \vdash A \rightarrow B$ und aufgrund von Satz 1.3.3.(5) $\Gamma \vdash A$. Mit Satz 1.3.3.(6) erhält man somit $\Gamma \vdash B$.

Ad (6): Angenommen, $\vdash A_1, ..., \vdash A_n$ und $\Gamma \cup \{A_1, ..., A_n\} \vdash B$. Durch n-malige Anwendung des Deduktionstheorems ergibt sich $\Gamma \vdash A_1 \rightarrow (A_2 \rightarrow \cdots (A_n \rightarrow B)...)$; ferner erhält man mit Satz 1.3.3.(5) $\Gamma \vdash A_1, ..., \Gamma \vdash A_n$. Also gilt wegen Satz 1.3.3.(6) $\Gamma \vdash A_2 \rightarrow (A_3 \rightarrow \cdots (A_n \rightarrow B)...)$. Durch $n - 1$ weitere Anwendungen von Satz 1.3.3.(6) gewinnt man schließlich $\Gamma \vdash B$.

Ad (7): Angenommen, $\vdash A_1, ..., \vdash A_n$ und $A_1, ..., A_n \vdash B$. Dann gilt trivialerweise auch $\emptyset \cup \{A_1, ..., A_n\} \vdash B$. Also ergibt sich mit (6) $\emptyset \vdash B$ und somit mit Satz 1.3.3.(1) $\vdash B$.

Ad (8): Angenommen, $\Gamma \cup \{A\} \vdash C$ und $\Gamma \cup \{B\} \vdash C$. Dann gilt aufgrund des Deduktionstheorems $\Gamma \vdash A \rightarrow C$ und $\Gamma \vdash B \rightarrow C$. Es gibt folglich eine Ableitung $C_1, ..., C_n$ von $A \rightarrow C$ aus Γ und eine Ableitung $D_1, ..., D_m$ von $B \rightarrow C$ aus Γ. Also ist die Folge

C_1
$\vdots$
C_n
D_1
$\vdots$
D_m
$(A \rightarrow C) \rightarrow ((B \rightarrow C) \rightarrow (A \vee B \rightarrow C))$
$(B \rightarrow C) \rightarrow (A \vee B \rightarrow C)$
$A \vee B \rightarrow C$

eine Ableitung von $A \vee B \rightarrow C$ aus Γ. Also gilt $\Gamma \vdash A \vee B \rightarrow C$, und man gelangt aufgrund von Satz 1.3.3.(9) zu $\Gamma \cup \{A \vee B\} \vdash C$.

Ad (9): Angenommen, $\Gamma \cup \{A\} \vdash B$ und $\Gamma \cup \{A\} \vdash \neg B$. Dann gilt aufgrund des Deduktionstheorems $\Gamma \vdash A \rightarrow B$ und $\Gamma \vdash A \rightarrow \neg B$. Es gibt somit eine Ableitung $C_1, ..., C_n$ von $A \rightarrow B$ aus Γ und eine Ableitung $D_1, ..., D_m$ von $A \rightarrow \neg B$ aus Γ. Also ist die Folge

C_1
$\vdots$
C_n
D_1
$\vdots$
D_m
$(A \rightarrow B) \rightarrow ((A \rightarrow \neg B) \rightarrow \neg A)$
$(A \rightarrow \neg B) \rightarrow \neg A$
$\neg A$

eine Ableitung von $\neg A$ aus Γ.

Aufgabe: Man zeige, daß gilt:

1. $p \rightarrow (q \rightarrow r) \vdash p \wedge q \rightarrow r$
2. $p \wedge q \rightarrow r \vdash p \rightarrow (q \rightarrow r)$
3. $\vdash (p \wedge q \rightarrow r) \leftrightarrow (p \rightarrow (q \rightarrow r))$

1.3.6. Lehrsätze über $\Pi 1$

Es seien A, B, C und D irgendwelche $S1$-Formeln. Dann gelten die folgenden Sätze, die wir ihrer Wichtigkeit wegen »Lehrsätze« (kurz: »LS«) nennen wollen.

(1) $A, A \to B \vdash B$

(2) $A \vdash B \to A$

(3) $A \wedge B \vdash A$

(4) $A \wedge B \vdash B$

(5) $A, B \vdash A \wedge B$

(6) $A \vdash A \vee B$

(7) $B \vdash A \vee B$

(8) $A \to C, B \to C \vdash A \vee B \to C$

(9) $A \to B, A \to \neg B \vdash \neg A$

(10) $\neg \neg A \vdash A$

(11) $A \to B, B \to A \vdash A \leftrightarrow B$

(12) $A \leftrightarrow B \vdash A \to B$

(13) $A \leftrightarrow B \vdash B \to A$

(14) $\vdash A \to A$

(15) $A \wedge B \vdash A \vee B$

(16) $A \wedge B \vdash A \to B$

(17) $A \wedge B \vdash A \leftrightarrow B$

(18) $A \to B \vdash A \wedge C \to B$

(19) $A \to B \vdash C \wedge A \to B$

(20) $A \to B \vdash A \wedge C \to B \wedge C$

(21) $A \to B \vdash C \wedge A \to C \wedge B$

(22) $A \to B \vdash A \to B \vee C$

(23) $A \to B \vdash A \to C \vee B$

(24) $A \to B \vdash A \vee C \to B \vee C$

(25) $A \to B \vdash C \vee A \to C \vee B$

(26) $A \to B, B \to C \vdash A \to C$

(27) $A \to B \vdash (B \to C) \to (A \to C)$

(28) $A \to B \vdash (C \to A) \to (C \to B)$

(29) $(A \to B) \to C \vdash A \to (B \to C)$

(30) $A \to (B \to C) \vdash B \to (A \to C)$

(31) $A \wedge B \to C \vdash A \to (B \to C)$

(32) $A \to (B \to C) \vdash A \wedge B \to C$

(33) $A \to B \wedge C \vdash A \wedge B \to C$

(34) $A \to B, A \to C \vdash A \to B \wedge C$

(35) $A \to B, C \to D \vdash A \wedge C \to B \wedge D$

(36) $A \to \neg A \vdash \neg A$

(37) $\neg A \rightarrow A \vdash A$

(38) $A, \neg A \vdash B$

(39) $\neg A \vdash A \rightarrow B$

(40) $A \vdash \neg A \rightarrow B$

(41) $A \vdash \neg \neg A$

(42) $A \rightarrow B, \neg B \vdash \neg A$

(43) $A \rightarrow B \vdash \neg B \rightarrow \neg A$

(44) $\neg B \rightarrow \neg A \vdash A \rightarrow B$

(45) $A \rightarrow \neg B \vdash B \rightarrow \neg A$

(46) $\neg A \rightarrow B \vdash \neg B \rightarrow A$

(47) $A \vee B, \neg A \vdash B$

(48) $A \vee B, \neg B \vdash A$

(49) $\vdash \neg (A \wedge \neg A)$

(50) $\vdash A \vee \neg A$

(51) $A \vee B, A \rightarrow C, B \rightarrow C \vdash C$

(52) $A \vee B, A \rightarrow C, B \rightarrow D \vdash C \vee D$

(53) $A \vee B, A \rightarrow B \vdash B$

(54) $A \vee C, A \rightarrow B \vdash B \vee C$

(55) $A \rightarrow B, \neg A \rightarrow B \vdash B$

(56) $A \leftrightarrow \neg A \vdash B$

(57) $A \leftrightarrow B \vdash B \leftrightarrow A$

(58) $A \leftrightarrow B, B \leftrightarrow C \vdash A \leftrightarrow C$

(59) $A \leftrightarrow B, B \leftrightarrow C \vdash C \leftrightarrow A$

(60) $A \leftrightarrow B, A \vdash B$

(61) $A \leftrightarrow B, B \vdash A$

(62) $A \leftrightarrow B, \neg A \vdash \neg B$

(63) $A \leftrightarrow B, \neg B \vdash \neg A$

(64) $A \leftrightarrow B \vdash \neg A \leftrightarrow \neg B$

(65) $A \leftrightarrow B \vdash A \wedge C \leftrightarrow B \wedge C$

(66) $A \leftrightarrow B \vdash C \wedge A \leftrightarrow C \wedge B$

(67) $A \leftrightarrow B \vdash A \vee C \leftrightarrow B \vee C$

(68) $A \leftrightarrow B \vdash C \vee A \leftrightarrow C \vee B$

(69) $A \leftrightarrow B \vdash (A \rightarrow C) \leftrightarrow (B \rightarrow C)$

(70) $A \leftrightarrow B \vdash (C \rightarrow A) \leftrightarrow (C \rightarrow B)$

(71) $A \leftrightarrow B \vdash (A \leftrightarrow C) \leftrightarrow (B \leftrightarrow C)$

(72) $A \leftrightarrow B \vdash (C \leftrightarrow A) \leftrightarrow (C \leftrightarrow B)$

Im folgenden werden wir einige dieser 72 Lehrsätze beweisen. Es sei dem Leser überlassen, sich von der Richtigkeit der übrigen Lehrsätze zu überzeugen.

Ad (1): Die Formelfolge

A

$A \rightarrow B$

B

ist eine Ableitung von B aus $\{A, A \rightarrow B\}$.

Ad (2): Die Formelfolge

A

$A \rightarrow (B \rightarrow A)$

$B \rightarrow A$

ist eine Ableitung von $B \rightarrow A$ aus $\{A\}$. Das zweite Glied dieser Ableitung ist ein Element der Axiomenklasse $\alpha 1$. In ähnlicher Weise lassen sich unter Verwendung von $\alpha 3$–$\alpha 13$ die Lehrsätze (3)–(13) beweisen.

Ad (14): Nach Satz 1.3.3.(3) gilt $A \vdash A$. Hieraus folgt mit Satz 1.3.5–2.(1) $\vdash A \rightarrow A$. ($\vdash A \rightarrow A$ ergibt sich auch mit Hilfe des Substitutionstheorems für $\Pi 1$ aus $\vdash p \rightarrow p$.)

Ad (15): Es gilt $A \wedge B \vdash A$ (LS(3)) und $A \vdash A \vee B$ (LS(6)). Also ergibt sich mit Satz 1.3.5–2.(3) $A \wedge B \vdash A \vee B$. Diese Argumentation läßt sich übersichtlich so darstellen:

1	$A \wedge B \vdash A$	LS (3)
2	$A \vdash A \vee B$	LS (6)
3	$A \wedge B \vdash A \vee B$	Satz 1.3.5–2.(3) [1, 2]

Es handelt sich hierbei sozusagen um eine stenographische Darstellung einer metatheoretischen Argumentation, nicht jedoch um eine (objektsprachliche) Ableitung in $\Pi 1$.

Ad (16):

1	$A \wedge B \vdash B$	LS (4)
2	$B \vdash A \rightarrow B$	LS (2)
3	$A \wedge B \vdash A \rightarrow B$	Satz 1.3.5–2.(3) [1, 2]

Ad (17):

1	$A \wedge B \vdash A \rightarrow B$	LS (16)
2	$A \wedge B \vdash A$	LS (3)
3	$A \vdash B \rightarrow A$	LS (2)
4	$A \wedge B \vdash B \rightarrow A$	Satz 1.3.5–2.(3) [2, 3]
5	$A \rightarrow B, B \rightarrow A \vdash A \leftrightarrow B$	LS (11)
6	$A \wedge B \vdash A \leftrightarrow B$	Satz 1.3.5–2.(4) [1, 4, 5]

Ad (18): Die Formelfolge

$A \rightarrow B$
$A \wedge C$
$A \wedge C \rightarrow A$
A
B

ist eine Ableitung von B aus $\{A \rightarrow B, A \wedge C\}$. Also ergibt sich aufgrund des Deduktionstheorems $A \rightarrow B \vdash A \wedge C \rightarrow B$.

Ad (20): Die Formelfolge

$A \rightarrow B$
$A \wedge C$
$A \wedge C \rightarrow A$
A
B
$A \wedge C \rightarrow C$
C
$B \rightarrow (C \rightarrow B \wedge C)$
$C \rightarrow B \wedge C$
$B \wedge C$

ist eine Ableitung von $B \wedge C$ aus $\{A \rightarrow B, A \wedge C\}$. Aufgrund des Deduktionstheorems gilt somit $A \rightarrow B \vdash A \wedge C \rightarrow B \wedge C$.

Ad (22):

1	$A, A \rightarrow B \vdash B$	LS (1)
2	$B \vdash B \vee C$	LS (6)
3	$A, A \rightarrow B \vdash B \vee C$	Satz 1.3.5–2.(3) [1, 2]
4	$A \rightarrow B \vdash A \rightarrow B \vee C$	Satz 1.3.5–1 [3]

Ad (24):

1	$A \rightarrow B \vee C, C \rightarrow B \vee C \vdash A \vee C \rightarrow B \vee C$	LS (8)
2	$\vdash C \rightarrow B \vee C$	$\alpha 7$
3	$A \rightarrow B \vee C \vdash A \vee C \rightarrow B \vee C$	Satz 1.3.5–2.(5) [1, 2]
4	$A \rightarrow B \vdash A \rightarrow B \vee C$	LS (22)
5	$A \rightarrow B \vdash A \vee C \rightarrow B \vee C$	Satz 1.3.5–2.(3) [4, 3]

Ad (26): Die Formelfolge

$A \to B$
$B \to C$
A
B
C

ist eine Ableitung von C aus $\{A \to B, B \to C, A\}$. Also ergibt sich aufgrund des Deduktionstheorems $A \to B, B \to C \vdash A \to C$.

Ad (29): Die Formelfolge

$(A \to B) \to C$
$B \to (A \to B)$
B
$A \to B$
C

ist eine Ableitung von C aus $\{(A \to B) \to C, B\}$. Also gilt $(A \to B) \to C \vdash B \to C$ (Deduktionstheorem). Da auch gilt $B \to C \vdash A \to (B \to C)$ (LS (2)), ergibt sich mit Satz 1.3.5–2.(3) $(A \to B) \to C \vdash A \to (B \to C)$.

Ad (36):

1	$A \to \neg A, A \to A \vdash \neg A$	LS (9)
2	$\vdash A \to A$	LS (14)
3	$A \to \neg A \vdash \neg A$	Satz 1.3.5–2.(5) [1, 2]

Ad (37):

1	$\neg A \to A, \neg A \to \neg A \vdash \neg \neg A$	LS (9)
2	$\vdash \neg A \to \neg A$	LS (14)
3	$\neg A \to A \vdash \neg \neg A$	Satz 1.3.5–2.(5) [1, 2]
4	$\neg \neg A \vdash A$	LS (10)
5	$\neg A \to A \vdash A$	Satz 1.3.5–2.(3) [3, 4]

Ad (38):

1	$A, \neg A, \neg B \vdash A$	Satz 1.3.3.(2)
2	$A, \neg A, \neg B \vdash \neg A$	Satz 1.3.3.(2)
3	$A, \neg A \vdash \neg \neg B$	Satz 1.3.5–2.(9) [1, 2]
4	$\neg \neg B \vdash B$	LS (10)
5	$A, \neg A \vdash B$	Satz 1.3.5 2.(3) [3, 4]

Ad (41):

1	$A, \neg A \vdash B$	LS (38)
2	$A, \neg A \vdash \neg B$	LS (38)
3	$A \vdash \neg \neg A$	Satz 1.3.5–2.(9) [1, 2]

Ad (42):

1	$A \rightarrow B, A \vdash B$	LS (1)
2	$A \rightarrow B, \neg B, A \vdash B$	Satz 1.3.3.(4) [1]
3	$A \rightarrow B, \neg B, A \vdash \neg B$	Satz 1.3.3.(2)
4	$A \rightarrow B, \neg B \vdash \neg A$	Satz 1.3.5–2.(9) [2, 3]

Ad (44):

1	$\neg B \rightarrow \neg A, A, \neg B \vdash A$	Satz 1.3.3.(2)
2	$\neg B \rightarrow \neg A, \neg B \vdash \neg A$	LS (1)
3	$\neg B \rightarrow \neg A, A, \neg B \vdash \neg A$	Satz 1.3.3.(4) [2]
4	$\neg B \rightarrow \neg A, A \vdash \neg \neg B$	Satz 1.3.5–2.(9) [1, 3]
5	$\neg \neg B \vdash B$	LS (10)
6	$\neg B \rightarrow \neg A, A \vdash B$	Satz 1.3.5–2.(3) [4, 5]
7	$\neg B \rightarrow \neg A \vdash A \rightarrow B$	Satz 1.3.5–1 [6]

Ad (45):

1	$A \rightarrow \neg B, B, A \vdash B$	Satz 1.3.3.(2)
2	$A \rightarrow \neg B, A \vdash \neg B$	LS (1)
3	$A \rightarrow \neg B, B, A \vdash \neg B$	Satz 1.3.3.(4) [2]
4	$A \rightarrow \neg B, B \vdash \neg A$	Satz 1.3.5–2.(9) [1, 3]
5	$A \rightarrow \neg B \vdash B \rightarrow \neg A$	Satz 1.3.5–1 [4]

Ad (47):

1	$\neg A, A \vdash B$	LS (38)
2	$\neg A, B \vdash B$	Satz 1.3.3.(2)
3	$\neg A, A \vee B \vdash B$	Satz 1.3.5–2.(8) [1, 2]

Ad (49):

1	$A \wedge \neg A \rightarrow A,$ $A \wedge \neg A \rightarrow \neg A \vdash \neg (A \wedge \neg A)$	LS (9)
2	$\vdash A \wedge \neg A \rightarrow A$	$\alpha 3$
3	$\vdash A \wedge \neg A \rightarrow \neg A$	$\alpha 4$
4	$\vdash \neg (A \wedge \neg A)$	Satz 1.3.5–2.(7) [1, 2, 3]

186

Ad (50):

1   $A \vdash A \vee \neg A$ LS (6)
2   $\neg(A \vee \neg A), A \vdash A \vee \neg A$ Satz 1.3.3.(4) [1]
3   $\neg(A \vee \neg A), A \vdash \neg(A \vee \neg A)$ Satz 1.3.3.(2)
4   $\neg(A \vee \neg A) \vdash \neg A$ Satz 1.3.5–2.(9) [2, 3]
5   $\neg A \vdash A \vee \neg A$ LS (7)
6   $\neg(A \vee \neg A), \neg A \vdash A \vee \neg A$ Satz 1.3.3.(4) [5]
7   $\neg(A \vee \neg A), \neg A \vdash \neg(A \vee \neg A)$ Satz 1.3.3.(2)
8   $\neg(A \vee \neg A) \vdash \neg \neg A$ Satz 1.3.5–2.(9) [6, 7]
9   $\emptyset \vdash \neg \neg \neg (A \wedge \neg A)$ Satz 1.3.5–2.(9) [4, 8]
10 $\vdash \neg \neg \neg (A \vee \neg A)$ Satz 1.3.3.(1) [9]
11 $\vdash \neg \neg \neg (A \vee \neg A) \rightarrow A \vee \neg A$ α10
12 $\vdash A \vee \neg A$ Satz 1.3.3.(8) [10, 11]

Ad (52):

1   $A \rightarrow C \vdash A \rightarrow C \vee D$ LS (22)
2   $B \rightarrow D \vdash B \rightarrow C \vee D$ LS (23)
3   $A \rightarrow C, A \vdash C \vee D$ Satz 1.3.3.(9) [1]
4   $B \rightarrow D, B \vdash C \vee D$ Satz 1.3.3.(9) [2]
5   $A \rightarrow C, B \rightarrow D, A \vdash C \vee D$ Satz 1.3.3.(4) [3]
6   $A \rightarrow C, B \rightarrow D, B \vdash C \vee D$ Satz 1.3.3.(4) [4]
7   $A \rightarrow C, B \rightarrow D, A \vee B \vdash C \vee D$ Satz 1.3.5–2.(8) [5, 6]

Ad (55):

1   $A \vee \neg A, A \rightarrow B, \neg A \rightarrow B \vdash B$ LS (51)
2   $\vdash A \vee \neg A$ LS (50)
3   $A \rightarrow B, \neg A \rightarrow B \vdash B$ Satz 1.3.5–2.(5) [1, 2]

Ad (56):

1   $A \leftrightarrow \neg A \vdash A \rightarrow \neg A$ LS (12)
2   $A \leftrightarrow \neg A \vdash \neg A \rightarrow A$ LS (13)
3   $A \rightarrow \neg A \vdash \neg A$ LS (36)
4   $\neg A \rightarrow A \vdash A$ LS (37)
5   $A \leftrightarrow \neg A \vdash \neg A$ Satz 1.3.5–2.(3) [1, 3]
6   $A \leftrightarrow \neg A \vdash A$ Satz 1.3.5–2.(3) [2, 4]
7   $A, \neg A \vdash B$ LS (38)
8   $A \leftrightarrow \neg A \vdash B$ Satz 1.3.5–2.(4) [5, 6, 7]

Ad (58):

1	$A \leftrightarrow B \vdash A \rightarrow B$	LS (12)
2	$A \leftrightarrow B, B \leftrightarrow C \vdash A \rightarrow B$	Satz 1.3.3.(4) [1]
3	$B \leftrightarrow C \vdash B \rightarrow C$	LS (12)
4	$A \leftrightarrow B, B \leftrightarrow C \vdash B \rightarrow C$	Satz 1.3.3.(4) [3]
5	$A \rightarrow B, B \rightarrow C \vdash A \rightarrow C$	LS (26)
6	$A \leftrightarrow B, B \leftrightarrow C \vdash A \rightarrow C$	Satz 1.3.5–2.(4) [2, 4, 5]
7	$A \leftrightarrow B \vdash B \rightarrow A$	LS (13)
8	$A \leftrightarrow B, B \leftrightarrow C \vdash B \rightarrow A$	Satz 1.3.3.(4) [7]
9	$B \leftrightarrow C \vdash C \rightarrow B$	LS (13)
10	$A \leftrightarrow B, B \leftrightarrow C \vdash C \rightarrow B$	Satz 1.3.3.(4) [9]
11	$B \rightarrow A, C \rightarrow B \vdash C \rightarrow A$	LS (26)
12	$A \leftrightarrow B, B \leftrightarrow C \vdash C \rightarrow A$	Satz 1.3.5–2.(4) [8, 10, 11]
13	$A \rightarrow C, C \rightarrow A \vdash A \leftrightarrow C$	LS (11)
14	$A \leftrightarrow B, B \leftrightarrow C \vdash A \leftrightarrow C$	Satz 1.3.5–2.(4) [6, 12, 13]

Ad (62):

1	$A \leftrightarrow B \vdash B \rightarrow A$	LS (13)
2	$B \rightarrow A \vdash \neg A \rightarrow \neg B$	LS (43)
3	$A \leftrightarrow B \vdash \neg A \rightarrow \neg B$	Satz 1.3.5–2.(3) [1, 2]
4	$A \leftrightarrow B, \neg A \vdash \neg B$	Satz 1.3.3.(9) [3]

1.3.7. Das Ersetzungstheorem für $\Pi 1$

Als syntaktisches Gegenstück zum (semantischen) Ersetzungstheorem für $S1$ beweisen wir nun

Satz 1.3.7–1 *(Ersetzungstheorem für $\Pi 1$)*.

Seien A, B, C und D irgendwelche $S1$-Formeln. Dann gilt: Wenn

(1) A eine $S1$-Teilformel von C ist und

(2) D aus C dadurch entsteht, daß wenigstens ein Vorkommen von A in C durch B ersetzt wird,

dann ist $A \leftrightarrow B \vdash C \leftrightarrow D$.

Beweis: Wie beim Beweis des Ersetzungstheorems für $S1$ genügt es auch hier, den Fall zu betrachten, daß D aus C durch Ersetzung genau eines Vorkommens von A durch B entsteht. In Anlehnung an jenen Beweis zeigen wir durch starke unendliche Induktion, daß für alle n mit $n \geqq 0$ gilt: Sind A, B, C, D irgendwelche $S1$-Formeln derart, daß $g^{t}C - g^{t}A = n$ und $\text{Ers}(D, C, A, B)$, so ist $A \leftrightarrow B \vdash C \leftrightarrow D$. (»$\text{Ers}(D, C, A, B)$« besagt hier wie früher, daß A eine $S1$-Teilformel von C ist und D aus C dadurch entsteht, daß genau ein Vorkommen von A in C durch B ersetzt wird.)

Induktionsbasis

Seien A, B, C, D irgendwelche $S1$-Formeln mit $g^l C - g^l A = 0$ und $\text{Ers}(D, C, A, B)$. Dann ist $C = A$ und $D = B$. Nun gilt aber nach Satz 1.3.3.(3) $A \leftrightarrow B \vdash A \leftrightarrow B$.

Induktionsschritt

Sei k irgendeine natürliche Zahl mit $k \geq 0$ und gelte für jedes i mit $0 \leq i \leq k$: Sind A, B, C, D irgendwelche $S1$-Formeln mit $g^l C - g^l A = i$ und $\text{Ers}(D, C, A, B)$, so ist $A \leftrightarrow B \vdash C \leftrightarrow D$. (I.V.)

Angenommen nun, A, B, C, D sind irgendwelche $S1$-Formeln mit $g^l C - g^l A = k + 1$ und $\text{Ers}(D, C, A, B)$. Dann ist $A \neq C$ und $g^l C > 0$. Also gibt es $S1$-Formeln E und F derart, daß einer der folgenden Fälle zutrifft:

(1) $C = \neg E$;
(2) $C = E \wedge F$;
(3) $C = E \vee F$;
(4) $C = E \rightarrow F$;
(5) $C = E \leftrightarrow F$.

Ad (1): Dann gibt es eine $S1$-Formel F mit $\text{Ers}(\neg F, \neg E, A, B)$. Da A eine $S1$-Teilformel von C mit $A \neq C$ ist, muß A auch eine $S1$-Teilformel von E sein. Also muß gelten $\text{Ers}(F, E, A, B)$. Da ferner gilt $g^l E - g^l A = k$, ist die I.V. anwendbar, und man erhält $A \leftrightarrow B \vdash E \leftrightarrow F$. Hieraus ergibt sich mit LS (64) und Satz 1.3.5–2.(3) $A \leftrightarrow B \vdash \neg E \leftrightarrow \neg F$, d. h. $A \leftrightarrow B \vdash C \leftrightarrow D$.

Der Leser verwende in den Fällen (2)–(5) die Lehrsätze (65)–(72). (Für Fall (2) vergleiche man den Beweis für das semantische Ersetzungstheorem.)

Wichtige Korollare des Ersetzungstheorems für $\Pi 1$ sind die beiden nächsten Sätze:

Satz 1.3.7–2.
Seien A, B, C und D irgendwelche $S1$-Formeln. Dann gilt: Wenn

(1) A eine $S1$-Teilformel von C ist,
(2) D aus C dadurch entsteht, daß wenigstens ein Vorkommen von A in C durch B ersetzt wird und
(3) $\vdash A \leftrightarrow B$,

dann $\vdash C \leftrightarrow D$.

Satz 1.3.7–3.

Seien A, B, C und D irgendwelche $S1$-Formeln. Dann gilt: Wenn

(1) A eine $S1$-Teilformel von C ist,
(2) D aus C dadurch entsteht, daß wenigstens ein Vorkommen von A in C durch B ersetzt wird,
(3) $\vdash A \leftrightarrow B$ und
(4) $\vdash C$,

dann $\vdash D$.

1.3.8. Lehrsätze über $\Pi1$ (Fortsetzung)

Seien A, B und C irgendwelche $S1$-Formeln. Dann gilt:

(73) $\vdash (A \wedge B) \wedge C \leftrightarrow A \wedge (B \wedge C)$
(74) $\vdash (A \vee B) \vee C \leftrightarrow A \vee (B \vee C)$
(75) $\vdash A \wedge B \leftrightarrow B \wedge A$
(76) $\vdash A \vee B \leftrightarrow B \vee A$
(77) $\vdash A \wedge (B \vee C) \leftrightarrow (A \wedge B) \vee (A \wedge C)$
(78) $\vdash A \vee (B \wedge C) \leftrightarrow (A \vee B) \wedge (A \vee C)$
(79) $\vdash A \leftrightarrow A \wedge A$
(80) $\vdash A \leftrightarrow A \vee A$
(81) $\vdash A \leftrightarrow \neg \neg A$
(82) $\vdash A \wedge B \leftrightarrow \neg (\neg A \vee \neg B)$
(83) $\vdash A \vee B \leftrightarrow \neg (\neg A \wedge \neg B)$
(84) $\vdash (A \rightarrow B) \leftrightarrow \neg (A \wedge \neg B)$
(85) $\vdash (A \rightarrow B) \leftrightarrow \neg A \vee B$
(86) $\vdash A \wedge B \leftrightarrow \neg (A \rightarrow \neg B)$
(87) $\vdash A \vee B \leftrightarrow \neg A \rightarrow B$
(88) $\vdash \neg (A \wedge B) \leftrightarrow \neg A \vee \neg B$
(89) $\vdash \neg (A \vee B) \leftrightarrow \neg A \wedge \neg B$
(90) $\vdash \neg (A \rightarrow B) \leftrightarrow A \wedge \neg B$
(91) $\vdash A \leftrightarrow (\neg A \rightarrow A)$
(92) $\vdash \neg A \leftrightarrow (A \rightarrow \neg A)$
(93) $\vdash (A \rightarrow B) \wedge (A \rightarrow C) \leftrightarrow (A \rightarrow B \wedge C)$
(94) $\vdash (A \rightarrow C) \wedge (B \rightarrow C) \leftrightarrow (A \vee B \rightarrow C)$
(95) $\vdash (A \rightarrow C) \vee (B \rightarrow C) \leftrightarrow (A \wedge B \rightarrow C)$
(96) $\vdash (A \rightarrow B) \vee (A \rightarrow C) \leftrightarrow (A \rightarrow B \vee C)$
(97) $\vdash (A \rightarrow (B \rightarrow C)) \leftrightarrow (A \wedge B \leftrightarrow A \wedge C)$
(98) $\vdash (A \rightarrow (B \rightarrow C)) \leftrightarrow (A \rightarrow (B \leftrightarrow A \wedge C))$
(99) $\vdash (A \rightarrow (B \leftrightarrow C)) \leftrightarrow (A \wedge B \rightarrow C) \wedge (A \wedge C \rightarrow B)$
(100) $\vdash (A \wedge B) \vee (\neg A \wedge C) \leftrightarrow (A \rightarrow B) \wedge (\neg A \rightarrow C)$

(101) $\vdash(A\leftrightarrow B)\leftrightarrow(A\wedge B)\vee(\neg A\wedge\neg B)$

(102) $\vdash\neg(A\leftrightarrow B)\leftrightarrow(A\wedge\neg B)\vee(\neg A\wedge B)$

(103) $\vdash\neg(A\leftrightarrow B)\leftrightarrow(A\vee B)\wedge\neg(A\wedge B)$

(104) $\vdash\neg(A\leftrightarrow B)\leftrightarrow(A\leftrightarrow\neg B)$

(105) $\vdash\neg(A\leftrightarrow B)\leftrightarrow(\neg A\leftrightarrow B)$

Ad (73):

1	$(A\wedge B)\wedge C\vdash A\wedge B$	LS (3)
2	$(A\wedge B)\wedge C\vdash C$	LS (4)
3	$A\wedge B\vdash A$	LS (3)
4	$A\wedge B\vdash B$	LS (4)
5	$(A\wedge B)\wedge C\vdash A$	Satz 1.3.5–2.(3) [1, 3]
6	$(A\wedge B)\wedge C\vdash B$	Satz 1.3.5–2.(3) [1, 4]
7	$B,C\vdash B\wedge C$	LS (5)
8	$(A\wedge B)\wedge C\vdash B\wedge C$	Satz 1.3.5–2.(4) [2, 6, 7]
9	$A,B\wedge C\vdash A\wedge(B\wedge C)$	LS (5)
10	$(A\wedge B)\wedge C\vdash A\wedge(B\wedge C)$	Satz 1.3.5–2.(4) [5, 8, 9]
11	$A\wedge(B\wedge C)\vdash(A\wedge B)\wedge C$	*Übung!*
12	$\vdash(A\wedge B)\wedge C\leftrightarrow A\wedge(B\wedge C)$	Satz 1.3.3.(14) [10, 11]

Ad (74):

1	$A\vdash A\vee(B\vee C)$	LS (6)
2	$B\vdash B\vee C$	LS (6)
3	$B\vee C\vdash A\vee(B\vee C)$	LS (7)
4	$B\vdash A\vee(B\vee C)$	Satz 1.3.5–2.(3) [2, 3]
5	$A\vee B\vdash A\vee(B\vee C)$	Satz 1.3.5–2.(8) [1, 4]
6	$C\vdash B\vee C$	LS (7)
7	$B\vee C\vdash A\vee(B\vee C)$	LS (7)
8	$C\vdash A\vee(B\vee C)$	Satz 1.3.5–2.(3) [6, 7]
9	$(A\vee B)\vee C\vdash A\vee(B\vee C)$	Satz 1.3.5–2.(8) [5, 8]
10	$A\vee(B\vee C)\vdash(A\vee B)\vee C$	*Übung!*
11	$\vdash(A\vee B)\vee C\leftrightarrow A\vee(B\vee C)$	Satz 1.3.3.(14) [9, 10]

Ad (77):

1	$A,B\vdash A\wedge B$	LS (5)
2	$A\wedge B\vdash(A\wedge B)\vee(A\wedge C)$	LS (6)
3	$A,B\vdash(A\wedge B)\vee(A\wedge C)$	Satz 1.3.5–2.(3) [1, 2]
4	$A,C\vdash A\wedge C$	LS (5)
5	$A\wedge C\vdash(A\wedge B)\vee(A\wedge C)$	LS (7)

6	$A, C \vdash (A \land B) \lor (A \land C)$	Satz 1.3.5–2.(3) [4, 5]
7	$A, B \lor C \vdash (A \land B) \lor (A \land C)$	Satz 1.3.5–2.(8) [3, 6]
8	$A \land (B \lor C) \vdash A$	LS (3)
9	$A \land (B \lor C) \vdash B \lor C$	LS (4)
10	$A \land (B \lor C) \vdash (A \land B) \lor (A \land C)$	Satz 1.3.5–2.(4) [7, 8, 9]
11	$(A \land B) \lor (A \land C), A \land B \to A,$	
	$A \land C \to A \vdash A$	LS (51)
12	$\vdash A \land B \to A$	$\alpha 3$
13	$\vdash A \land C \to A$	$\alpha 3$
14	$(A \land B) \lor (A \land C) \vdash A$	Satz 1.3.5–2.(6) [11, 12, 13]
15	$(A \land B) \lor (A \land C), A \land B \to B,$	
	$A \land C \to C \vdash B \lor C$	LS (52)
16	$\vdash A \land B \to B$	$\alpha 4$
17	$\vdash A \land C \to C$	$\alpha 4$
18	$(A \land B) \lor (A \land C) \vdash B \lor C$	Satz 1.3.5–2.(6) [15, 16, 17]
19	$A, B \lor C \vdash A \land (B \lor C)$	LS (5)
20	$(A \land B) \lor (A \land C) \vdash A \land (B \lor C)$	Satz 1.3.5–2.(4) [14, 18, 19]
21	$\vdash A \land (B \lor C) \leftrightarrow (A \land B) \lor (A \land C)$	Satz 1.3.3.(14) [10, 20]

Ad (78):

1	$\vdash B \land C \to B$	$\alpha 3$
2	$B \land C \vdash B \vdash A \lor (B \land C) \to A \lor B$	LS (25)
3	$\vdash A \lor (B \land C) \to A \lor B$	Satz 1.3.5–2.(7) [1, 2]
4	$A \lor (B \land C) \vdash A \lor B$	Satz 1.3.3.(10) [3]
5	$A \lor (B \land C) \vdash A \lor C$	*Übung!*
6	$A \lor B, A \lor C \vdash (A \lor B) \land (A \lor C)$	LS (5)
7	$A \lor (B \land C) \vdash (A \lor B) \land (A \lor C)$	Satz 1.3.5–2.(4) [4, 5, 6]
8	$\vdash (A \lor B) \land C \leftrightarrow C \land (A \lor B)$	LS (75)
9	$(A \lor B) \land C \vdash C \land (A \lor B)$	Satz 1.3.3.(14) [8]
10	$\vdash C \land (A \lor B) \leftrightarrow (C \land A) \lor (C \land B)$	LS (77)
11	$C \land (A \lor B) \vdash (C \land A) \lor (C \land B)$	Satz 1.3.3.(14) [10]
12	$(A \lor B) \land C \vdash (C \land A) \lor (C \land B)$	Satz 1.3.5–2.(3) [9, 11]
13	$(C \land A) \lor (C \land B), C \land A \to A,$	
	$C \land B \to B \land C \vdash A \lor (B \land C)$	LS (52)
14	$\vdash C \land A \to A$	$\alpha 4$
15	$\vdash C \land B \to B \land C$	LS (75)
16	$\vdash C \land B \to B \land C$	Satz 1.3.3.(12) [15]
17	$(C \land A) \lor (C \land B) \vdash A \lor (B \land C)$	Satz 1.3.5–2.(6) [13, 14, 16]
18	$(A \lor B) \land C \vdash A \lor (B \land C)$	Satz 1.3.5–2.(3) [12, 17]
19	$\vdash (A \lor B) \land (A \lor C) \leftrightarrow ((A \lor B) \land A)$	
	$\lor ((A \lor B) \land C)$	LS (77)

20	$(A \lor B) \land (A \lor C) \vdash ((A \lor B) \land A)$	
	$\lor ((A \lor B) \land C)$	Satz 1.3.3.(14) [19]
21	$(A \lor B) \land A \vdash A$	LS (4)
22	$A \vdash A \lor (B \land C)$	LS (6)
23	$(A \lor B) \land A \vdash A \lor (B \land C)$	Satz 1.3.5–2.(3) [21, 22]
24	$((A \lor B) \land A) \lor ((A \lor B) \land C) \vdash A$	
	$\lor (B \land C)$	Satz 1.3.5–2.(8) [18, 23]
25	$(A \lor B) \land (A \lor C) \vdash A \lor (B \land C)$	Satz 1.3.5–2.(3) [20, 24]
26	$\vdash A \lor (B \land C) \leftrightarrow (A \lor B) \land (A \lor C)$	Satz 1.3.3.(14) [7, 25]

Ad (82):

1	$A \land B \vdash A$	LS (3)
2	$A \land B \vdash B$	LS (4)
3	$A \vdash \neg \neg A$	LS (41)
4	$\neg A \lor \neg B, \neg \neg A \vdash \neg B$	LS (47)
5	$\neg A \lor \neg B, \neg \neg A, B \vdash \neg B$	Satz 1.3.3.(4) [4]
6	$\neg A \lor \neg B, \neg \neg A, B \vdash B$	Satz 1.3.3.(2)
7	$\neg \neg A, B \vdash \neg (\neg A \lor \neg B)$	Satz 1.3.5–2.(9) [5, 6]
8	$A \land B \vdash \neg \neg A$	Satz 1.3.5–2.(3) [1, 3]
9	$A \land B \vdash \neg (\neg A \lor \neg B)$	Satz 1.3.5–2.(4) [2, 7, 8]
10	$\neg A \vdash \neg A \lor \neg B$	LS (6)
11	$\neg (\neg A \lor \neg B), \neg A \vdash \neg A \lor \neg B$	Satz 1.3.3.(4) [10]
12	$\neg (\neg A \lor \neg B), \neg A \vdash \neg (\neg A \lor \neg B)$	Satz 1.3.3.(2)
13	$\neg (\neg A \lor \neg B) \vdash \neg \neg A$	Satz 1.3.5–2.(9) [11, 12]
14	$\neg \neg A \vdash A$	LS (10)
15	$\neg (\neg A \lor \neg B) \vdash A$	Satz 1.3.5–2.(3) [13, 14]
16	$\neg (\neg A \lor \neg B) \vdash B$	*Übung!*
17	$A, B \vdash A \land B$	LS (5)
18	$\neg (\neg A \lor \neg B) \vdash A \land B$	Satz 1.3.5–2.(4) [15, 16, 17]
19	$\vdash A \land B \leftrightarrow \neg (\neg A \lor \neg B)$	Satz 1.3.3.(14) [9, 18]

Ad (83):

1	$A, \neg A \land \neg B \vdash A$	Satz 1.3.3.(2)
2	$\neg A \land \neg B \vdash \neg A$	LS (3)
3	$A, \neg A \land \neg B \vdash \neg A$	Satz 1.3.3.(4) [2]
4	$A \vdash \neg (\neg A \land \neg B)$	Satz 1.3.5–2.(9) [1, 3]
5	$B \vdash \neg (\neg A \land \neg B)$	*Übung!*
6	$A \lor B \vdash \neg (\neg A \land \neg B)$	Satz 1.3.5–2.(8) [4, 5]
7	$\vdash A \lor B \rightarrow \neg (\neg A \land \neg B)$	Satz 1.3.5–2.(1) [6]

8	$A \vdash A \lor B$	LS (6)
9	$\neg(A \lor B), A \vdash A \lor B$	Satz 1.3.3.(4) [8]
10	$\neg(A \lor B), A \vdash \neg(A \lor B)$	Satz 1.3.3.(2)
11	$\neg(A \lor B) \vdash \neg A$	Satz 1.3.5–2.(9) [9, 10]
12	$\neg(A \lor B) \vdash \neg B$	*Übung!*
13	$\neg A, \neg B \vdash \neg A \land \neg B$	LS (5)
14	$\neg(A \lor B) \vdash \neg A \land \neg B \vdash$	Satz 1.3.5–2.(4) [11, 12, 13]
15	$\vdash \neg(A \lor B) \to \neg A \land \neg B$	Satz 1.3.5–2.(1) [14]
16	$\neg(A \lor B) \to \neg A \land \neg B \vdash$	
	$\neg(\neg A \land \neg B) \to \neg\neg(A \lor B)$	LS (43)
17	$\vdash \neg(\neg A \land \neg B) \to \neg\neg(A \lor B)$	Satz 1.3.5–2.(7) [15, 16]
18	$\vdash \neg\neg(A \lor B) \to A \lor B$	$\alpha 10$
19	$\neg(\neg A \land \neg B) \to \neg\neg(A \lor B),$	
	$\neg\neg(A \lor B) \to A \lor B \vdash$	
	$\neg(\neg A \land \neg B) \to (A \lor B)$	LS (26)
20	$\vdash \neg(\neg A \land \neg B) \to A \lor B$	Satz 1.3.5–2.(7) [17, 18, 19]
21	$\vdash A \lor B \leftrightarrow \neg(\neg A \land \neg B)$	Satz 1.3.3.(12) [7, 20]

Ad (84):

1	$A \land \neg B \vdash A$	LS (3)
2	$A \to B, A \land \neg B \vdash A$	Satz 1.3.3.(4) [1]
3	$A \to B, A \land \neg B \vdash A \to B$	Satz 1.3.3.(2)
4	$A \land \neg B \vdash \neg B$	LS (4)
5	$A \to B, A \land \neg B \vdash \neg B$	Satz 1.3.3.(4) [4]
6	$A \to B, \neg B \vdash \neg A$	LS (42)
7	$A \to B, A \land \neg B \vdash \neg A$	Satz 1.3.5–2.(4) [3, 5, 6]
8	$A \to B \vdash \neg(A \land \neg B)$	Satz 1.3.5–2.(9) [2, 7]
9	$A, \neg B \vdash A \land \neg B$	LS (5)
10	$\neg(A \land \neg B), A, \neg B \vdash A \land \neg B$	Satz 1.3.3.(4) [9]
11	$\neg(A \land \neg B), A, \neg B \vdash \neg(A \land \neg B)$	Satz 1.3.3.(2)
12	$\neg(A \land \neg B), \neg B \vdash \neg A$	Satz 1.3.5–2.(9) [10, 11]
13	$\neg(A \land \neg B) \vdash \neg B \to \neg A$	Satz 1.3.5–1 [12]
14	$\neg B \to \neg A \vdash A \to B$	LS (44)
15	$\neg(A \land \neg B) \vdash A \to B$	Satz 1.3.5–2.(3) [13, 14]
16	$\vdash (A \to B) \leftrightarrow \neg(A \land \neg B)$	Satz 1.3.3.(14) [8, 15]

Ad (85):

1	$A \to B, A \vdash B$	LS (1)
2	$B \vdash \neg A \lor B$	LS (7)
3	$A \to B, A \vdash \neg A \lor B$	Satz 1.3.5–2.(3) [1, 2]

4	$A \to B \vdash A \to \neg A \lor B$	LS (23)
5	$\neg A \vdash \neg A \lor B$	LS (6)
6	$A \to B, \neg A \vdash \neg A \lor B$	Satz 1.3.3.(4) [5]
7	$A \to B \vdash \neg A \to \neg A \lor B$	Satz 1.3.5–1 [6]
8	$A \to \neg A \lor B,$	
	$\neg A \to \neg A \lor B \vdash \neg A \lor B$	LS (55)
9	$A \to B \vdash \neg A \lor B$	Satz 1.3.5–2.(4) [4, 7, 8]
10	$A \vdash \neg \neg A$	LS (41)
11	$\neg A \lor B, A \vdash \neg \neg A$	Satz 1.3.3.(4) [10]
12	$\neg A \lor B, A \vdash \neg A \lor B$	Satz 1.3.3.(2)
13	$\neg A \lor B, \neg \neg A \vdash B$	LS (47)
14	$\neg A \lor B, A \vdash B$	Satz 1.3.5–2.(4) [11, 12, 13]
15	$\neg A \lor B \vdash A \to B$	Satz 1.3.5–1 [14]
16	$\vdash (A \to B) \leftrightarrow \neg A \lor B$	Satz 1.3.3.(14) [9, 15]

Ad (86):

1	$\vdash A \land B \leftrightarrow \neg(\neg A \lor \neg B)$	LS (82)
2	$\vdash (A \to \neg B) \leftrightarrow \neg A \lor \neg B$	LS (85)
3	$\vdash (A \to \neg B) \to \neg A \lor \neg B$	Satz 1.3.3.(12) [2]
4	$\vdash (\neg A \lor \neg B) \to (A \to \neg B)$	Satz 1.3.3.(12) [2]
5	$\vdash (\neg A \lor \neg B) \leftrightarrow (A \to \neg B)$	Satz 1.3.3.(12) [3, 4]
6	$\vdash A \land B \leftrightarrow \neg(A \to \neg B)$	Satz 1.3.7–3 [1, 5]

Bei der Anwendung von Satz 1.3.7–3 wurde von der Tatsache Gebrauch gemacht, daß $\neg A \lor \neg B$ Teilformel von $A \land B \leftrightarrow \neg(\neg A \lor \neg B)$ ist und daß $A \land B \leftrightarrow \neg(A \to \neg B)$ aus $A \land B \leftrightarrow \neg(\neg A \lor \neg B)$ durch Ersetzung eines Vorkommens von $\neg A \lor \neg B$ durch $A \to \neg B$ entsteht.

Ad (88):

1	$\vdash A \land B \leftrightarrow \neg(\neg A \lor \neg B)$	LS (82)
2	$A \land B \leftrightarrow \neg(\neg A \lor \neg B) \vdash \neg(A \land B)$	
	$\leftrightarrow \neg \neg \neg (\neg A \lor \neg B)$	LS (64)
3	$\vdash \neg(A \land B) \leftrightarrow \neg \neg \neg (\neg A \lor \neg B)$	Satz 1.3.5–2.(7) [1, 2]
4	$\vdash \neg A \lor \neg B \leftrightarrow \neg \neg \neg (\neg A \lor \neg B)$	LS (81)
5	$\vdash \neg A \lor \neg B \to \neg \neg \neg (\neg A \lor \neg B)$	Satz 1.3.3.(12) [4]
6	$\vdash \neg \neg \neg (\neg A \lor \neg B) \to \neg A \lor \neg B$	Satz 1.3.3.(12) [4]
7	$\vdash \neg \neg \neg (\neg A \lor \neg B) \leftrightarrow \neg A \lor \neg B$	Satz 1.3.3.(12) [5, 6]
8	$\vdash \neg(A \land B) \leftrightarrow \neg A \lor \neg B$	Satz 1.3.7–3 [4, 7]

1.3.9. Die Adäquatheit von $\Pi 1$

Wir wollen nun zeigen, daß $\Pi 1$ adäquat ist bezüglich der Klasse der $S1$-gültigen Formeln. Gemäß 0.5.2 müssen wir also nachweisen, daß die Klasse der Theoreme von $\Pi 1$ identisch ist mit der Klasse der $S1$-gültigen Formeln. Die Identität dieser beiden Klassen ergibt sich aus dem folgenden Satz, der deswegen auch »Adäquatheitssatz« genannt werden soll.

Satz 1.3.9–1 *(Adäquatheitssatz für $\Pi 1$).*
  -Für jede $S1$-Formel A gilt: A ist ein Theorem von $\Pi 1$ gdw A $S1$-gültig ist.

Wir beweisen diesen Satz, indem wir zeigen, daß jedes Theorem von $\Pi 1$ $S1$-gültig ist (Korrektheitssatz für $\Pi 1$) und daß jede $S1$-gültige Formel ein Theorem von $\Pi 1$ ist (Vollständigkeitssatz für $\Pi 1$).

(I) Die Korrektheit von $\Pi 1$

Satz 1.3.9–2 *(Korrektheitssatz für $\Pi 1$).*
  Jedes Theorem von $\Pi 1$ ist $S1$-gültig.

Beweis: Sei A irgendeine $S1$-Formel mit $\vdash A$. Dann gibt es einen Beweis $C_1, \ldots, C_n$ für A in $\Pi 1$.

Fall 1: $n = 1$.

Dann ist A ein Axiom von $\Pi 1$. Alle Axiome von $\Pi 1$ sind aber $S1$-gültig (vgl. Satz 1.1.2–6.(24)–(36)).

Fall 2: $n > 1$.

Wir beweisen durch starke endliche Induktion, daß für alle j mit $1 \leq j \leq n$ gilt: $\Vdash C_j$. Hieraus folgt dann durch Spezialisierung von j auf n: $\Vdash C_n$, d. h. $\Vdash A$.

Induktionsbasis: s. Fall 1

Induktionsschritt

Sei k irgendeine natürliche Zahl mit $1 \leq k < n$ und gelte für alle i mit $1 \leq i \leq k$: $\Vdash C_i$. (I.V.)
  C_{k+1} ist nun ein Axiom von $\Pi 1$, oder die Folge $C_1, \ldots, C_{k+1}$ ergibt sich durch Anwendung des $S1$-MP auf $C_1, \ldots, C_k$. Ist C_{k+1} ein Axiom von $\Pi 1$, so gilt $\Vdash C_{k+1}$ (vgl. Fall 1).

Angenommen, $C_1, \ldots, C_{k+1}$ ergibt sich durch Anwendung des $S1$-MP auf $C_1, \ldots, C_k$. Dann gibt es ein $l(1 \leq l \leq k)$ derart, daß die Formeln C_l und $C_l \rightarrow C_{k+1}$ Glieder von $C_1, \ldots, C_k$ sind, und es gilt aufgrund der I.V. $\Vdash C_l$ und $\Vdash C_l \rightarrow C_{k+1}$. Also ergibt sich mit Satz 1.1.2–8.(9) $\Vdash C_{k+1}$.

Damit ist Satz 1.3.9–2 bewiesen. Die nächsten vier Sätze sind Korollare dieses Satzes.

Satz 1.3.9–3 *(Verallgemeinerter Korrektheitssatz für* $\Pi1$*).*

Für jede $S1$-Formel A und jede Teilklasse Γ von $S1$ gilt: Wenn A in $\Pi1$ aus Γ ableitbar ist, dann ist A eine $S1$-Konsequenz aus Γ.

Beweis: Sei A irgendeine $S1$-Formel, Γ irgendeine Teilklasse von $S1$, und gelte $\Gamma \vdash A$. Dann gibt es, da jede Ableitung eine endliche Formelfolge ist, eine endliche Teilklasse Δ von Γ mit $\Delta \vdash A$. Wir unterscheiden zwei Fälle.

Fall 1: $\Delta = \emptyset$.

Dann gilt $\emptyset \vdash A$ und daher wegen Satz 1.3.3.(1) auch $\vdash A$. Also ergibt sich aufgrund des Korrektheitssatzes für $\Pi1$ $\Vdash A$. Hieraus folgt aber mit Satz 1.1.2–8.(7) $\Gamma \Vdash A$.

Fall 2: $\Delta \neq \emptyset$.

Dann gibt es $S1$-Formeln $B_1, \ldots, B_n$ derart, daß $\{B_1, \ldots, B_n\} = \Delta$. Da voraussetzungsgemäß gilt $B_1, \ldots, B_n \vdash A$, erhält man mit Satz 1.3.5–2.(2) $\vdash B_1 \rightarrow (B_2 \rightarrow \cdots (B_n \rightarrow A) \ldots)$. Hieraus ergibt sich mit dem Korrektheitssatz für $\Pi1$ $\Vdash B_1 \rightarrow (B_2 \rightarrow \cdots (B_n \rightarrow A) \ldots)$. Durch Anwendung von Satz 1.1.2–8.(2) gewinnt man somit $B_1, \ldots, B_n \Vdash A$. Also gilt wegen Satz 1.1.2–8.(6) $\Gamma \Vdash A$.

Satz 1.3.9–4 *(Widerspruchsfreiheit von* $\Pi1$*).*

Es gibt keine $S1$-Formel A derart, daß sowohl A als auch $\neg A$ Theoreme von $\Pi1$ sind.

Beweis: Gäbe es eine $S1$-Formel A derart, daß sowohl $\vdash A$ als auch $\vdash \neg A$, so müßte aufgrund des Korrektheitssatzes für $\Pi1$ $\Vdash A$ und $\Vdash \neg A$ gelten. Dies ist aber unmöglich.

Satz 1.3.9–5.

Keine $S1$-Kontradiktion ist in $\Pi1$ beweisbar.

Beweis: Gäbe es eine in $\Pi1$ beweisbare $S1$-Kontradiktion, so wäre sie aufgrund des Korrektheitssatzes für $\Pi1$ gültig. Dies ist aber unmöglich.

Satz 1.3.9–6 *(Absolute Konsistenz* von *Π1).*
　Es gibt wenigstens eine *S1*-Formel, die nicht in *Π1* beweisbar ist.

Beweis: Die Formel *p* ist nicht *S1*-gültig und daher aufgrund des Korrektheitssatzes für *Π1* kein Theorem von *Π1*.

Wir zeigen nun, daß die letzten drei Sätze insofern miteinander äquivalent sind, als jeder von ihnen aus jedem der beiden anderen logisch folgt. Hierzu genügt es offensichtlich, dreierlei nachzuweisen:

(1)　Aus Satz 1.3.9–4 folgt Satz 1.3.9–5.
(2)　Aus Satz 1.3.9–5 folgt Satz 1.3.9–6.
(3)　Aus Satz 1.3.9–6 folgt Satz 1.3.9–4.

Ad (1): Angenommen, es gilt Satz 1.3.9–4. Gäbe es nun eine *S1*-Formel *A* derart, daß $\vdash A \land \neg A$, so müßte wegen LS (3), LS (4) und Satz 1.3.5–2.(7) sowohl $\vdash A$ als auch $\vdash \neg A$ gelten (Widerspruch!).

Ad (2): Angenommen, es gilt Satz 1.3.9–5. Dann ist z. B. die Formel $p \land \neg p$ nicht in *Π1* beweisbar. Also gibt es wenigstens eine *S1*-Formel, die nicht in *Π1* beweisbar ist.

Ad (3): Angenommen, es gilt Satz 1.3.9–6. Gäbe es eine *S1*-Formel *A* derart, daß sowohl $\vdash A$ als auch $\vdash \neg A$, so wäre aufgrund von LS (38) und Satz 1.3.5–2.(7) jede *S1*-Formel in *Π1* beweisbar (Widerspruch!).

(II)　Die Vollständigkeit von *Π1*

Satz 1.3.9–7 *(Vollständigkeitssatz* für *Π1).*
　Jede *S1*-gültige Formel ist ein Theorem von *Π1*.

Der folgende, auf L. KALMÁR zurückgehende Beweis dieses Satzes erfolgt in mehreren Schritten. Wir beweisen zunächst drei Lemmata. Dabei erweist sich folgende Festsetzung als zweckmäßig:

　Sei *A* irgendeine *S1*-Formel und seien $B_1, \ldots, B_n$ die in *A* vorkommenden Satzbuchstaben. Sei ferner B_i^* entweder B_i oder $\neg B_i$ $(1 \leq i \leq n)$. Dann nennen wir $\{B_1^*, \ldots, B_n^*\}$ eine *Basisklasse* von *A*.

Beispiel: Betrachten wir die Formel $\neg(p \lor q \to \neg p)$. Offensichtlich gibt es vier Basisklassen dieser Formel, nämlich $\{p, q\}$, $\{\neg p, q\}$, $\{p, \neg q\}$ und $\{\neg p, \neg q\}$.

Lemma 1

Sei A irgendeine $S1$-Formel und Γ irgendeine Basisklasse von A. Dann gilt: $\Gamma \vdash A$ oder $\Gamma \vdash \neg A$.

Dieses Lemma ergibt sich aus dem folgenden Satz, den wir durch starke unendliche Induktion beweisen:

Für alle n mit $n \geq 0$ gilt: Ist A irgendeine $S1$-Formel vom Grad n und Γ irgendeine Basisklasse von A, so gilt: $\Gamma \vdash A$ oder $\Gamma \vdash \neg A$.

Induktionsbasis

Angenommen, A ist irgendeine $S1$-Formel vom Grad 0 und Γ ist irgendeine Basisklasse von A. Dann ist A ein Satzbuchstabe, und es gilt daher: $\Gamma = \{A\}$ oder $\Gamma = \{\neg A\}$. Ist $\Gamma = \{A\}$, so gilt wegen Satz 1.3.3.(2) $\Gamma \vdash A$. Also gilt auch: $\Gamma \vdash A$ oder $\Gamma \vdash \neg A$. Ist hingegen $\Gamma = \{\neg A\}$, so gilt wegen Satz 1.3.3.(2) $\Gamma \vdash \neg A$. Also gilt auch in diesem Fall: $\Gamma \vdash A$ oder $\Gamma \vdash \neg A$.

Induktionsschritt

Sei k irgendeine natürliche Zahl mit $k \geq 0$ und gelte für alle i mit $0 \leq i \leq k$: Ist A irgendeine $S1$-Formel vom Grad i und Γ irgendeine Basisklasse von A, so gilt: $\Gamma \vdash A$ oder $\Gamma \vdash \neg A$. (I.V.)

Sei nun A irgendeine $S1$-Formel vom Grad $k+1$ und Γ irgendeine Basisklasse von A. Dann sind fünf Fälle möglich: A ist eine Negation, Konjunktion, Adjunktion, Implikation oder Äquivalenz.

Fall 1: Es gibt ein B mit $A = \neg B$.

Da Γ auch eine Basisklasse von B ist, gilt aufgrund der I.V.: $\Gamma \vdash B$ oder $\Gamma \vdash \neg B$.

Angenommen, $\Gamma \vdash B$. Dann ergibt sich mit LS(41) und Satz 1.3.5–2.(3) $\Gamma \vdash \neg \neg B$, d.h. $\Gamma \vdash \neg A$. Hieraus folgt aber: $\Gamma \vdash A$ oder $\Gamma \vdash \neg A$.

Angenommen, $\Gamma \vdash \neg B$. Da $\neg B = A$, gilt also auch unter dieser Annahme: $\Gamma \vdash A$ oder $\Gamma \vdash \neg A$.

Fall 2: Es gibt B und C mit $A = B \wedge C$.

Sei Γ_1 eine Basisklasse von B mit $\Gamma_1 \subseteq \Gamma$ und Γ_2 eine Basisklasse von C mit $\Gamma_2 \subseteq \Gamma$. Dann gilt aufgrund der I.V.:

$\Gamma_1 \vdash B$ oder $\Gamma_1 \vdash \neg B$

und

$\Gamma_2 \vdash C$ oder $\Gamma_2 \vdash \neg C$.

Hieraus folgt, daß eine der folgenden vier Behauptungen zutrifft:

$(*_1)$ $\Gamma_1 \vdash B$ und $\Gamma_2 \vdash C$;

$(*_2)$ $\Gamma_1 \vdash B$ und $\Gamma_2 \vdash \neg C$;

$(*_3)$ $\Gamma_1 \vdash \neg B$ und $\Gamma_2 \vdash C$;

$(*_4)$ $\Gamma_1 \vdash \neg B$ und $\Gamma_2 \vdash \neg C$.

Angenommen, $(*_1)$. Dann gilt nach Satz 1.3.3.(4) $\Gamma \vdash B$ sowie $\Gamma \vdash C$, und man erhält daher mit LS (5) und Satz 1.3.5–2.(4) $\Gamma \vdash B \wedge C$, d. h. $\Gamma \vdash A$. Es gilt also: $\Gamma \vdash A$ oder $\Gamma \vdash \neg A$.

Angenommen, $(*_2)$. Dann gilt nach Satz 1.3.3.(4) $\Gamma \vdash \neg C$, und man erhält mit LS (7) und Satz 1.3.5–2.(3) $\Gamma \vdash \neg B \vee \neg C$. Hieraus ergibt sich mit LS (88), Satz 1.3.3.(12) und Satz 1.3.3.(7) $\Gamma \vdash \neg (B \wedge C)$, d. h. $\Gamma \vdash \neg A$. Es gilt also: $\Gamma \vdash A$ oder $\Gamma \vdash \neg A$.

Nimmt man $(*_3)$ oder $(*_4)$ an, so gelangt man auf ähnliche Weise zum gleichen Ergebnis.

Ebenso wie in Fall 2 verfahre man in den Fällen 3–5. Es ergibt sich jedesmal: $\Gamma \vdash A$ oder $\Gamma \vdash \neg A$.

Lemma 2

Sei A irgendeine $S1$-gültige Formel. Dann gilt für jede Basisklasse Γ von A: $\Gamma \vdash A$.

Beweis: Sei A irgendeine $S1$-gültige Formel und Γ irgendeine Basisklasse von A. Sei ferner $\mathfrak{A}$ eine $S1$-Grundbewertung, für welche gilt: Ist B ein Satzbuchstabe aus Γ, so ist $\mathfrak{A}^l B = 1$; ist B hingegen ein Satzbuchstabe mit $\neg B \in \Gamma$, so ist $\mathfrak{A}^l B = 0$.

Offensichtlich ordnet $\mathfrak{A}$ jedem Element von Γ den Wert 1 zu. Da nun A nach Voraussetzung $S1$-gültig ist, gilt $\mathfrak{A}^l \neg A = 0$, und es kann daher nicht gelten $\Gamma \Vdash \neg A$. Aufgrund des verallgemeinerten Korrektheitssatzes für $\Pi 1$ kann man also darauf schließen, daß nicht $\Gamma \vdash \neg A$. Nun gilt aber nach Lemma 1: $\Gamma \vdash A$ oder $\Gamma \vdash \neg A$. Also ergibt sich $\Gamma \vdash A$.

Lemma 3

Für jede $S1$-Formel A gilt: Wenn A in $\Pi 1$ aus jeder Basisklasse von A ableitbar ist, dann ist A ein Theorem von $\Pi 1$.

Beweis: Sei A irgendeine $S1$-Formel, die aus jeder Basisklasse von A ableitbar ist. Sei ferner r die Anzahl der in A vorkommenden Satzbuchstaben.

Wir beweisen zunächst, daß A aus jeder Teilklasse einer beliebigen Basisklasse von A ableitbar ist. Dies ergibt sich aus der folgenden Behauptung, die wir durch schwache unendliche Induktion beweisen:

Für alle n mit $n \geqq 0$ gilt: Ist $\varDelta$ irgendeine Teilklasse einer beliebigen Basisklasse von A mit $r - |\varDelta| = n$, so gilt $\varDelta \vdash A$.

Induktionsbasis

Sei $\varDelta$ irgendeine Teilklasse einer beliebigen Basisklasse von A mit $r - |\varDelta| = 0$. Dann enthält $\varDelta$ genauso viele Elemente wie eine Basisklasse von A. Also ist $\varDelta$ mit einer Basisklasse von A identisch, und es gilt voraussetzungsgemäß $\varDelta \vdash A$.

Induktionsschritt

Sei k irgendeine natürliche Zahl mit $k \geqq 0$ und gelte für alle $\varDelta$: Ist $\varDelta$ irgendeine Teilklasse einer beliebigen Basisklasse von A mit $r - |\varDelta| = k$, so gilt $\varDelta \vdash A$. (I.V.)
Angenommen ferner, $\varDelta$ ist irgendeine Teilklasse einer beliebigen Basisklasse von A mit $r - |\varDelta| = k + 1$. Dann gibt es einen in A vorkommenden Satzbuchstaben B, für den gilt: $B \notin \varDelta$ und $\neg B \notin \varDelta$. Da nun auch $\varDelta \cup \{B\}$ und $\varDelta \cup \{\neg B\}$ Teilklassen gewisser Basisklassen von A sind und sowohl $r - |\varDelta \cup \{B\}| = k$ als auch $r - |\varDelta \cup \{\neg B\}| = k$ gilt, ist die I. V. anwendbar, und man erhält $\varDelta \cup \{B\} \vdash A$ und $\varDelta \cup \{\neg B\} \vdash A$. Also ergibt sich $\varDelta \vdash A$.

Begründung:

1	$\varDelta \cup \{B\} \vdash A$	
2	$\varDelta \cup \{\neg B\} \vdash A$	
3	$\varDelta \vdash B \to A$	Deduktionstheorem [1]
4	$\varDelta \vdash \neg B \to A$	Deduktionstheorem [2]
5	$B \to A, \neg B \to A \vdash A$	LS (55)
6	$\varDelta \vdash A$	Satz 1.3.5–2.(4) [3, 4, 5]

Damit ist die Induktionsbehauptung bewiesen. Wir haben also gezeigt, daß A aus jeder Teilklasse einer beliebigen Basisklasse von A ableitbar ist. Da die leere Klasse Teilklasse einer jeden Klasse ist, muß also auch gelten $\emptyset \vdash A$. Hieraus ergibt sich aber mit Satz 1.3.3.(1) $\vdash A$.

Der Vollständigkeitssatz für $\varPi 1$ folgt nun unmittelbar aus Lemma 2 und Lemma 3.

Der nächste Satz ist ein Korollar des Vollständigkeitssatzes.

Satz 1.3.9–8. (Schwach verallgemeinerter Vollständigkeitssatz für Π1).
Für jede $S1$-Formel A und jede endliche Teilklasse Γ von $S1$
gilt: Wenn A eine $S1$-Konsequenz aus Γ ist, dann ist A in $\Pi1$
aus Γ ableitbar.

Beweis: Sei A irgendeine $S1$-Formel, Γ irgendeine endliche Teilklasse von $S1$ und gelte $\Gamma \Vdash A$. Wir unterscheiden zwei Fälle.

Fall 1: $\Gamma = \emptyset$.

Dann gilt nach Satz 1.1.2–8.(1) $\Vdash A$, und man gewinnt mit Hilfe
des Vollständigkeitssatzes für $\Pi1$ $\vdash A$. Also gilt wegen Satz 1.3.3(5)
auch $\Gamma \vdash A$.

Fall 2: $\Gamma \neq \emptyset$.

Dann gibt es $S1$-Formeln $B_1, ..., B_n$ derart, daß $\{B_1, ..., B_n\} = \Gamma$.
Da voraussetzungsgemäß gilt $B_1, ..., B_n \Vdash A$, erhält man unter
Verwendung von Satz 1.1.2–8.(11) $\Vdash B_1 \rightarrow (B_2 \rightarrow ...(B_n \rightarrow A)...)$. Hier-
aus ergibt sich mit dem Vollständigkeitssatz für $\Pi1$ $\vdash B_1 \rightarrow (B_2 \rightarrow ...$
$(B_n \rightarrow A)...)$. Durch Anwendung von Satz 1.3.5–2.(2) gewinnt man
schließlich $B_1, ..., B_n \vdash A$, d. h. $\Gamma \vdash A$.

Wir haben Satz 1.3.9–8 deshalb einen »schwach« verallgemeinerten
Vollständigkeitssatz genannt, weil er sich nur auf *endliche* Formelklassen bezieht. Der entsprechende stark verallgemeinerte Vollständigkeitssatz für $\Pi1$, der sich auf beliebige (also auch auf unendliche)
Formelklassen bezieht, gilt zwar auch, läßt sich aber nicht aus dem
Vollständigkeitssatz für $\Pi1$ gewinnen. Wir werden den Beweis
jedoch auf dem Umweg über den stark verallgemeinerten Vollständigkeitssatz für $\Pi2$ (vgl. Bd. 2, S. 2.3.8) erbringen.

Satz 1.3.9–9 (Stark verallgemeinerter Vollständigkeitssatz für Π1).
Für jede $S1$-Formel A und jede Teilklasse Γ von $S1$ gilt: Wenn A
eine $S1$-Konsequenz aus Γ ist, dann ist A in $\Pi1$ aus Γ ableitbar.

Man könnte diesen Satz auch beweisen, indem man den auf
L. HENKIN zurückgehenden Beweis des Vollständigkeitssatzes für
$\Pi2$ in entsprechend abgewandelter Form auf $\Pi1$ überträgt. Damit
hätte man dann natürlich auch den Vollständigkeitssatz für $\Pi1$
gewonnen. Wir wollen hier aber auf die HENKINsche Methode nicht
weiter eingehen, da diese im Rahmen von $\Pi2$ ausführlich geschildert
wird.

Wir geben nun zur Ergänzung noch einen weiteren, auf P. BERNAYS zurückgehenden Beweis des Vollständigkeitssatzes für $\Pi 1$ an. Dieser Beweis beruht, im Unterschied zu dem oben geführten Vollständigkeitsbeweis nach KALMÁR, auf der Theorie der aussagenlogischen Normalformen. Beide Beweise haben jedoch den Nachteil, daß sich die jeweils zugrundeliegende Beweismethode nicht zur Gewinnung des stark verallgemeinerten Vollständigkeitssatzes für $\Pi 1$ verwenden läßt. BERNAYS' Beweis basiert auf den nachfolgenden vier Lemmata.

Lemma 1

Jede $S1$-Basisadjunktion, die einen Satzbuchstaben zusammen mit seiner Negation als adjunktive $S1$-Basiskomponenten enthält, ist ein Theorem von $\Pi 1$.

Dieses Lemma ergibt sich aus dem folgenden Satz, den wir durch starke unendliche Induktion beweisen:

Für alle n mit $n \geq 1$ gilt: Ist A irgendeine $S1$-Basisadjunktion, die n Vorkommen des Adjunktionszeichens enthält, und gibt es einen Satzbuchstaben B derart, daß B und $\neg B$ adjunktive S1-Basiskomponenten von A sind, so ist A ein Theorem von $\Pi 1$.

Induktionsbasis

Sei A irgendeine Basisadjunktion, die genau ein Vorkommen des Adjunktionszeichens enthält; angenommen ferner, es gibt einen Satzbuchstaben B derart, daß B und $\neg B$ adjunktive Basiskomponenten von A sind. Dann ist A entweder die Formel $B \vee \neg B$ oder die Formel $\neg B \vee B$. In beiden Fällen ergibt sich $\vdash A$ (LS (50), LS (76), Satz 1.3.7–3).

Induktionsschritt

Sei k irgendeine natürliche Zahl mit $k \geq 1$ und gelte für jedes i mit $1 \leq i \leq k$: Ist A irgendeine $S1$-Basisadjunktion, die i Vorkommen des Adjunktionszeichens enthält, und gibt es einen Satzbuchstaben B derart, daß B und $\neg B$ adjunktive $S1$-Basiskomponenten von A sind, so ist A ein Theorem von $\Pi 1$. (I.V.)

Sei nun A irgendeine Basisadjunktion, die $k + 1$ Vorkommen des Adjunktionszeichens enthält; angenommen ferner, es gibt einen Satzbuchstaben B derart, daß B und $\neg B$ adjunktive Basiskomponenten von A sind. Dann gibt es Formeln C, D und E, so daß $A = (C \vee D) \vee E$ oder $A = C \vee (D \vee E)$.

Fall 1: $A = (C \vee D) \vee E$.

1.1: B und $\neg B$ sind adjunktive Basiskomponenten von $C \vee D$. Dann gilt nach I.V. $\vdash C \vee D$, und man erhält mit LS (6) und Satz 1.3.5–2.(7) $\vdash A$.

1.2: B und $\neg B$ sind adjunktive Basiskomponenten von E. Dann gilt nach I.V. $\vdash E$, und man erhält mit LS (7) und Satz 1.3.5–2.(7) $\vdash A$.

1.3: B ist adjunktive Basiskomponente von $C \vee D$, und $\neg B$ ist adjunktive Basiskomponente von E.

1.3.1: B ist adjunktive Basiskomponente von C. Dann gilt nach I.V. $\vdash C \vee E$. Also ergibt sich mit LS (7) und Satz 1.3.5–2.(7) $\vdash D \vee (C \vee E)$. Wendet man nun LS (74), Satz 1.3.3.(12), Satz 1.3.3.(8), LS (76) und Satz 1.3.7–3 an, so erhält man $\vdash A$.

1.3.2: B ist adjunktive Basiskomponente von D. Dann gilt nach I.V. $\vdash D \vee E$. Also ergibt sich mit LS (7) und Satz 1.3.5–2.(7) $\vdash C \vee (D \vee E)$. Wendet man nun LS (74), Satz 1.3.3.(12) und Satz 1.3.3.(8) an, so erhält man $\vdash A$.

1.4: B ist adjunktive Basiskomponente von E, und $\neg B$ ist adjunktive Basiskomponente von $C \vee D$.

1.4.1: $\neg B$ ist adjunktive Basiskomponente von C. Dann gilt nach I.V. $\vdash C \vee E$. Es sei dem Leser überlassen, zu zeigen, daß dann gilt $\vdash A$.

1.4.2: $\neg B$ ist adjunktive Basiskomponente von D. Dann gilt nach I.V. $\vdash D \vee E$. Der Leser zeige, daß auch diesmal gilt $\vdash A$.

Fall 2: $A = C \vee (D \vee E)$.

Daß dann ebenfalls gilt $\vdash A$, ergibt sich analog zu Fall 1. *(Übung!)*.

Lemma 2

Enthält jedes Konjunkt einer konjunktiven *S1*-Normalform wenigstens einen Satzbuchstaben zusammen mit seiner Negation als adjunktive *S1*-Basiskomponenten, so ist sie ein Theorem von $\varPi 1$.

Dieser Satz ergibt sich aus der folgenden Behauptung, die wir durch starke unendliche Induktion beweisen:

Für alle n mit $n \geqq 0$ gilt: Ist A irgendeine konjunktive *S1*-Normalform, die n Vorkommen des Konjunktionszeichens enthält, und gibt es zu jedem Konjunkt B von A einen Satzbuchstaben C derart, daß C und $\neg C$ adjunktive *S1*-Basiskomponenten von B sind, so ist A ein Theorem von $\varPi 1$.

Induktionsbasis

Sei A irgendeine konjunktive $S1$-Normalform, die kein Vorkommen des Konjunktionszeichens enthält, und gelte ferner, daß es zu jedem Konjunkt B von A einen Satzbuchstaben C gibt derart, daß C und $\neg C$ adjunktive $S1$-Basiskomponenten von B sind. Da A dann eine $S1$-Basisadjunktion ist, ergibt sich mit Lemma 1 $\vdash A$.

Induktionsschritt

Sei k irgendeine natürliche Zahl mit $k \geqq 0$ und gelte für jedes i mit $0 \leqq i \leqq k$: Ist A irgendeine konjunktive $S1$-Normalform, die i Vorkommen des Konjunktionszeichens enthält, und gibt es zu jedem Konjunkt B von A einen Satzbuchstaben C derart, daß C und $\neg C$ adjunktive $S1$-Basiskomponenten von B sind, so ist A ein Theorem von $\Pi 1$. (I.V.)

Sei nun A irgendeine konjunktive Normalform, die $k + 1$ Vorkommen des Konjunktionszeichens enthält; angenommen ferner, daß es zu jedem Konjunkt B von A einen Satzbuchstaben C gibt derart, daß C und $\neg C$ adjunktive Basiskomponenten von B sind. Dann gibt es Formeln D und E mit $A = D \wedge E$, wobei D und E konjunktive Normalformen sind, die höchstens k Vorkommen des Konjunktionszeichens enthalten. Da es nun voraussetzungsgemäß zu jedem Konjunkt B von D und von E einen Satzbuchstaben C gibt derart, daß C und $\neg C$ adjunktive Basiskomponenten von B sind, gilt nach I.V. $\vdash D$ und $\vdash E$. Folglich erhält man mit LS (5) und Satz 1.3.5–2.(7) $\vdash A$.

Lemma 3

Jede $S1$-gültige konjunktive $S1$-Normalform ist ein Theorem von $\Pi 1$.

Beweis: Sei A irgendeine $S1$-gültige konjunktive Normalform. Dann gibt es nach Satz 1.1.3–3 zu jedem Konjunkt B von A einen Satzbuchstaben C derart, daß C und $\neg C$ adjunktive Basiskomponenten von B sind. Folglich gilt wegen Lemma 2 $\vdash A$.

Lemma 4

Für jede $S1$-Formel A gilt: A ist ein Theorem von $\Pi 1$ gdw $A_\wedge$ ein Theorem von $\Pi 1$ ist.

Dieser Satz wird genauso bewiesen wie Satz 1.1.3–5.(2).

Der Vollständigkeitssatz für $\Pi 1$ ergibt sich nun folgendermaßen:

Sei A irgendeine $S1$-gültige Formel. Dann gilt nach Satz 1.1.3–5.(2) $\Vdash A_\wedge$ und somit wegen Lemma 3 auch $\vdash A_\wedge$. Also folgt mit Lemma 4 $\vdash A$.

1.3.10. Die Entscheidbarkeit des Theorembegriffs von $\Pi 1$

Satz 1.3.10–1.
Die Klasse der Theoreme von $\Pi 1$ ist entscheidbar bezüglich $S1$.

Beweis: Nach dem Adäquatheitssatz für $\Pi 1$ ist die Klasse der Theoreme von $\Pi 1$ identisch mit der Klasse der $S1$-gültigen Formeln. Da nun die Klasse der $S1$-gültigen Formeln bezüglich $S1$ entscheidbar ist (s. Satz 1.1.2–7), ist auch die Klasse der Theoreme von $\Pi 1$ bezüglich $S1$ entscheidbar.

Satz 1.3.10–2.
Sei Γ irgendeine endliche Teilklasse von $S1$, die bezüglich $S1$ entscheidbar ist. Dann ist die Klasse aller $S1$-Formeln, die in $\Pi 1$ aus Γ ableitbar sind, entscheidbar bezüglich $S1$.

Beweis: Angenommen, es gelten die Voraussetzungen. Nach Satz 1.1.2–9 ist die Klasse aller $S1$-Konsequenzen aus Γ entscheidbar bezüglich $S1$. Die Klasse aller $S1$-Konsequenzen aus Γ ist aber aufgrund von Satz 1.3.9–3 und Satz 1.3.9–8 identisch mit der Klasse aller $S1$-Formeln, die in $\Pi 1$ aus Γ ableitbar sind.

1.3.11. Die Unabhängigkeit der Axiomenklassen $\alpha 1$–$\alpha 13$

In 0.5.1 haben wir erklärt, was man unter der Unabhängigkeit eines Axioms versteht. Wir zeigen nun als erstes, daß nicht jedes Element von $P1$ in $\Pi 1$ unabhängig ist.

Betrachten wir die Formel $\neg\,\neg(p \to p) \to (p \to p)$! Sie ist ein Element von $\alpha 10$. Daß sie ein Theorem von $\langle S1, P1\setminus\{\neg\,\neg(p \to p) \to (p \to p)\}, R1\rangle$ ist, zeigt der folgende Beweis:

$p \to ((q \to p) \to p)$	$\alpha 1$
$(p \to ((q \to p) \to p)) \to ((p \to (q \to p)) \to (p \to p))$	$\alpha 2$
$(p \to (q \to p)) \to (p \to p)$	$S1$-MP
$p \to (q \to p)$	$\alpha 1$
$p \to p$	$S1$-MP
$(p \to p) \to (\neg\,\neg(p \to p) \to (p \to p))$	$\alpha 1$
$\neg\,\neg(p \to p) \to (p \to p)$	$S1$-MP

Damit ist gezeigt, daß das Axiom $\neg\neg(p\to p)\to(p\to p)$ nicht unabhängig in $\Pi 1$ ist.

Wir wollen nun den Begriff der Unabhängigkeit eines (einzelnen) Axioms zum Begriff der Unabhängigkeit einer Klasse von Axiomen verallgemeinern.

Definition 1.3.11.

Γ ist eine *unabhängige Axiomenklasse von Φ bezüglich S, P, R* gdw
(1) Φ ist ein axiomatisches System bezüglich S, P, R;
(2) $\Gamma \subseteq P$;
(3) $P\backslash\Gamma \neq \emptyset$;
(4) es gibt ein Element von Γ, das kein Theorem von $\langle S, P\backslash\Gamma, R\rangle$ ist.

Ist $\langle S, P, R\rangle$ ein axiomatisches System und A ein Element von P, so gilt offensichtlich: A ist unabhängig in $\langle S, P, R\rangle$ gdw $\{A\}$ eine unabhängige Axiomenklasse von $\langle S, P, R\rangle$ ist.

Wie geht man nun vor, wenn man die Unabhängigkeit einer Axiomenklasse bzw. eines Axioms beweisen will?

Angenommen, $\langle S, P, R\rangle$ ist ein axiomatisches System und Γ ist eine Teilklasse von P mit $P\backslash\Gamma \neq \emptyset$. Um nachzuweisen, daß Γ eine unabhängige Axiomenklasse von $\langle S, P, R\rangle$ ist, genügt es offensichtlich, von einer Eigenschaft E folgendes zu zeigen:

1. Jedes Theorem von $\langle S, P\backslash\Gamma, R\rangle$ hat die Eigenschaft E.
2. Wenigstens ein Element von Γ hat die Eigenschaft E nicht.

Soll hingegen die Unabhängigkeit eines einzelnen Axioms A in $\langle S, P, R\rangle$ bewiesen werden, so zeigt man dementsprechend von einer Eigenschaft E:

1. Jedes Theorem von $\langle S, P\backslash\{A\}, R\rangle$ hat die Eigenschaft E.
2. A hat nicht die Eigenschaft E.

Es gilt nun

Satz 1.3.11.
Jede der Klassen $\alpha 1 - \alpha 13$ ist eine unabhängige Axiomenklasse von $\Pi 1$.

Dieser Satz soll hier nicht vollständig bewiesen werden. Vielmehr zeigen wir nur für drei Teilklassen von $P1$, daß sie unabhängige Axiomenklassen von $\Pi 1$ sind.

1. $\alpha9$ ist eine unabhängige Axiomenklasse von $\Pi1$.

Beweis: Sei ϕ eine Funktion auf $S1$ derart, daß für jede $S1$-Formel A gilt: kommt in A das Negationszeichen vor, so ist $\phi^{\prime}A$ diejenige $S1$-Formel, welche aus A dadurch entsteht, daß man alle Vorkommen des Negationszeichens aus A entfernt; kommt in A das Negationszeichen nicht vor, so ist $\phi^{\prime}A = A$.

Die Unabhängigkeit von $\alpha9$ ergibt sich nun aus den folgenden beiden Behauptungen:

(1) Für jedes Theorem A von $\langle S1, P1 \diagdown \alpha9, R1 \rangle$ gilt: $\phi^{\prime}A$ ist $S1$-gültig.

(2) Es gibt ein Element A von $\alpha9$ derart, daß $\phi^{\prime}A$ nicht $S1$-gültig ist.

Ad (1): Sei A irgendein Theorem von $\langle S1, P1 \diagdown \alpha9, R1 \rangle$. Dann gibt es einen Beweis $C_1, \ldots, C_n$ für A in $\langle S1, P1 \diagdown \alpha9, R1 \rangle$. Wir unterscheiden zwei Fälle.

Fall 1: $n = 1$.

Dann ist $A \in P1 \diagdown \alpha9$, und es gilt daher, wie man leicht erkennt, $\Vdash \phi^{\prime}A$. (Ist insbesondere $A \in \alpha10$, so gibt es eine $S1$-Formel B derart, daß $\phi^{\prime}A = B \to B$; es gilt aber $\Vdash B \to B$.)

Fall 2: $n > 1$.

Daß $\phi^{\prime}A$ auch in diesem Fall $S1$-gültig ist, ergibt sich aus der folgenden Behauptung, die wir durch starke endliche Induktion beweisen.

Für alle j mit $1 \leqq j \leqq n$ gilt: $\Vdash \phi^{\prime}C_j$.

Induktionsbasis: s. Fall 1.

Induktionsschritt

Sei k irgendeine natürliche Zahl mit $k \geqq 1$ und gelte für alle $i (1 \leqq i \leqq k)$: $\Vdash \phi^{\prime}C_i$. (I.V.)

Ist $C_{k+1} \in P1 \diagdown \alpha9$, so gilt $\Vdash \phi^{\prime}C_{k+1}$ (s. Fall 1). Entsteht $C_1, \ldots, C_{k+1}$ durch Anwendung des $S1$-MP auf $C_1, \ldots, C_k$, so gibt es ein $l (1 \leqq l \leqq k)$ derart, daß C_l und $C_l \to C_{k+1}$ Glieder von $C_1, \ldots, C_k$ sind. Nach I.V. gilt also sowohl $\Vdash \phi^{\prime}C_l$ als auch $\Vdash \phi^{\prime}(C_l \to C_{k+1})$. Da nun $\phi^{\prime}(C_l \to C_{k+1}) = \phi^{\prime}C_l \to \phi^{\prime}C_{k+1}$, ergibt sich schließlich mit Satz 1.1.2–8.(9) $\Vdash \phi^{\prime}C_{k+1}$.

Ad (2): Sei A die Formel $(p \to q) \to ((p \to \neg q) \to \neg p)$. A ist ein Element von $\alpha9$. Da jedoch $\phi^{\prime}A = (p \to q) \to ((p \to q) \to p)$, ist $\phi^{\prime}A$ nicht $S1$-gültig.

2. $\alpha 11$ ist eine unabhängige Axiomenklasse von $\Pi 1$

Beweis: Sei ϕ eine Funktion auf $S1$ derart, daß für jede $S1$-Formel A gilt: kommt in A das Äquivalenzzeichen vor, so ist $\phi^{\prime}A$ diejenige $S1$-Formel, welche aus A dadurch entsteht, daß man jedes Vorkommen des Äquivalenzzeichens in A durch das Konjunktionszeichen ersetzt; kommt in A das Äquivalenzzeichen nicht vor, so ist $\phi^{\prime}A = A$.

Die Unabhängigkeit von $\alpha 11$ ergibt sich aus den folgenden beiden Behauptungen:

(1) Für jedes Theorem A von $\langle S1, P1\backslash\alpha 11, R1\rangle$ gilt: $\phi^{\prime}A$ ist $S1$-gültig.

(2) Es gibt ein Element A von $\alpha 11$ derart, daß $\phi^{\prime}A$ nicht $S1$-gültig ist.

Ad (1): Aufgabe für den Leser! (Dabei beachte man insbesondere, daß es zu jedem Element A von $\alpha 12$ bzw. $\alpha 13$ $S1$-Formeln B und C gibt, so daß $\phi^{\prime}A$ mit $B \wedge C \to (B \to C)$ bzw. mit $B \wedge C \to (C \to B)$ identisch ist.)

Ad (2): Sei A die Formel $(p \to q) \to ((q \to p) \to (p \leftrightarrow q))$. A ist ein Element von $\alpha 11$. Da jedoch $\phi^{\prime}A = (p \to q) \to ((q \to p) \to (p \wedge q))$, ist $\phi^{\prime}A$ nicht $S1$-gültig.

3. $\alpha 10$ ist eine unabhängige Axiomenklasse von $\Pi 1$.

Beweis: Wir gehen diesmal etwas anders vor und führen zunächst als Terminus technicus das Prädikat »$\mathfrak{B}$ ist eine mit $\mathfrak{A}$ übereinstimmende $P1\backslash\alpha 10$-Bewertung« ein. Dieses Prädikat sei definiert durch die Bestimmungen (1)–(3) und (4b)–(4e) von Def. 1.1.2–2 sowie durch die beiden folgenden Bestimmungen:

(4a$_1$) ist $\mathfrak{B}^{\prime}A = 0$, so ist $\mathfrak{B}^{\prime}\neg A = 1$;

(4a$_2$) ist $\mathfrak{B}^{\prime}A = 1$, so ist $\mathfrak{B}^{\prime}\neg A = 1$.

Ebenso wie Satz 1.1.2–1 läßt sich dann beweisen, daß es zu jeder $S1$-Grundbewertung $\mathfrak{A}$ genau eine mit $\mathfrak{A}$ übereinstimmende $P1\backslash\alpha 10$-Bewertung gibt. Entsprechend Def. 1.1.2–4 kann man nun definieren:

Eine $S1$-Formel A ist $P1\backslash\alpha 10$-*gültig* gdw für jede $S1$-Grundbewertung $\mathfrak{A}$ gilt: die mit $\mathfrak{A}$ übereinstimmende $P1\backslash\alpha 10$-Bewertung ordnet A den Wert 1 zu.

Daß $\alpha 10$ eine unabhängige Axiomenklasse von $\varPi 1$ ist, ergibt sich dann aus den beiden folgenden Behauptungen, deren Beweis dem Leser überlassen sei.

(1) Jedes Theorem von $\langle S1, P1 \setminus \alpha 10, R1 \rangle$ ist $P1 \setminus \alpha 10$-gültig.
(2) Die Formel $\neg \neg p \rightarrow p$ ist nicht $P1 \setminus \alpha 10$-gültig.

Aufgabe: Man zeige, daß $\alpha 3 \cup \alpha 4$ und $\alpha 6 \cup \alpha 7$ unabhängige Axiomenklassen von $\varPi 1$ sind.

1.4. Das aussagenlogische Regelsystem $\varSigma 1$

In diesem Abschnitt behandeln wir ein aussagenlogisches Regelsystem $\varSigma 1$. Es handelt sich hierbei um ein formales System, das keine Axiome besitzt, sondern nur aus Ableitungsregeln besteht. Die Sprache von $\varSigma 1$ ist $S1$, also dieselbe wie die von $\varPi 1$. Ferner ist auch $\varSigma 1$ adäquat bezüglich der Klasse der $S1$-gültigen Formeln. Wir werden dies rein syntaktisch zeigen, indem wir beweisen, daß $\varSigma 1$ und $\varPi 1$ äquivalent sind. In $\varSigma 1$ haben wir also ein Regelsystem, vor uns, das die Klasse der $S1$-gültigen Formeln rein syntaktisch auszeichnet.

Der Hauptgrund, weshalb wir neben $\varPi 1$ noch ein weiteres formales System der Aussagenlogik aufbauen, besteht darin, daß die Konstruktion von Beweisen in $\varPi 1$ umständlich und mühsam ist. Man erinnere sich an die Beweise für $p \rightarrow p$ und $(q \rightarrow r) \rightarrow ((p \rightarrow q) \rightarrow (p \rightarrow r))$ in 1.3.2. (S. 168). In der Tat haben wir die meisten Lehrsätze dadurch bewiesen, daß wir metatheoretisch auf die Existenz entsprechender Beweise in $\varPi 1$ geschlossen haben, ohne diese selbst zu konstruieren.

Die Schwierigkeit, Beweise in $\varPi 1$ zu finden, beruht vor allem darauf, daß kein ersichtlicher Zusammenhang zwischen dem Beweisbegriff für $\varPi 1$ und dem Begriff der $S1$-Gültigkeit besteht. Daher kann man sich bei der Handhabung dieses Kalküls nicht an den semantischen Eigenschaften der Formeln orientieren, sondern muß oft umständliche Überlegungen anstellen, um einen gewünschten Beweis zu erhalten. Ist man andererseits nicht so sehr an der Auffindung eines Beweises, sondern vielmehr an der bloßen Beweisbarkeit einer Formel in $\Pi 1$ interessiert, so gelangt man in vielen Fällen unter Verwendung von Metatheoremen rasch zum Ziel. Man zeigt beispielsweise, daß eine Formel B aus einer Formelklasse $\Gamma \cup \{A\}$ ableitbar ist, um dann mit dem Deduktionstheorem auf die Existenz einer Ableitung von $A \rightarrow B$ aus Γ zu schließen.

Ein wesentliches Kennzeichen des Systems $\Sigma 1$ besteht nun darin, daß es eine Ableitungsregel besitzt, die eine gewisse Ähnlichkeit mit dem Deduktionstheorem aufweist. Diese Regel gestattet es nämlich, ausgehend von einer Ableitung $C_1, \ldots, C_n$ einer Formel B aus einer Formelklasse $\Gamma \cup \{A\}$, zu einer Ableitung von $A \rightarrow B$ aus Γ überzugehen. Die »Annahmeformel« A, von welcher B in $C_1, \ldots, C_n$ »abhängt«, wird durch Anwendung dieser Regel wieder »beseitigt«, so daß $A \rightarrow B$ nur noch von denjenigen Formeln »abhängt«, die in Γ enthalten sind.

Formale Systeme wie $\Sigma 1$ werden auch als »Kalküle des natürlichen Schließens« bezeichnet. Die Konstruktion von Beweisen in solchen Systemen ähnelt der Art und Weise, wie der Mathematiker beweist: Dieser geht von gewissen Annahmen aus, deren Richtigkeit oder Falschheit er zunächst dahingestellt sein läßt, und zieht aus ihnen mit Hilfe bestimmter Schlußregeln logische Konsequenzen. Entsprechend handelt es sich bei einer Ableitung in $\Sigma 1$ um eine Folge von Formeln, deren Glieder Annahmeformeln oder Endglieder von solchen Formelfolgen sind, die durch Anwendung von Ableitungsregeln gewonnen werden können. Dabei sind diese Regeln so beschaffen, daß man bei jedem Glied der Ableitung ermitteln kann, von welchen Formeln es »abhängt«. (Hängt das letzte Glied einer Ableitung in $\Sigma 1$ von gar keiner Formel mehr ab, so ist diese Ableitung ein Beweis für die betreffende Formel in $\Sigma 1$.) Ferner entsprechen sie einfachen semantischen Tatsachen der Sprache $S 1$, so daß man sich bei der Konstruktion von Ableitungen und Beweisen in $\Sigma 1$ an den semantischen Metatheoremen orientieren kann.

Ein Kalkül des natürlichen Schließens wurde auf Anregung von J. ŁUKASIEWICZ bereits 1926 von S. JASKOWSKI entwickelt. 1934 publizierte JASKOWSKI eine zweite Version dieses Kalküls. Im selben Jahr veröffentlichte – unabhängig davon – G. GENTZEN einen Kalkül des natürlichen Schließens. Inzwischen sind zahlreiche Varianten solcher Kalküle entwickelt worden. Wir erwähnen hier nur das System von W. V. QUINE (1950), die Konsequenzenlogik von H. SCHOLZ (1950) und den Annahmekalkül von H. HERMES (1963).

Das Regelsystem $\Sigma 1$, dessen Aufbau wir uns nun zuwenden, geht im wesentlichen auf H. GUMIN und H. HERMES (1956) zurück.

1.4.1. Definition von $\Sigma 1$

$\Sigma 1$ soll ein aussagenlogisches Regelsystem darstellen, das dem »natürlichen Schließen« nachgebildet ist. Insbesondere sollen die Ableitungsregeln von $\Sigma 1$ so formuliert werden, daß der Gedanke der Abhängigkeit einer Formel von sogenannten Annahmeformeln berücksichtigt wird. Technisch gesehen bieten sich hierzu verschiedene Möglichkeiten an. Der von uns eingeschlagene Weg besteht darin, daß bei der Formulierung der Ableitungsregeln ein Zusammenhang zwischen Formeln und Zahlenklassen hergestellt wird. Unter einer *Zahlenklasse* verstehen wir dabei eine endliche Teilklasse von $\mathbb{N}^+$. (Man beachte, daß auch die leere Klasse eine Zahlenklasse ist.)

Eine Ableitungsregel von $\Sigma 1$ gestattet es, von einer Folge geordneter Paare, deren Erstglieder Zahlenklassen und deren Zweitglieder $S1$-Formeln sind, zu einer weiteren derartigen Folge überzugehen. Auf die Funktion der Zahlenklassen werden wir noch genauer eingehen (s. 1.4.2).

Nach diesen Vorbemerkungen gehen wir nun zur Formulierung der Ableitungsregeln von $\Sigma 1$ über. Wir unterscheiden dabei zwischen *Einführungs-* und *Beseitigungsregeln*.

Für alle 13 Regeln setzen wir voraus, daß $A, B, C, C_1, \ldots, C_n$ irgendwelche $S1$-Formeln und $\alpha_1, \ldots, \alpha_n, \alpha_{n+1}$ irgendwelche Zahlenklassen sind.

1. *S1-Einführung* ($S1$–E):
Man darf von der Folge

$$\langle \alpha_1, C_1 \rangle, \ldots, \langle \alpha_n, C_n \rangle$$

zu der Folge

$$\langle \alpha_1, C_1 \rangle, \ldots, \langle \alpha_n, C_n \rangle, \langle \{n+1\}, A \rangle$$

übergehen.

2. *S1-Negationseinführung* ($S1$–¬E):
Man darf von der Folge

$$\langle \alpha_1, C_1 \rangle, \ldots, \langle \alpha_n, C_n \rangle$$

zu der Folge

$$\langle \alpha_1, C_1 \rangle, \ldots, \langle \alpha_n, C_n \rangle, \langle \alpha_{n+1}, \neg A \rangle$$

übergehen, falls es ein $i (1 \leq i \leq n)$ gibt, so daß gilt:
(a) $C_i = A \to B \wedge \neg B$;
(b) $\alpha_{n+1} = \alpha_i$.

Die $S1$-Negationseinführung entspricht dem sematischen Sachverhalt, daß $A \rightarrow B \wedge \neg B \Vdash \neg A$.

3. *$S1$-Negationsbeseitigung ($S1-\neg$ B):*
Man darf von der Folge

$\langle \alpha_1, C_1 \rangle, ..., \langle \alpha_n, C_n \rangle$

zu der Folge

$\langle \alpha_1, C_1 \rangle, ..., \langle \alpha_n, C_n \rangle, \langle \alpha_{n+1}, A \rangle$

übergehen, falls es ein $i(1 \leq i \leq n)$ gibt, so daß gilt:

(a) $C_i = \neg \neg A$;
(b) $\alpha_{n+1} = \alpha_i$.

Die $S1$-Negationsbeseitigung entspricht dem sematischen Sachverhalt, daß $\neg \neg A \Vdash A$.

4. *$S1$-Konjunktionseinführung ($S1-\wedge$ E):*
Man darf von der Folge

$\langle \alpha_1, C_1 \rangle, ..., \langle \alpha_n, C_n \rangle$

zu der Folge

$\langle \alpha_1, C_1 \rangle, ..., \langle \alpha_n, C_n \rangle, \langle \alpha_{n+1}, A \wedge B \rangle$

übergehen, falls es i und $j(1 \leq i, j \leq n)$ gibt, so daß gilt:

(a) $C_i = A$;
(b) $C_j = B$;
(c) $\alpha_{n+1} = \alpha_i \cup \alpha_j$.

Die $S1$-Konjunktionseinführung entspricht dem sematischen Sachverhalt, daß $A, B \Vdash A \wedge B$.

5. *$S1$-Konjunktionsbeseitigung links ($S1-\wedge$ BL):*
Man darf von der Folge

$\langle \alpha_1, C_1 \rangle, ..., \langle \alpha_n, C_n \rangle$

zu der Folge

$\langle \alpha_1, C_1 \rangle, ..., \langle \alpha_n, C_n \rangle, \langle \alpha_{n+1}, B \rangle$

übergehen, falls es ein $i(1 \leq i \leq n)$ gibt, so daß gilt:

(a) $C_i = A \wedge B$;
(b) $\alpha_{n+1} = \alpha_i$.

Die $S1$-Konjunktionsbeseitigung links entspricht dem semantischen Sachverhalt, daß $A \wedge B \Vdash B$.

6. *S1-Konjunktionsbeseitigung rechts* (*S1*–$\wedge$ BR):
Man darf von der Folge

$$\langle \alpha_1, C_1 \rangle, ..., \langle \alpha_n, C_n \rangle$$

zu der Folge

$$\langle \alpha_1, C_1 \rangle, ..., \langle \alpha_n, C_n \rangle, \langle \alpha_{n+1}, A \rangle$$

übergehen, falls es ein $i(1 \leq i \leq n)$ gibt, so daß gilt:

(a) $C_i = A \wedge B$;
(b) $\alpha_{n+1} = \alpha_i$.

Die *S1*-Konjunktionsbeseitigung rechts entspricht dem semantischen Sachverhalt, daß $A \wedge B \Vdash A$.

7. *S1-Adjunktionseinführung links* (*S1*–$\vee$ EL):
Man darf von der Folge

$$\langle \alpha_1, C_1 \rangle, ..., \langle \alpha_n, C_n \rangle$$

zu der Folge

$$\langle \alpha_1, C_1 \rangle, ..., \langle \alpha_n, C_n \rangle, \langle \alpha_{n+1}, B \vee A \rangle$$

übergehen, falls es ein $i(1 \leq i \leq n)$ gibt, so daß gilt:

(a) $C_i = A$;
(b) $\alpha_{n+1} = \alpha_i$.

Die *S1*-Adjunktionseinführung links entspricht dem semantischen Sachverhalt, daß $A \Vdash B \vee A$.

8. *S1-Adjunktionseinführung rechts* (*S1*–$\vee$ ER):
Man darf von der Folge

$$\langle \alpha_1, C_1 \rangle, ..., \langle \alpha_n, C_n \rangle$$

zu der Folge

$$\langle \alpha_1, C_1 \rangle, ..., \langle \alpha_n, C_n \rangle, \langle \alpha_{n+1}, A \vee B \rangle$$

übergehen, falls es ein $i(1 \leq i \leq n)$ gibt, so daß gilt:

(a) $C_i = A$;
(b) $\alpha_{n+1} = \alpha_i$.

Die *S1*-Adjunktionseinführung rechts entspricht dem semantischen Sachverhalt, daß $A \Vdash A \vee B$.

9. *S1-Adjunktionsbeseitigung* (*S1–* ∨ B):
Man darf von der Folge

$$\langle \alpha_1, C_1 \rangle, ..., \langle \alpha_n, C_n \rangle$$

zu der Folge

$$\langle \alpha_1, C_1 \rangle, ..., \langle \alpha_n, C_n \rangle, \langle \alpha_{n+1}, C \rangle$$

übergehen, falls es i, j und $k (1 \leqq i, j, k \leqq n)$ gibt, so daß gilt:

(a) $C_i = A \vee B$;
(b) $C_j = A \to C$;
(c) $C_k = B \to C$;
(d) $\alpha_{n+1} = \alpha_i \cup \alpha_j \cup \alpha_k$.

Die *S1*-Adjunktionsbeseitigung entspricht dem semantischen Sachverhalt, daß $A \vee B, A \to C, B \to C \Vdash C$.

10. *S1-Implikationseinführung* (*S1–*→E):
Man darf von der Folge

$$\langle \alpha_1, C_1 \rangle, ..., \langle \alpha_n, C_n \rangle$$

zu der Folge

$$\langle \alpha_1, C_1 \rangle, ..., \langle \alpha_n, C_n \rangle, \langle \alpha_{n+1}, A \to B \rangle$$

übergehen, falls es i und $j (1 \leqq i, j \leqq n)$ gibt, so daß gilt:

(a) $C_i = A$;
(b) $C_j = B$;
(c) $\alpha_i = \{i\}$;
(d) $i \in \alpha_j$;
(e) $\alpha_{n+1} = \alpha_j \setminus \{i\}$.

Diese (manchmal auch »Annahmebeseitigung« genannte) Regel gestattet es, die Annahmeformel A dadurch zu »beseitigen«, daß man die Implikation $A \to B$ bildet. Wegen $i \in \alpha_j$ hängt B von A ab, während $A \to B$ wegen $\alpha_{n+1} = \alpha_j \setminus \{i\}$ nicht mehr von A abhängt.

Die *S1*-Implikationseinführung entspricht dem semantischen Sachverhalt, daß man von $\Gamma, A \Vdash B$ auf $\Gamma \Vdash A \to B$ schließen kann.

11. *S1-Äquivalenzeinführung* (*S1–* ↔E):
Man darf von der Folge

$$\langle \alpha_1, C_1 \rangle, ..., \langle \alpha_n, C_n \rangle$$

zu der Folge

$$\langle \alpha_1, C_1 \rangle, ..., \langle \alpha_n, C_n \rangle, \langle \alpha_{n+1}, A \leftrightarrow B \rangle$$

übergehen, falls es i und $j (1 \leq i, j \leq n)$ gibt, so daß gilt:

(a) $C_i = A \to B$;
(b) $C_j = B \to A$;
(c) $\alpha_{n+1} = \alpha_i \cup \alpha_j$.

Die $S1$-Äquivalenzeinführung entspricht dem semantischen Sachverhalt, daß $A \to B, B \to A \Vdash A \leftrightarrow B$.

12. *$S1$- Äquivalenzbeseitigung links ($S1$– $\leftrightarrow$BL)*:
Man darf von der Folge

$$\langle \alpha_1, C_1 \rangle, ..., \langle \alpha_n, C_n \rangle$$

zu der Folge

$$\langle \alpha_1, C_1 \rangle, ..., \langle \alpha_n, C_n \rangle, \langle \alpha_{n+1}, A \to B \rangle$$

übergehen, falls es ein $i (1 \leq i \leq n)$ gibt, so daß gilt:

(a) $C_i = A \leftrightarrow B$;
(b) $\alpha_{n+1} = \alpha_i$.

Die $S1$-Äquivalenzbeseitigung links entspricht dem semantischen Sachverhalt, daß $A \leftrightarrow B \Vdash A \to B$.

13. *$S1$- Äquivalenzbeseitigung rechts ($S1$– $\leftrightarrow$BR)*:
Man darf von der Folge

$$\langle \alpha_1, C_1 \rangle, ..., \langle \alpha_n, C_n \rangle$$

zu der Folge

$$\langle \alpha_1, C_1 \rangle, ..., \langle \alpha_n, C_n \rangle, \langle \alpha_{n+1}, B \to A \rangle$$

übergehen, falls es ein $i (1 \leq i \leq n)$ gibt, so daß gilt:

(a) $C_i = A \leftrightarrow B$;
(b) $\alpha_{n+1} = \alpha_i$.

Die $S1$-Äquivalenzbeseitigung rechts entspricht dem semantischen Sachverhalt, daß $A \leftrightarrow B \Vdash B \to A$.

$Q1$ sei diejenige Klasse, deren Elemente genau diese 13 Ableitungsregeln sind. Wir setzen nun fest: $\Sigma1$ sei das Tripel $\langle S1, \emptyset, Q1 \rangle$.

1.4.2. Der Ableitungsbegriff für $\Sigma 1$

Eine Ableitung in $\Sigma 1$ ist eine Folge $C_1, ..., C_n$ von $S1$-Formeln, zu der es eine Folge $\tau_1, ..., \tau_n$ von formalen Objekten (geordneten Paaren) bezüglich $S1$ gibt, deren Erstglieder Zahlenklassen $\alpha_1, ..., \alpha_n$ sind. Insbesondere ist $\alpha_1 = \{1\}$. Ist $n \geq 2$, so gilt für alle $i (2 \leq i \leq n)$: die Folge $\tau_1, ..., \tau_i$ ergibt sich durch Anwendung einer Ableitungsregel von $\Sigma 1$ auf $\tau_1, ..., \tau_{i-1}$.

Wir sagen, daß eine Formel B in der Ableitung $C_1, ..., C_n$ von einer Formel A *abhängt*, wenn es i und $j (1 \leq i, j \leq n)$ gibt, so daß gilt

(1) $C_i = A$,
(2) $C_j = B$ und
(3) $i \in \alpha_j$.

Wie man sofort erkennt, hängt C_1 in $C_1, ..., C_n$ von C_1 ab.

Nach diesen informellen Vorbetrachtungen wenden wir uns nun der Definition des Ableitungsbegriffs für $\Sigma 1$ zu.

Definition 1.4.2–1.

Eine Folge $C_1, ..., C_n$ von $S1$-Formeln ist eine *Ableitung von A aus Γ* in $\Sigma 1$ gdw

(1) $A = C_n$;
(2) $\Gamma \subseteq S1$;
(3) es gibt eine Folge $\alpha_1, ..., \alpha_n$ von Zahlenklassen, so daß gilt:
    (a) $\alpha_1 = \{1\}$;
    (b) ist $n \geq 2$, so gilt für jedes $i (2 \leq i \leq n)$: die Folge $\langle \alpha_1, C_1 \rangle, ..., \langle \alpha_i, C_i \rangle$ ergibt sich durch Anwendung einer Ableitungsregel von $\Sigma 1$ auf die Folge $\langle \alpha_1, C_1 \rangle, ..., \langle \alpha_{i-1}, C_{i-1} \rangle$;
    (c) es gibt kein i mit $i \in \alpha_n$ und $C_i \notin \Gamma$.

Wir wollen uns nun mit diesem Begriff anhand einiger Beispiele vertraut machen.

1. Die (eingliedrige) Formelfolge

    p

ist eine Ableitung von p aus $\{p\}$ in $\Sigma 1$. Denn $\{1\}$ ist eine (eingliedrige) Folge von Zahlenklassen, und es gilt $p \in \{p\}$.

2. Die Formelfolge

    p
    q

ist eine Ableitung von q aus $\{q\}$ in $\Sigma 1$. Denn $\{1\}, \{2\}$ ist eine Folge von Zahlenklassen, so daß gilt: die Folge $\langle \{1\}, p \rangle, \langle \{2\}, q \rangle$ ergibt sich durch Anwendung der Regel $S1$–E auf die (eingliedrige) Folge $\langle\{1\}, p\rangle$, und es ist $q \in \{q\}$.

3. Die Formelfolge

$$\neg\,\neg p$$
$$p$$

ist eine Ableitung von p aus $\{\neg\,\neg p\}$. Denn $\{1\}, \{1\}$ ist eine Folge von Zahlenklassen, so daß gilt: die Folge $\langle\{1\}, \neg\,\neg p\rangle, \langle\{1\}, p\rangle$ ergibt sich durch Anwendung der Regel $S1$–$\neg B$ auf die Folge $\langle\{1\}, \neg\,\neg p\rangle$, und es ist $\neg\,\neg p \in \{\neg\,\neg p\}$.
Natürlich ist die Formelfolge

$$\neg\,\neg p$$
$$p$$

auch eine Ableitung von p aus $\{p\}$ sowie aus jeder Klasse von $S1$-Formeln, die p oder $\neg\,\neg p$ als Element enthält.

4. Die Formelfolge

$$p$$
$$q$$
$$p \wedge q$$

ist eine Ableitung von $p \wedge q$ aus $\{p, q\}$. Denn $\{1\}, \{2\}, \{1, 2\}$ ist eine Folge von Zahlenklassen, so daß gilt: die Folge $\langle\{1\}, p\rangle$, $\langle\{2\}, q\rangle$ ergibt sich durch Anwendung der Regel $S1$–E auf die Folge $\langle\{1\}, p\rangle$, und die Folge $\langle\{1\}, p\rangle, \langle\{2\}, q\rangle, \langle\{1, 2\}, p \wedge q\rangle$ ergibt sich durch Anwendung der Regel $S1$–$\wedge$ E auf die Folge $\langle\{1\}, p\rangle, \langle\{2\}, q\rangle$; ferner ist $p \in \{p, q\}$ und $q \in \{p, q\}$.

5. Die Formelfolge

$$p \wedge q$$
$$q$$
$$q \vee r$$
$$p \wedge q \rightarrow q \vee r$$

ist eine Ableitung von $p \wedge q \rightarrow q \vee r$ aus $\emptyset$, d. h. $p \wedge q \rightarrow q \vee r$ hängt in dieser Ableitung von keiner Formel ab. Denn $\{1\}, \{1\}, \{1\}, \emptyset$ ist eine Folge von Zahlenklassen, so daß gilt: die Folge $\langle\{1\}, p \wedge q\rangle$, $\langle\{1\}, q\rangle$ ergibt sich durch Anwendung von $S1$–$\wedge$ BL auf die Folge $\langle\{1\}, p \wedge q\rangle$; die Folge $\langle\{1\}, p \wedge q\rangle, \langle\{1\}, q\rangle, \langle\{1\}, q \vee r\rangle$ ergibt sich

durch Anwendung von *S1–*∨ ER auf die Folge ⟨{1}, $p \wedge q$⟩, ⟨{1}, q⟩;
die Folge ⟨{1}, $p \wedge q$⟩, ⟨{1}, q⟩, ⟨{1}, $q \vee r$⟩, ⟨∅, $p \wedge q \to q \vee r$⟩ ergibt
sich durch Anwendung von *S1–*→E auf die Folge ⟨{1}, $p \wedge q$⟩,
⟨{1}, q⟩, ⟨{1}, $q \vee r$⟩.

Diese Rechtfertigung können wir auch so darstellen (wobei wir
das Präfix »*S1*« bei der Erwähnung der Ableitungsregeln fortlassen):

1	{1}	$p \wedge q$	
2	{1}	q	$\wedge$ BL
3	{1}	$q \vee r$	$\vee$ ER
4	∅	$p \wedge q \to q \vee r$	$\to$ E

6. Die Formelfolge

p
$\neg p$
$p \wedge \neg p$
$\neg p \to p \wedge \neg p$
$\neg \neg p$
p

ist eine Ableitung von p aus {p}. In der abgekürzten Darstellung
lautet die Begründung hierfür so:

1	{1}	p	
2	{2}	$\neg p$	E
3	{1, 2}	$p \wedge \neg p$	$\wedge$ E
4	{1}	$\neg p \to p \wedge \neg p$	$\to$ E
5	{1}	$\neg \neg p$	$\neg$ E
6	{1}	p	$\neg$ B

Aufgabe: Der Leser zeige, daß die folgende Formelfolge eine Ableitung von $p \to r \vee \neg \neg \neg r$ aus {$(q \to r) \wedge (p \to r)$} ist.

p
$p \vee q$
$(q \to r) \wedge (p \to r)$
$q \to r$
$p \to r$
r
$r \vee \neg \neg \neg r$
$p \to r \vee \neg \neg \neg r$

Wir wollen nun einige Sätze über $\Sigma 1$ beweisen. Um diese formulieren zu können, führen wir den folgenden Begriff ein.

Definition 1.4.2–2.

A ist in $\Sigma 1$ ableitbar aus Γ gdw es eine Ableitung von A aus Γ in $\Sigma 1$ gibt.

Um kurz auszudrücken, daß eine Formel in $\Sigma 1$ aus einer Formelklasse ableitbar ist, schreiben wir einen Namen dieser Klasse, dann das Symbol »$\vdash_{\overline{\Sigma 1}}$« und hierauf einen Namen der betreffenden Formel. So besagt beispielsweise der Ausdruck »$\{p, p \rightarrow q\} \vdash_{\overline{\Sigma 1}} q$«, daß die Formel q in $\Sigma 1$ aus $\{p, p \rightarrow q\}$ ableitbar ist. Soweit keine Mißverständnisse zu befürchten sind, schreiben wir im folgenden statt »$\vdash_{\overline{\Sigma 1}}$« auch kurz »$\vdash$«. Wir wollen weiterhin vereinbaren, daß die Klammern »$\{$« und »$\}$« fortgelassen werden dürfen.

Satz 1.4.2.
Seien A, B und C irgendwelche $S1$-Formeln. Dann gilt:

(1) $\emptyset \vdash A \rightarrow A$.

   Begründung:

   1 $\{1\}$ A
   2 $\emptyset$ $A \rightarrow A$ $\rightarrow$E

(2) $\emptyset \vdash \neg (A \wedge \neg A)$.

   Begründung:

   1 $\{1\}$ $A \wedge \neg A$
   2 $\emptyset$ $A \wedge \neg A \rightarrow A \wedge \neg A$ $\rightarrow$E
   3 $\emptyset$ $\neg (A \wedge \neg A)$ $\neg$E

(3) $A, A \rightarrow B \vdash B$.

   Begründung:

   1 $\{1\}$ A
   2 $\{2\}$ $A \rightarrow B$ E
   3 $\{2\}$ $A \vee A$ $\vee$ ER
   4 $\{1, 2\}$ B $\vee$ B

(4) $A \vdash \neg \neg A$.

Begründung:

1	{1}	A	
2	{2}	$\neg A$	E
3	{1, 2}	$A \wedge \neg A$	$\wedge$ E
4	{1}	$\neg A \to A \wedge \neg A$	$\to$ E
5	{1}	$\neg \neg A$	$\neg$ E

(5) $A \vdash B \to A$.

Begründung:

1	{1}	A	
2	{2}	B	E
3	{1, 2}	$A \wedge B$	$\wedge$ E
4	{1, 2}	A	$\wedge$ BR
5	{1}	$B \to A$	$\to$ E

Bei der Konstruktion von Ableitungen empfiehlt es sich oft, durch eine kombinierte Anwendung der Regeln $\wedge$ E und $\wedge$ BR (bzw. $\wedge$ BL) eine Formel von einer anderen abhängig zu machen.

(6) $A, \neg(A \wedge B) \vdash \neg B$.

Begründung:

1	{1}	A	
2	{2}	$\neg(A \wedge B)$	E
3	{3}	B	E
4	{1, 3}	$A \wedge B$	$\wedge$ E
5	{1, 2, 3}	$(A \wedge B) \wedge \neg(A \wedge B)$	$\wedge$ E
6	{1, 2}	$B \to (A \wedge B) \wedge \neg(A \wedge B)$	$\to$ E
7	{1, 2}	$\neg B$	$\neg$ E

(7) $A \vee B \vdash B \vee A$.

Begründung:

1	{1}	$A \vee B$	
2	{2}	A	E
3	{2}	$B \vee A$	$\vee$ EL
4	$\emptyset$	$A \to B \vee A$	$\to$ E
5	{5}	B	E
6	{5}	$B \vee A$	$\vee$ ER
7	$\emptyset$	$B \to B \vee A$	$\to$ E
8	{1}	$B \vee A$	$\vee$ B

(8) $A, \neg A \vdash B$.

Begründung:

1	{1}	A	
2	{2}	$\neg A$	E
3	{1, 2}	$A \wedge \neg A$	$\wedge$ E
4	{4}	$\neg B$	E
5	{1, 2, 4}	$\neg B \wedge (A \wedge \neg A)$	$\wedge$ E
6	{1, 2, 4}	$A \wedge \neg A$	$\wedge$ BL
7	{1, 2}	$\neg B \rightarrow A \wedge \neg A$	$\rightarrow$ E
8	{1, 2}	$\neg \neg B$	$\neg$ E
9	{1, 2}	B	$\neg$ B

(9) $\emptyset \vdash A \vee (B \vee C) \leftrightarrow (A \vee B) \vee C$.

Begründung:

1	{1}	$A \vee (B \vee C)$	
2	{2}	A	E
3	{2}	$A \vee B$	$\vee$ ER
4	{2}	$(A \vee B) \vee C$	$\vee$ ER
5	$\emptyset$	$A \rightarrow (A \vee B) \vee C$	$\rightarrow$ E
6	{6}	$B \vee C$	E
7	{7}	B	E
8	{7}	$A \vee B$	$\vee$ EL
9	{7}	$(A \vee B) \vee C$	$\vee$ ER
10	$\emptyset$	$B \rightarrow (A \vee B) \vee C$	$\rightarrow$ E
11	{11}	C	E
12	{11}	$(A \vee B) \vee C$	$\vee$ EL
13	$\emptyset$	$C \rightarrow (A \vee B) \vee C$	$\rightarrow$ E
14	{6}	$(A \vee B) \vee C$	$\vee$ B
15	$\emptyset$	$B \vee C \rightarrow (A \vee B) \vee C$	$\rightarrow$ E
16	{1}	$(A \vee B) \vee C$	$\vee$ B
17	$\emptyset$	$A \vee (B \vee C) \rightarrow (A \vee B) \vee C$	$\rightarrow$ E
18	{18}	$(A \vee B) \vee C$	E
19	{19}	$A \vee B$	E
20	{20}	A	E
21	{21}	B	E
22	{20}	$A \vee (B \vee C)$	$\vee$ ER
23	$\emptyset$	$A \rightarrow A \vee (B \vee C)$	$\rightarrow$ E
24	{21}	$B \vee C$	$\vee$ ER
25	{21}	$A \vee (B \vee C)$	$\vee$ EL

26	∅	$B \rightarrow A \vee (B \vee C)$	→E
27	{19}	$A \vee (B \vee C)$	∨B
28	∅	$A \vee B \rightarrow A \vee (B \vee C)$	→E
29	{29}	C	E
30	{29}	$B \vee C$	∨EL
31	{29}	$A \vee (B \vee C)$	∨EL
32	∅	$C \rightarrow A \vee (B \vee C)$	→E
33	{18}	$A \vee (B \vee C)$	∨B
34	∅	$(A \vee B) \vee C \rightarrow A \vee (B \vee C)$	→E
35	∅	$A \vee (B \vee C) \leftrightarrow (A \vee B) \vee C$	↔E

Aufgabe: Man zeige durch Konstruktion von Ableitungen, daß gilt:

1. $\neg A \rightarrow B \vdash \neg B \rightarrow A$
2. $A \rightarrow (B \rightarrow C) \vdash B \rightarrow (A \rightarrow C)$
3. $A \vdash (\neg B \rightarrow \neg (A \rightarrow B))$
4. $A \wedge B \vdash A \leftrightarrow B$
5. $A \rightarrow B, C \rightarrow D \vdash A \vee C \rightarrow B \vee D$.

1.4.3. Der Beweisbegriff für *Σ1*

Ein Beweis in *Σ1* ist eine Ableitung $\mathfrak{B}$ in *Σ1*, deren letztes Glied in $\mathfrak{B}$ von keiner Formel abhängt.

Definition 1.4.3–1.

Eine Folge $C_1, \ldots, C_n$ von *S1*-Formeln ist ein *Beweis* in *Σ1* gdw es eine Folge $\alpha_1, \ldots, \alpha_n$ von Zahlenklassen gibt, so daß gilt:

(1) $\alpha_1 = \{1\}$;
(2) für alle $i(2 \leq i \leq n)$ gilt: die Folge $\langle \alpha_1, C_1 \rangle, \ldots, \langle \alpha_i, C_i \rangle$ ergibt sich durch Anwendung einer Ableitungsregel von *Σ1* auf die Folge $\langle \alpha_1, C_1 \rangle, \ldots, \langle \alpha_{i-1}, C_{i-1} \rangle$;
(3) $\alpha_n = \emptyset$.

Definition 1.4.3–2.

$\mathfrak{B}$ ist ein *Beweis für A* in *Σ1* gdw $\mathfrak{B}$ ein Beweis in *Σ1* ist, dessen letztes Glied *A* ist.

Beispiel: Die folgende Formelfolge ist ein Beweis für $p \vee \neg p$ in $\Sigma 1$.

$\neg (p \vee \neg p)$
p
$p \vee \neg p$
$(p \vee \neg p) \wedge \neg (p \vee \neg p)$
$p \rightarrow (p \vee \neg p) \wedge \neg (p \vee \neg p)$
$\neg p$
$p \vee \neg p$
$(p \vee \neg p) \wedge \neg (p \vee \neg p)$
$\neg (p \vee \neg p) \rightarrow (p \vee \neg p) \wedge \neg (p \vee \neg p)$
$\neg \neg (p \vee \neg p)$
$p \vee \neg p$

Aufgabe: Man konstruiere Beweise für die folgenden Formeln:

1. $p \leftrightarrow p \vee (p \wedge q)$
2. $p \wedge q \rightarrow (q \leftrightarrow (q \rightarrow p))$
3. $(p \rightarrow q) \leftrightarrow (q \leftrightarrow p \vee q)$

Definition 1.4.3–3.

A ist ein *Theorem* von $\Sigma 1$ (A ist *beweisbar* in $\Sigma 1$) gdw es einen Beweis für A in $\Sigma 1$ gibt.

Um auszudrücken, daß eine Formel ein Theorem von $\Sigma 1$ ist, schreiben wir vor einen Namen dieser Formel das Zeichen »$\vdash_{\overline{\Sigma 1}}$«. Falls keine Mißverständnisse zu befürchten sind, schreiben wir statt »$\vdash_{\overline{\Sigma 1}}$« wieder kurz »$\vdash$«.

Satz 1.4.3.

(1) Ein Beweis in $\Sigma 1$ besteht aus wenigstens zwei Gliedern.

(2) Wenn $C_1, \ldots, C_n$ ein Beweis in $\Sigma 1$ ist, dann gibt es wenigstens ein $C_i (1 \leq i \leq n)$ derart, daß $C_1, \ldots, C_i$ kein Beweis in $\Sigma 1$ ist.

(3) Ist A irgendeine $S1$-Formel und Γ irgendeine Teilklasse von $S1$, so ist jeder Beweis für A in $\Sigma 1$ eine Ableitung von A aus Γ in $\Sigma 1$.

(4) Ist $C_1, \ldots, C_n$ eine Ableitung von C_n aus $\emptyset$ in $\Sigma 1$, so ist $C_1, \ldots, C_n$ ein Beweis für C_n in $\Sigma 1$.

(5) Ist A irgendeine $S1$-Formel, so gilt: $\vdash_{\overline{\Sigma 1}} A$ gdw $\emptyset \vdash_{\overline{\Sigma 1}} A$.

Die ersten drei Behauptungen ergeben sich unmittelbar aus den entsprechenden Definitionen.

Ad (4): Angenommen, $C_1, ..., C_n$ ist eine Ableitung von C_n aus $\emptyset$ in $\Sigma 1$. Dann gibt es eine Folge $\alpha_1, ..., \alpha_n$ von Zahlenklassen, so daß gilt:

(1) $\alpha_1 = \{1\}$;
(2) ist $n \geqq 2$, so gilt für jedes $i (2 \leqq i \leqq n)$: die Folge $\langle \alpha_1, C_1 \rangle, ...,$ $\langle \alpha_i, C_i \rangle$ ergibt sich durch Anwendung einer Ableitungsregel von $\Sigma 1$ auf die Folge $\langle \alpha_1, C_1 \rangle, ..., \langle \alpha_{i-1}, C_{i-1} \rangle$.

Wäre nun $\alpha_n \neq \emptyset$, so müßte es ein $i (i \geqq 1)$ geben mit $i \in \alpha_n$. Also müßte gemäß Def. 1.4.2–1 gelten: $C_i \in \emptyset$. Dies ist jedoch unmöglich. Also ist $\alpha_n = \emptyset$.

Ad (5): Diese Behauptung ergibt sich leicht aus (3) und (4).

1.4.4. Metatheoreme für $\Sigma 1$

Im folgenden Satz sind einige wichtige Metatheoreme über Ableitbarkeit und Beweisbarkeit in $\Sigma 1$ zusammengefaßt. Den meisten dieser Metatheoreme entspricht eine Ableitungsregel von $\Sigma 1$.

Satz 1.4.4.
Seien $A, B, C, A_1, ..., A_n$ irgendwelche $S1$-Formeln und Γ, Δ irgendwelche Teilklassen von $S1$. Dann gilt:
(1) Wenn $\Gamma \vdash A \rightarrow B \wedge \neg B$, dann $\Gamma \vdash \neg A$.
(2) Wenn $\Gamma \vdash \neg \neg A$, dann $\Gamma \vdash A$.
(3) Wenn $\Gamma \vdash A$ und $\Gamma \vdash B$, dann $\Gamma \vdash A \wedge B$.
(4) Wenn $\Gamma \vdash A \wedge B$, dann $\Gamma \vdash A$ und $\Gamma \vdash B$.
(5) Wenn $\Gamma \vdash A$, dann $\Gamma \vdash A \vee B$ und $\Gamma \vdash B \vee A$.
(6) Wenn $\Gamma \vdash A \vee B$, $\Gamma \vdash A \rightarrow C$ und $\Gamma \vdash B \rightarrow C$, dann $\Gamma \vdash C$.
(7) Wenn $\Gamma \vdash A \rightarrow B$ und $\Gamma \vdash B \rightarrow A$, dann $\Gamma \vdash A \leftrightarrow B$.
(8) Wenn $\Gamma \vdash A \leftrightarrow B$, dann $\Gamma \vdash A \rightarrow B$ und $\Gamma \vdash B \rightarrow A$.
(9) Wenn $\Gamma \vdash A$ und $\Gamma \vdash A \rightarrow B$, dann $\Gamma \vdash B$.
(10) Wenn $\Gamma \vdash A \rightarrow B$, dann $\Gamma \cup \{A\} \vdash B$.
(11) Wenn $\Gamma \vdash A \rightarrow (A \rightarrow B)$, dann $\Gamma \vdash A \rightarrow B$.
(12) Wenn $\Gamma \vdash A$, dann $\Gamma \cup \Delta \vdash A$.
(13) Wenn $\Gamma \cup \{A\} \vdash B$, dann $\Gamma \vdash A \rightarrow B$.
(14) Wenn $\Gamma \vdash A_1, ..., \Gamma \vdash A_n$ und $A_1, ..., A_n \vdash B$, dann $\Gamma \vdash B$.

Wir beweisen nur (1), (3), (6), (9), (10), (11) und (13). Die übrigen Beweise seien dem Leser überlassen.

Ad (1): Angenommen, $\Gamma \vdash A \to B \wedge \neg B$. Dann gibt es eine Ableitung $C_1, \ldots, C_n$ von $A \to B \wedge \neg B$ aus Γ und somit auch eine entsprechende Folge $\alpha_1, \ldots, \alpha_n$ von Zahlenklassen, welche Def. 1.4.2–2.(3) erfüllt. Wendet man $\neg E$ auf die Folge $\langle \alpha_1, C_1 \rangle, \ldots, \langle \alpha_n, C_n \rangle$ an, so erhält man die Folge $\langle \alpha_1, C_1 \rangle, \ldots, \langle \alpha_n, C_n \rangle, \langle \alpha_n, \neg A \rangle$. Also ist die Folge $C_1, \ldots, C_n, \neg A$ eine Ableitung von $\neg A$ aus Γ.

Ad (3): Angenommen, $\Gamma \vdash A$ und $\Gamma \vdash B$. Dann gibt es eine Ableitung $C_1, \ldots, C_n$ von A aus Γ und eine Ableitung $D_1, \ldots, D_m$ von B aus Γ sowie entsprechende Folgen $\alpha_1, \ldots, \alpha_n$ und $\beta_1, \ldots, \beta_m$ von Zahlenklassen. Sei nun für jedes $i(1 \leq i \leq m)$ β_i^* diejenige Zahlenklasse, für welche gilt:

$$\beta_i^* = \begin{cases} \emptyset, & \text{falls } \beta_i = \emptyset; \\ \{j_1 + n, \ldots, j_r + n\}, & \text{falls } \beta_i = \{j_1, \ldots, j_r\}. \end{cases}$$

Sei ferner $\tau_1, \ldots, \tau_{n+m+1}$ die Folge

$$\langle \alpha_1, C_1 \rangle, \ldots, \langle \alpha_n, C_n \rangle, \langle \beta_1^*, D_1 \rangle, \ldots, \langle \beta_m^*, D_m \rangle, \langle \alpha_n \cup \beta_m^*, A \wedge B \rangle.$$

Man erkennt nun leicht, daß dann für alle k mit $n + 1 \leq k \leq n + m + 1$ gilt: die Folge $\tau_1, \ldots, \tau_k$ ergibt sich durch Anwendung einer Ableitungsregel von $\Sigma 1$ auf die Folge $\tau_1, \ldots, \tau_{k-1}$. Also ist die Folge $C_1, \ldots, C_n$, $D_1, \ldots, D_m, A \wedge B$ eine Ableitung von $A \wedge B$ aus Γ.

Ad (6): Angenommen, $\Gamma \vdash A \vee B$, $\Gamma \vdash A \to C$ und $\Gamma \vdash B \to C$. Dann gibt es eine Ableitung $C_1, \ldots, C_n$ von $A \vee B$ aus Γ, eine Ableitung $D_1, \ldots, D_m$ von $A \to C$ aus Γ und eine Ableitung $E_1, \ldots, E_k$ von $B \to C$ aus Γ sowie entsprechende Folgen $\alpha_1, \ldots, \alpha_n$ und $\beta_1, \ldots, \beta_m$ und $\gamma_1, \ldots, \gamma_k$ von Zahlenklassen. Sei für jedes $i(1 \leq i \leq m)$ β_i^* diejenige Zahlenklasse, für welche gilt:

$$\beta_i^* = \begin{cases} \emptyset, & \text{falls } \beta_i = \emptyset; \\ \{j_1 + n, \ldots, j_r + n\}, & \text{falls } \beta_i = \{j_1, \ldots, j_r\}. \end{cases}$$

Sei ferner für jedes $i(1 \leq i \leq k)$ γ_i^* diejenige Zahlenklasse, für welche gilt:

$$\gamma_i^* = \begin{cases} \emptyset, & \text{falls } \gamma_i = \emptyset; \\ \{l_1 + n + m, \ldots, l_s + n + m\}, & \text{falls } \gamma_i = \{l_1, \ldots, l_s\}. \end{cases}$$

Sei schließlich $\tau_1, \ldots, \tau_{n+m+k+1}$ die Folge
$\langle \alpha_1, C_1 \rangle, \ldots, \langle \alpha_n, C_n \rangle, \langle \beta_1^*, D_1 \rangle, \ldots, \langle \beta_m^*, D_m \rangle, \langle \gamma_1^*, E_1 \rangle, \ldots, \langle \gamma_k^*, E_k \rangle,$
$\langle \alpha_n \cup \beta_m^* \cup \gamma_k^*, C \rangle.$

Man erkennt nun leicht, daß dann für alle j mit $n+1 \leq j \leq n+m +k+1$ gilt: Die Folge $\tau_1, ..., \tau_j$ ergibt sich durch Anwendung einer Ableitungsregel von $\Sigma 1$ auf die Folge $\tau_1, ..., \tau_{j-1}$. Also ist die Folge $C_1, ..., C_n, D_1, ..., D_m, E_1, ..., E_k, C$ eine Ableitung von C aus Γ.

Ad (9): Angenommen, $\Gamma \vdash A$ und $\Gamma \vdash A \rightarrow B$. Dann gibt es eine Ableitung $C_1, ..., C_n$ von A aus Γ und eine Ableitung $D_1, ..., D_m$ von $A \rightarrow B$ aus Γ sowie entsprechende Folgen $\alpha_1, ..., \alpha_n$ und $\beta_1, ..., \beta_m$ von Zahlenklassen. Sei für jedes $i (1 \leq i \leq m)$ β_i^* diejenige Zahlenklasse, für welche gilt:

$$\beta_i^* = \begin{cases} \emptyset, & \text{falls } \beta_i = \emptyset; \\ \{j_1 + n, ..., j_r + n\}, & \text{falls } \beta_i = \{j_1, ..., j_r\}. \end{cases}$$

Daß dann die Folge $C_1, ..., C_n, D_1, ..., D_m, A \vee A, B$ eine Ableitung von B aus Γ ist, ergibt sich so:

α_1	C_1		
$\vdots$	$\vdots$		
α_n	C_n		
β_1^*	D_1		
$\vdots$	$\vdots$		
β_m^*	D_m		
α_n	$A \vee A$	$\vee$ ER	
$\alpha_n \cup \beta_m^*$	B	$\vee$ B	

Ad (10): Angenommen, $\Gamma \vdash A \rightarrow B$. Dann gibt es eine Ableitung $C_1, ..., C_n$ von $A \rightarrow B$ aus Γ und eine entsprechende Folge $\alpha_1, ..., \alpha_n$ von Zahlenklassen. Dann ist die Folge $C_1, ..., C_n, A, A \vee B, B$ eine Ableitung von B aus $\Gamma \cup \{A\}$.

Begründung:

α_1	C_1	
$\vdots$	$\vdots$	
α_n	C_n	
$\{n+1\}$	A	E
$\{n+1\}$	$A \vee A$	$\vee$ ER
$\alpha_n \cup \{n+1\}$	B	$\vee$ B

Ad (11): Angenommen, $\Gamma \vdash A \rightarrow (A \rightarrow B)$. Dann gibt es eine Ableitung $C_1, ..., C_n$ von $A \rightarrow (A \rightarrow B)$ aus Γ und eine entsprechende Folge

$\alpha_1, ..., \alpha_n$ von Zahlenklassen. Dann ist die Folge $C_1, ..., C_n, A, A \vee A$, $A \to B, B, A \to B$ eine Ableitung von $A \to B$ aus Γ.

Begründung:

α_1	C_1	
$\vdots$	$\vdots$	
α_n	C_n	
$\{n+1\}$	A	E
$\{n+1\}$	$A \vee A$	$\vee$ ER
$\alpha_n \cup \{n+1\}$	$A \to B$	$\vee$ B
$\alpha_n \cup \{n+1\}$	B	$\vee$ B
α_n	$A \to B$	$\to$ E

Ad (13): Angenommen, $\Gamma \cup \{A\} \vdash B$. Dann gibt es eine Ableitung $C_1, ..., C_n$ von B aus $\Gamma \cup \{A\}$ und eine entsprechende Folge $\alpha_1, ..., \alpha_n$ von Zahlenklassen. Wir unterscheiden zwei Fälle.

Fall 1: $\alpha_n = \emptyset$.

In diesem Fall ist $C_1, ..., C_n$ ein Beweis für B und daher nach Satz 1.4.3.(3) eine Ableitung von B aus $\emptyset$. Also ist die Folge $C_1, ..., C_n$, $A, A \wedge C_n, C_n, A \to C_n$ eine Ableitung von $A \to B$ aus $\emptyset$.

Begründung:

α_1	C_1	
$\vdots$	$\vdots$	
α_n	C_n	
$\{n+1\}$	A	E
$\{n+1\}$	$A \wedge C_n$	$\wedge$ E
$\{n+1\}$	C_n	$\wedge$ BL
$\emptyset$	$A \to C_n$	$\to$ E

Es gilt also $\emptyset \vdash A \to B$ und daher nach Satz 1.4.4.(12) auch $\Gamma \vdash A \to B$.

Fall 2: $\alpha_n = \{j_1, ..., j_r\}$.

2.1: Es gibt ein $j_i (1 \leq i \leq r)$ derart, daß $C_{j_i} = A$.

Sei $\{k_1, ..., k_s\}$ die Klasse derjenigen j, für welche gilt: $j \in \{j_1, ..., j_r\}$ und $C_j = A$. Dann gilt

$$\Gamma \vdash C_{k_s} \to (C_{k_{s-1}} \to ... (C_{k_1} \to C_n)...), \text{ d. h. } \Gamma \vdash A \to (A \to ... (A \to B)...).$$

228

Begründung:

$$\begin{array}{lll}
\alpha_1 & C_1 & \\
\vdots & \vdots & \\
\alpha_n & C_n & \\
\alpha_n\setminus\{k_1\} & C_{k_1}\to C_n & \to\text{E} \\
\alpha_n\setminus\{k_1,k_2\} & C_{k_2}\to(C_{k_1}\to C_n) & \to\text{E} \\
\vdots & \vdots & \vdots \\
\alpha_n\setminus\{k_1,\dots,k_s\} & C_{k_s}\to(C_{k_{s-1}}\to\dots(C_{k_1}\to C_n)\dots) & \to\text{E}
\end{array}$$

Durch $(s-1)$-malige Anwendung von Satz 1.4.4.(11) ergibt sich schließlich $\Gamma\vdash C_{k_s}\to C_n$, d. h. $\Gamma\vdash A\to B$.

2.2: Es gibt kein $j_i(1\leqq i\leqq r)$ derart, daß $C_{j_i}=A$.

Dann gilt für alle $j_i(1\leqq i\leqq r)$: $C_{j_i}\in\Gamma$. Hieraus folgt aber $\Gamma\vdash B$, und man erhält somit analog zu Fall 1 $\Gamma\vdash A\to B$.

1.4.5. Die Entscheidbarkeit des Ableitungs- und Beweisbegriffs für $\Sigma 1$

In diesem Abschnitt wollen wir zeigen, daß der Ableitungs- und der Beweisbegriff von $\Sigma 1$ entscheidbar ist. Wir benötigen hierzu einen Hilfsbegriff:

Eine Folge $\alpha_1,\dots,\alpha_n$ von Zahlenklassen ist eine *passende Zahlenklassenfolge* gdw

(1) $\alpha_1=\{1\}$;
(2) für alle $i(1\leqq i\leqq n)$ gilt:
$\alpha_i=\emptyset$ oder $\alpha_i=\{i\}$ oder für jedes j aus α_i gilt $j<i$.

So sind z. B. Folgen von Zahlenklassen, wie sie sich bei der Konstruktion von Ableitungen in $\Sigma 1$ ergeben, passende Zahlenklassenfolgen.

Satz 1.4.5–1.
Sei Γ irgendeine Teilklasse von $S1$, die bezüglich $S1$ entscheidbar ist. Dann ist die Klasse aller $S1$-Formelfolgen, die eine Ableitung ihres letzten Gliedes aus Γ in $\Sigma 1$ darstellen, entscheidbar bezüglich der Klasse aller $S1$-Formelfolgen.

Beweis: Sei Γ irgendeine Teilklasse von $S1$, die bezüglich $S1$ entscheidbar ist und $C_1,\dots,C_n$ irgendeine Folge von $S1$-Formeln mit $n\geqq 2$ (der Fall, daß $n=1$, ist trivial). Um zu zeigen, daß man in endlich vielen Schritten effektiv feststellen kann, ob $C_1,\dots,C_n$ eine Ableitung von C_n aus Γ in $\Sigma 1$ ist, verfahren wir folgendermaßen: Wir bilden zunächst sämtliche n-gliedrigen passenden Zahlenklassenfolgen $F_1, ..., F_r$:

$$\begin{array}{ccc} F_1 & \cdots & F_r \\ \hline \alpha_1^1 & & \alpha_1^r \\ \vdots & \cdots & \vdots \\ \alpha_n^1 & & \alpha_n^r \end{array}$$

Offensichtlich kann man in endlich vielen Schritten effektiv feststellen, ob es ein $F_k (1 \leq k \leq r)$ gibt, derart, daß

1. für jedes $i (2 \leq i \leq n)$ gilt: die Folge $\langle \alpha_1^k, C_1 \rangle, ..., \langle \alpha_i^k, C_i \rangle$ ergibt sich durch Anwendung einer Ableitungsregel von $\Sigma 1$ auf die Folge $\langle \alpha_1^k, C_1 \rangle, ..., \langle \alpha_{i-1}^k, C_{i-1} \rangle$;
2. es gibt kein i mit $i \in \alpha_n^k$ und $C_i \notin \Gamma$.

Fällt das Ergebnis positiv aus, so ist $C_1, ..., C_n$ eine Ableitung von C_n aus Γ in $\Sigma 1$; fällt es negativ aus, so ist $C_1, ..., C_n$ keine Ableitung von C_n aus Γ in $\Sigma 1$.

Satz 1.4.5–2.
Die Klasse aller Beweise in $\Sigma 1$ ist entscheidbar bezüglich der Klasse aller $S1$-Formelfolgen.

Da die leere Klasse trivialerweise bezüglich $S1$ entscheidbar ist, ergibt sich der Beweis dieses Satzes sofort mit Satz 1.4.5–1.

1.4.6. Der Begriff der Quasiableitung für $\Sigma 1$

Wir wollen in diesem Abschnitt zeigen, wie sich die Ableitungs- und Beweistechnik von $\Sigma 1$ wesentlich vereinfachen läßt. Um eine Vorstellung von der dabei zugrundeliegende Idee zu gewinnen, betrachten wir zunächst ein Beispiel.

Angenommen, es soll gezeigt werden, daß $\neg\neg A \vdash B \to A$. Man wird etwa so verfahren:

1	$\{1\}$	$\neg\neg A$	
2	$\{1\}$	A	$\neg$ B
3	$\{3\}$	B	E
4	$\{1, 3\}$	$A \wedge B$	$\wedge$ E
5	$\{1, 3\}$	A	$\wedge$ BR
6	$\{1\}$	$B \to A$	$\to$ E

In dieser Ableitung wurde zuerst A aus $\{\neg\neg A\}$ und dann $B \to A$ aus $\{A\}$ abgeleitet. Da aber schon früher (in 1.4.2) gezeigt wurde, daß gilt $A \models_{\Sigma I} B \to A$, mag es überflüssig erscheinen, die damalige Ableitung von $B \to A$ aus $\{A\}$ ein zweites Mal zu konstruieren. Um die Existenz einer Ableitung von $B \to A$ aus $\{\neg\neg A\}$ in ΣI sicherzustellen, hätte es offenbar genügt, die Formelfolge

$\neg\neg A$

A

$B \to A$

anzugeben. Diese ist zwar keine Ableitung in ΣI, aber sie läßt sich mühelos durch Einschiebung entsprechender Formeln zu einer Ableitung ergänzen. Wir wollen daher eine solche Formelfolge als »Quasiableitung« bezeichnen.

Mit einer »Rechtfertigungsnotation« versehen, sieht die obige Quasiableitung so aus:

1   $\{1\}\ \neg\neg A$

2   $\{1\}\ A$ $\neg B$

3   $\{1\}\ B \to A$ $A \models_{\Sigma I} B \to A$

Der Begriff der Quasiableitung wird nun folgendermaßen definiert:

Definition 1.4.6–1.

Eine Folge $C_1, \ldots, C_n$ von $S1$-Formeln ist eine *Quasiableitung von A aus Γ in ΣI* gdw

(1) $A = C_n$;

(2) $\Gamma \subseteq S1$;

(3)   es gibt eine Folge $\alpha_1, \ldots, \alpha_n$ von Zahlenklassen, so daß gilt:

    (a) $\alpha_1 = \{1\}$

         oder

         $\alpha_1 = \emptyset$ und $\models_{\Sigma I} C_1$;

    (b)   ist $n \geq 2$, so gilt für jedes $i(2 \leq i \leq n)$: die Folge $\langle \alpha_1, C_1 \rangle, \ldots, \langle \alpha_i, C_i \rangle$ ergibt sich durch Anwendung einer Ableitungsregel von ΣI auf die Folge $\langle \alpha_1, C_1 \rangle, \ldots, \langle \alpha_{i-1}, C_{i-1} \rangle$

         oder

         $\alpha_i = \emptyset$ und $\models_{\Sigma I} C_i$

         oder

         es gibt $j_1, \ldots, j_r (1 \leq j_1, \ldots, j_r \leq i-1)$, so daß $\alpha_i = \alpha_{j_1} \cup \ldots \cup \alpha_{j_r}$ und $C_{j_1}, \ldots, C_{j_r} \models_{\Sigma I} C_i$;

    (c)   es gibt kein i mit $i \in \alpha_n$ und $C_i \notin \Gamma$.

Um uns mit diesem Begriff vertraut zu machen, betrachten wir einige Beispiele für Quasiableitungen in $\Sigma 1$.

1. Die Formelfolge

$\neg p$
$p \vee q$
p
q
$p \rightarrow q$
$q \rightarrow p$
q

ist eine Quasiableitung von q aus $\{\neg p, p \vee q\}$.

Begründung:

1	$\{1\}$	$\neg p$	
2	$\{2\}$	$p \vee q$	E
3	$\{3\}$	p	E
4	$\{1, 3\}$	q	$p, \neg p \models_{\overline{\Sigma 1}} q$ (Satz 1.4.2.(8))
5	$\{1\}$	$p \rightarrow q$	$\rightarrow$E
6	$\emptyset$	$q \rightarrow q$	$\models_{\overline{\Sigma 1}} q \rightarrow q$ (Satz 1.4.2.(1))
7	$\{1, 2\}$	q	$\vee$B

2. Die Formelfolge

$\neg p$
$p \rightarrow \neg p$
$\neg p \rightarrow (p \rightarrow \neg p)$
$p \rightarrow \neg p$
$p \vee \neg p$
$\neg p \rightarrow \neg p$
$\neg p$
$(p \rightarrow \neg p) \rightarrow \neg p$
$\neg p \leftrightarrow (p \rightarrow \neg p)$

ist eine Quasiableitung von $\neg p \leftrightarrow (p \rightarrow \neg p)$ aus $\emptyset$.

Begründung:

1	$\{1\}$	$\neg p$	
2	$\{1\}$	$p \rightarrow \neg p$	$\neg p \models_{\overline{\Sigma 1}} p \rightarrow \neg p$ (Satz 1.4.2.(5))
3	$\emptyset$	$\neg p \rightarrow (p \rightarrow \neg p)$	$\rightarrow$E
4	$\{4\}$	$p \rightarrow \neg p$	E
5	$\emptyset$	$p \vee \neg p$	$\models_{\overline{\Sigma 1}} p \vee \neg p$ (s. S. 224)

6	Ø	$\neg p \rightarrow \neg p$	$\models_{\Sigma I} \neg p \rightarrow \neg p$ (Satz 1.4.2.(1))
7	{4}	$\neg p$	$\vee$ B
8	Ø	$(p \rightarrow \neg p) \rightarrow \neg p$	$\rightarrow$ E
9	Ø	$\neg p \leftrightarrow (p \rightarrow \neg p)$	$\leftrightarrow$ E

Aufgabe: Man zeige, daß die folgende Formelfolge eine Quasiableitung von $\neg p$ aus $\{p \rightarrow q, p \rightarrow \neg q\}$ ist.

$p \rightarrow q$

$p \rightarrow \neg q$

p

q

$\neg q$

$q \wedge \neg q$

$p \rightarrow q \wedge \neg q$

$\neg p$

Entsprechend unseren früheren Begriffen definieren wir noch:

Definition 1.4.6–2.

A ist in ΣI *quasiableitbar aus* Γ gdw es eine Quasiableitung von A aus Γ in ΣI gibt.

Definition 1.4.6–3.

$\mathfrak{B}$ ist ein *Quasibeweis für* A in ΣI gdw $\mathfrak{B}$ eine Quasiableitung von A aus $\emptyset$ in ΣI ist.

Definition 1.4.6–4.

A ist in ΣI *quasibeweisbar* gdw es einen Quasibeweis für A in ΣI gibt.

Satz 1.4.6–1.
(1) Jede Ableitung einer Formel A aus einer Formelklasse Γ in ΣI ist eine Quasiableitung von A aus Γ in ΣI.
(2) Jeder Beweis für eine Formel A in ΣI ist ein Quasibeweis für A in ΣI.
(3) Eine Formel ist in ΣI quasibeweisbar gdw sie in ΣI aus $\emptyset$ quasiableitbar ist.

Dieser Satz ergibt sich unmittelbar aus den vorangehenden Definitionen. Grundlegend hinsichtlich des Verhältnisses zwischen Ableitbarkeit und Quasiableitbarkeit in $\Sigma 1$ ist nun der folgende

Satz 1.4.6–2.

Für jede $S1$-Formel A und jede Teilklasse Γ von $S1$ gilt: Wenn A in $\Sigma 1$ aus Γ quasiableitbar ist, dann ist A in $\Sigma 1$ aus Γ ableitbar.

Beweis: Sei A irgendeine $S1$-Formel, Γ irgendeine Teilklasse von $S1$ und sei A in $\Sigma 1$ aus Γ quasiableitbar. Dann gibt es eine Quasiableitung $C_1, ..., C_n$ von A aus Γ in $\Sigma 1$ und somit eine entsprechende Folge $\alpha_1, ..., \alpha_n$ von Zahlenklassen, welche Def. 1.4.6–1.(3) erfüllt. Sei nun für jedes $i (1 \leq i \leq n)\, C_i^*$ eine $S1$-Formel, für welche gilt:

$$C_i^* = \begin{cases} C_i, & \text{falls } \alpha_i = \emptyset; \\ C_{j_1} \to (C_{j_2} \to ... (C_{j_r} \to C_i)...), & \text{falls } \alpha_i = \{j_1, ..., j_r\}. \end{cases}$$

Wir zeigen zunächst, daß $\vdash C_n^*$. Es sind zwei Fälle zu unterscheiden.

Fall 1: $n = 1$.

Gemäß Def. 1.4.6–1 ist $\alpha_1 = \{1\}$ oder $\alpha_1 = \emptyset$. Ist $\alpha_1 = \{1\}$, so ist $C_1^* = C_1 \to C_1$, und man erhält $\vdash C_1^*$ (s. Satz 1.4.2.(1) und Satz 1.4.3.(5)). Ist $\alpha_1 = \emptyset$, so ist $C_1^* = C_1$, und es gilt nach Def. 1.4.6–1.(3a) $\vdash C_1^*$. Also gilt $\vdash C_n^*$.

Fall 2: $n > 1$.

Daß auch in diesem Fall gilt $\vdash C_n^*$, ergibt sich aus dem folgenden Satz, den wir durch starke endliche Induktion beweisen.

Für alle j mit $1 \leq j \leq n$ gilt: $\vdash C_j^*$.

Induktionsbasis: s. Fall 1.

Induktionsschritt

Sei k irgendeine natürliche Zahl mit $1 \leq k < n$ und gelte für alle i mit $1 \leq i \leq k: \vdash C_i^*$. (I. V.) Gemäß Def. 1.4.6–1.(3b) gilt für $k + 1$:

(a) Die Folge $\langle \alpha_1, C_1 \rangle, ..., \langle \alpha_{k+1}, C_{k+1} \rangle$ ergibt sich durch Anwendung einer Ableitungsregel von $\Sigma 1$ auf die Folge $\langle \alpha_1, C_1 \rangle, ..., \langle \alpha_k, C_k \rangle$

oder

(b) $\alpha_{k+1} = \emptyset$ und $\vdash_{\overline{\Sigma 1}} C_{k+1}$

oder

(c) es gibt $j_1, ..., j_r (1 \leqq j_1, ..., j_r \leqq k)$, so daß $\alpha_{k+1} = \alpha_{j_1} \cup ... \cup \alpha_{j_r}$ und $C_{j_1}, ..., C_{j_r} \vDash_{\Sigma_1} C_{k+1}$.

Angenommen, (a). Wir betrachten nur die Regeln E, $\neg$ E, $\wedge$ E und $\rightarrow$ E.

Die Folge $\langle \alpha_1, C_1 \rangle, ..., \langle \alpha_{k+1}, C_{k+1} \rangle$ ergebe sich durch Anwendung von E auf $\langle \alpha_1, C_1 \rangle, ..., \langle \alpha_k, C_k \rangle$. Dann ist $\alpha_{k+1} = \{k+1\}$, und es gilt daher $C^*_{k+1} = C_{k+1} \rightarrow C_{k+1}$. Also gilt $\vdash C^*_{k+1}$.

Die Folge $\langle \alpha_1, C_1 \rangle, ..., \langle \alpha_{k+1}, C_{k+1} \rangle$ ergebe sich durch Anwendung von $\neg$ E auf $\langle \alpha_1, C_1 \rangle, ..., \langle \alpha_k, C_k \rangle$. Dann gibt es $l (1 \leqq l \leqq k)$, B und C derart, daß $C_l = B \rightarrow C \wedge \neg C$, $C_{k+1} = \neg B$ und $\alpha_{k+1} = \alpha_l$. Wir unterscheiden zwei Fälle.

(1) $\alpha_l = \emptyset$.

Dann ist $C^*_l = C_l$ und $C^*_{k+1} = C_{k+1}$. Da aufgrund der I.V. $\vdash C^*_l$, d. h. $\vdash B \rightarrow C \wedge \neg C$ gilt, ergibt sich mit Satz 1.4.3.(5) und Satz 1.4.4.(1) $\vdash \neg B$, d. h. $\vdash C^*_{k+1}$.

(2) $\alpha_l = \{j_1, ..., j_r\}$.

Dann ist $C^*_l = C_{j_1} \rightarrow (C_{j_2} \rightarrow ... (C_{j_r} \rightarrow (B \rightarrow C \wedge \neg C))...)$ und $C^*_{k+1} = C_{j_1} \rightarrow (C_{j_2} \rightarrow ... (C_{j_r} \rightarrow \neg B)...)$. Da aufgrund der I.V. gilt $\vdash C^*_l$, ergibt sich mit Satz 1.4.3.(5) und Satz 1.4.4.(10) $C_{j_1}, ..., C_{j_r} \vdash B \rightarrow C \wedge \neg C$. Hieraus folgt mit Satz 1.4.4.(1) $C_{j_1}, ..., C_{j_r} \vdash \neg B$. Durch r-malige Anwendung von Satz 1.4.4.(13) gewinnt man daraus $\emptyset \vdash C_{j_1} \rightarrow (C_{j_2} \rightarrow ... (C_{j_r} \rightarrow \neg B)...)$, und es gilt daher wegen Satz 1.4.3.(5) $\vdash C_{j_1} \rightarrow (C_{j_2} \rightarrow ... (C_{j_r} \rightarrow \neg B)...)$, d. h. $\vdash C^*_{k+1}$.

Die Folge $\langle \alpha_1, C_1 \rangle, ..., \langle \alpha_{k+1}, C_{k+1} \rangle$ ergebe sich durch Anwendung von $\wedge$ E auf $\langle \alpha_1, C_1 \rangle, ..., \langle \alpha_k, C_k \rangle$. Dann gibt es l und $m (1 \leqq l, m \leqq k)$, B und C derart, daß $C_l = B$, $C_m = C$, $C_{k+1} = B \wedge C$ und $\alpha_{k+1} = \alpha_l \cup \alpha_m$. Es sind nun vier Fälle zu unterscheiden.

(1) $\alpha_l = \emptyset$ und $\alpha_m = \emptyset$;
(2) $\alpha_l = \{j_1, ..., j_r\}$ und $\alpha_m = \emptyset$;
(3) $\alpha_l = \emptyset$ und $\alpha_m = \{l_1, ..., l_s\}$;
(4) $\alpha_l = \{j_1, ..., j_r\}$ und $\alpha_m = \{l_1, ..., l_s\}$.

Ad (1): Dann ist $C^*_l = C_l$, $C^*_m = C_m$ und $C^*_{k+1} = C_{k+1}$. Also gilt nach I.V. $\vdash B$ und $\vdash C$. Mit Satz 1.4.3.(5) und Satz 1.4.4.(3) ergibt sich somit $\vdash B \wedge C$, d. h. $\vdash C^*_{k+1}$.

Ad (2): Dann ist $C_l^* = C_{j_1} \to (C_{j_2} \to \ldots (C_{j_r} \to B) \ldots)$, $C_m^* = C$ und $C_{k+1}^* = C_{j_1} \to (C_{j_2} \to \ldots (C_{j_r} \to B \land C) \ldots)$. Also gilt nach I.V. $\vdash C_{j_1} \to (C_{j_2} \to \ldots (C_{j_r} \to B) \ldots)$ und $\vdash C$. Wegen Satz 1.4.3.(5), Satz 1.4.4.(10) und Satz 1.4.4.(12) ist daher $C_{j_1}, \ldots, C_{j_r} \vdash B$ und $C_{j_1}, \ldots, C_{j_r} \vdash C$. Hieraus gewinnt man mit Satz 1.4.4.(3) $C_{j_1}, \ldots, C_{j_r} \vdash B \land C$. Durch r-malige Anwendung von Satz 1.4.4.(13) erhält man somit $\emptyset \vdash C_{j_1} \to (C_{j_2} \to \ldots (C_{j_r} \to B \land C) \ldots)$. Also gilt nach Satz 1.4.3.(5) $\vdash C_{k+1}^*$.

Die Fälle (3) und (4) erledigen sich völlig analog.

Die Folge $\langle \alpha_1, C_1 \rangle, \ldots, \langle \alpha_{k+1}, C_{k+1} \rangle$ ergebe sich durch Anwendung von $\to$E auf $\langle \alpha_1, C_1 \rangle, \ldots, \langle \alpha_k, C_k \rangle$. Dann gibt es l und $m (1 \leq l, m \leq k)$, B und C derart, daß $C_l = B$, $C_m = C$, $C_{k+1} = B \to C$, $\alpha_l = \{l\}$, $l \in \alpha_m$ und $\alpha_{k+1} = \alpha_m \backslash \{l\}$. Wir unterscheiden zwei Fälle.

(1) $\alpha_m = \{l\}$.

Dann ist $C_m^* = B \to C$. Da ferner $\alpha_{k+1} = \{l\} \backslash \{l\} = \emptyset$, ist $C_{k+1}^* = B \to C$. Nun gilt aber aufgrund der I.V. $\vdash C_m^*$. Also gilt auch $\vdash C_{k+1}^*$.

(2) $\alpha_m = \{j_1, \ldots, j_r, l\}$.

Dann ist $C_m^* = C_{j_1} \to (C_{j_2} \to \ldots (C_{j_r} \to (C_l \to C_m)) \ldots) = C_{j_1} \to (C_{j_2} \to \ldots (C_{j_r} \to (B \to C)) \ldots)$. Da ferner $\alpha_{k+1} = \{j_1, \ldots, j_r\}$, ist $C_{k+1}^* = C_{j_1} \to (C_{j_2} \to \ldots (C_{j_r} \to (B \to C)) \ldots)$. Nun gilt aufgrund der I.V. $\vdash C_m^*$. Also gilt auch $\vdash C_{k+1}^*$.

Angenommen (b).

In diesem Fall ist $C_{k+1}^* = C_{k+1}$, und es gilt trivialerweise $\vdash C_{k+1}^*$.

Angenommen (c).

Wir unterscheiden zwei Fälle.

(1) $\alpha_{k+1} = \emptyset$.

Dann ist auch $\alpha_{j_1} = \ldots = \alpha_{j_r} = \emptyset$, und es gilt $C_{k+1}^* = C_{k+1}$, $C_{j_1}^* = C_{j_1}, \ldots, C_{j_r}^* = C_{j_r}$. Nach I.V. gilt folglich $\vdash C_{j_1}, \ldots, \vdash C_{j_r}$. Also erhält man mit Satz 1.4.4.(14) $\vdash C_{k+1}$, d. h. $\vdash C_{k+1}^*$.

(2) $\alpha_{k+1} = \{l_1, \ldots, l_s\}$.

Dann ist $C_{k+1}^* = C_{l_1} \to (C_{l_2} \to \ldots (C_{l_s} \to C_{k+1}) \ldots)$. Nun gilt nach I.V. $\vdash C_{j_1}^*, \ldots, \vdash C_{j_r}^*$. Da ferner für jedes $m (1 \leq m \leq r)$ gilt $\alpha_{j_m} \subseteq \alpha_{k+1}$, ergibt sich unter Verwendung der Sätze 1.4.4.(10), 1.4.4.(12) und 1.4.3.(5)

$$C_{l_1}, ..., C_{l_s} \vdash C_{j_1}$$
$$\vdots$$
$$C_{l_1}, ..., C_{l_s} \vdash C_{j_r}.$$

Mit Satz 1.4.4.(14) gewinnt man nun $C_{l_1}, ..., C_{l_s} \vdash C_{k+1}$. Also gilt nach Satz 1.4.4.(13) $\vdash C_{l_1} \to (C_{l_2} \to ...(C_{l_s} \to C_{k+1})...)$, d.h. $\vdash C_{k+1}^*$.

Damit ist bewiesen, daß $\vdash C_n^*$. Wir müssen also nur noch zeigen, daß dann auch $\Gamma \vdash C_n$ gilt. Dazu unterscheiden wir zwei Fälle.

(1) $\alpha_n = \emptyset$.
Dann ist $C_n^* = C_n$, und man erhält unter Verwendung der Sätze 1.4.3.(5) und 1.4.4.(12) $\Gamma \vdash C_n$.

(2) $\alpha_n = \{j_1, ..., j_r\}$.
Dann ist $C_n^* = C_{j_1} \to (C_{j_2} \to ...(C_{j_r} \to C_n)...)$. Also gilt nach Satz 1.4.3.(5) und Satz 1.4.4.(12) $C_{j_1}, ..., C_{j_r} \vdash C_n$. Da nun gemäß Def. 1.4.6–1.(3c) gilt $\{C_{j_1}, ..., C_{j_r}\} \subseteq \Gamma$, erhält man also mit Hilfe von Satz 1.4.4.(12) $\Gamma \vdash C_n$.

Wir haben also gezeigt, daß $\Gamma \vdash A$. Damit ist der Beweis für Satz 1.4.6–2 abgeschlossen.

Als Folgesatz ergibt sich aus Satz 1.4.6–2 (unter Verwendung der Sätze 1.4.6–1.(3) und 1.4.3.(5)) sofort

Satz 1.4.6–3.
Jede in $\Sigma 1$ quasibeweisbare $S1$-Formel ist ein Theorem von $\Sigma 1$.

1.4.7. Weitere Lehrsätze über $\Sigma 1$

Im folgenden Satz sind einige weitere Lehrsätze über $\Sigma 1$ zusammengefaßt. Wir werden für sie im allgemeinen keine Ableitungen, sondern Quasiableitungen konstruieren.

Satz 1.4.7.
Seien A, B, C und D irgendwelche $S1$-Formeln. Dann gilt:

(1) $A \to C, B \to C \vdash A \vee B \to C$.

Begründung:

1	{1}	$A \rightarrow C$	
2	{2}	$B \rightarrow C$	E
3	{3}	$A \lor B$	E
4	{1, 2, 3}	C	$\lor$ B
5	{1, 2}	$A \lor B \rightarrow C$	$\rightarrow$ E

(2) $A \rightarrow B, \neg A \rightarrow B \vdash B$.

Begründung:

1	{1}	$A \rightarrow B$	
2	{2}	$\neg A \rightarrow B$	E
3	$\emptyset$	$A \lor \neg A$	$\vDash_{\overline{\Sigma 1}} A \lor \neg A$ (s. S. 224)
4	{1, 2}	B	$\lor$ B

(3) $A \rightarrow B \vdash A \lor C \rightarrow B \lor C$.

Begründung:

1	{1}	$A \rightarrow B$	
2	{2}	$A \lor C$	E
3	{3}	A	E
4	{1, 3}	B	Satz 1.4.2.(3)
5	{1, 3}	$B \lor C$	$\lor$ ER
6	{1}	$A \rightarrow B \lor C$	$\rightarrow$ E
7	{7}	C	E
8	{7}	$B \lor C$	$\lor$ EL
9	$\emptyset$	$C \rightarrow B \lor C$	$\rightarrow$ E
10	{1, 2}	$B \lor C$	$\lor$ B
11	{1}	$A \lor C \rightarrow B \lor C$	$\rightarrow$ E

(4) $A \rightarrow B, \neg B \vdash \neg A$.

Begründung:

1	{1}	$A \rightarrow B$	
2	{2}	$\neg B$	E
3	{2}	$A \rightarrow \neg B$	Satz 1.4.2.(5)
4	{1, 2}	$\neg A$	$A \rightarrow B, A \rightarrow \neg B \vDash_{\overline{\Sigma 1}} \neg A$ (s. S. 233)

(5) $A \lor B, A \rightarrow C, B \rightarrow D \vdash C \lor D$.

Begründung:

1	{1}	$A \lor B$	
2	{2}	$A \rightarrow C$	E

238

3	{3}	$B \to D$	E
4	{4}	A	E
5	{2, 4}	C	Satz 1.4.2.(3)
6	{2, 4}	$C \lor D$	$\lor$ ER
7	{2}	$A \to C \lor D$	$\to$ E
8	{8}	B	E
9	{3, 8}	D	Satz 1.4.2.(3)
10	{3, 8}	$C \lor D$	$\lor$ EL
11	{3}	$B \to C \lor D$	$\to$ E
12	{1, 2, 3}	$C \lor D$	$\lor$ B

(6) $\vdash A \land B \leftrightarrow \neg(\neg A \lor \neg B)$.

Begründung:

1	{1}	$A \land B$	
2	{2}	$\neg A \lor \neg B$	E
3	{1}	A	$\land$ BR
4	{1}	B	$\land$ BL
5	{1}	$\neg \neg A$	Satz 1.4.2.(4)
6	{1, 2}	$\neg B$	$\neg A, A \lor B \models_{\Sigma_1} B$ (s. S. 232)
7	{1, 2}	$B \land \neg B$	$\land$ E
8	{1}	$\neg A \lor \neg B \to B \land \neg B$	$\to$ E
9	{1}	$\neg(\neg A \lor \neg B)$	$\neg$ E
10	Ø	$A \land B \to \neg(\neg A \lor \neg B)$	$\to$ E
11	{11}	$\neg(\neg A \lor \neg B)$	E
12	{12}	$\neg(A \land B)$	E
13	{13}	A	E
14	{12, 13}	$\neg B$	Satz 1.4.2.(6)
15	{12, 13}	$\neg A \lor \neg B$	$\lor$ EL
16	{11, 12, 13}	$(\neg A \lor \neg B) \land \neg(\neg A \lor \neg B)$	$\land$ E
17	{11, 12}	$A \to (\neg A \lor \neg B) \land \neg(\neg A \lor \neg B)$	$\to$ E
18	{11, 12}	$\neg A$	$\neg$ E
19	{11, 12}	$\neg A \lor \neg B$	$\lor$ ER
20	{11, 12}	$(\neg A \lor \neg B) \land \neg(\neg A \lor \neg B)$	$\land$ E
21	{11}	$\neg(A \land B) \to (\neg A \lor \neg B) \land$ $\neg(\neg A \lor \neg B)$	$\to$ E
22	{11}	$\neg \neg(A \land B)$	$\neg$ E
23	{11}	$A \land B$	$\neg$ B
24	Ø	$\neg(\neg A \lor \neg B) \to A \land B$	$\to$ E
25	Ø	$A \land B \leftrightarrow \neg(\neg A \lor \neg B)$	$\leftrightarrow$ E

239

(7) $\vdash A \lor B \leftrightarrow \neg(\neg A \land \neg B)$.

Begründung:

1	{1}	$A \lor B$	
2	{2}	$\neg A \land \neg B$	E
3	{2}	$\neg A$	$\land$ BR
4	{2}	$\neg B$	$\land$ BL
5	{1, 2}	B	$\neg A, A \lor B \vDash_{\Sigma I} B$
6	{1, 2}	$B \land \neg B$	$\land$ E
7	{1}	$\neg A \land \neg B \to B \land \neg B$	$\to$E
8	{1}	$\neg(\neg A \land \neg B)$	$\neg$E
9	$\emptyset$	$A \lor B \to \neg(\neg A \land \neg B)$	$\to$E
10	{10}	$\neg(\neg A \land \neg B)$	E
11	{11}	A	E
12	{11}	$A \lor B$	$\lor$ ER
13	$\emptyset$	$A \to A \lor B$	$\to$E
14	{14}	$\neg A$	E
15	{10, 14}	$\neg \neg B$	Satz 1.4.2.(6)
16	{10, 14}	B	$\neg$B
17	{10, 14}	$A \lor B$	$\lor$ EL
18	{10}	$\neg A \to A \lor B$	$\to$E
19	{10}	$A \lor B$	Satz 1.4.7.(2)
20	$\emptyset$	$\neg(\neg A \land \neg B) \to A \lor B$	$\to$E
21	$\emptyset$	$A \lor B \leftrightarrow \neg(\neg A \land \neg B)$	$\leftrightarrow$E

(8) $\vdash (A \to B) \leftrightarrow \neg(A \land \neg B)$.

Begründung:

1	{1}	$A \to B$	
2	{2}	$A \land \neg B$	E
3	{2}	A	$\land$ BR
4	{2}	$\neg B$	$\land$ BL
5	{1, 2}	B	Satz 1.4.2.(3)
6	{1, 2}	$B \land \neg B$	$\land$ E
7	{1}	$A \land \neg B \to B \land \neg B$	$\to$E
8	{1}	$\neg(A \land \neg B)$	$\neg$E
9	$\emptyset$	$(A \to B) \to \neg(A \land \neg B)$	$\to$E
10	{10}	$\neg(A \land \neg B)$	E
11	{11}	A	E
12	{10, 11}	$\neg \neg B$	Satz 1.4.2.(6)
13	{10, 11}	B	$\neg$B

14	{10}	$A \to B$	$\to$E
15	$\emptyset$	$\neg(A \wedge \neg B) \to (A \to B)$	$\to$E
16	$\emptyset$	$(A \to B) \leftrightarrow \neg(A \wedge \neg B)$	$\leftrightarrow$E

(9) $\vdash (A \to B) \leftrightarrow \neg A \vee B$.

Begründung:

1	{1}	$A \to B$	
2	{2}	A	E
3	{1, 2}	B	Satz 1.4.2.(3)
4	{1, 2}	$\neg A \vee B$	$\vee$ EL
5	{1}	$A \to \neg A \vee B$	$\to$E
6	{6}	$\neg A$	E
7	{6}	$\neg A \vee B$	$\vee$ ER
8	$\emptyset$	$\neg A \to \neg A \vee B$	$\to$E
9	{1}	$\neg A \vee B$	Satz 1.4.7.(2)
10	$\emptyset$	$(A \to B) \to \neg A \vee B$	$\to$E
11	{11}	$\neg A \vee B$	E
12	{12}	$\neg A$	E
13	{13}	A	E
14	{12, 13}	B	Satz 1.4.2.(8)
15	{12}	$A \to B$	$\to$E
16	$\emptyset$	$\neg A \to (A \to B)$	$\to$E
17	{17}	B	E
18	{17}	$A \to B$	Satz 1.4.2.(5)
19	$\emptyset$	$B \to (A \to B)$	$\to$E
20	{11}	$A \to B$	$\vee$ B
21	$\emptyset$	$\neg A \vee B \to (A \to B)$	$\to$E
22	$\emptyset$	$(A \to B) \leftrightarrow \neg A \vee B$	$\leftrightarrow$E

(10) $\vdash A \wedge B \leftrightarrow \neg(A \to \neg B)$.

Begründung:

1	{1}	$A \wedge B$	
2	{2}	$A \to \neg B$	E
3	{1}	A	$\wedge$ BR
4	{1}	B	$\wedge$ BL
5	{1, 2}	$\neg B$	Satz 1.4.2.(3)
6	{1, 2}	$B \wedge \neg B$	$\wedge$ E
7	{1}	$(A \to \neg B) \to B \wedge \neg B$	$\to$E
8	{1}	$\neg(A \to \neg B)$	$\neg$E
9	$\emptyset$	$A \wedge B \to \neg(A \to \neg B)$	$\to$E

241

10	{10}	$\neg(A \rightarrow \neg B)$	E
11	{11}	$\neg(A \wedge B)$	E
12	{12}	A	E
13	{11, 12}	$\neg B$	Satz 1.4.2.(6)
14	{11}	$A \rightarrow \neg B$	$\rightarrow$ E
15	{10, 11}	$(A \rightarrow \neg B) \wedge \neg(A \rightarrow \neg B)$	$\wedge$ E
16	{10}	$\neg(A \wedge B) \rightarrow (A \rightarrow \neg B) \wedge \neg(A \rightarrow \neg B)$	$\rightarrow$ E
17	{10}	$\neg\neg(A \wedge B)$	$\neg$ E
18	{10}	$A \wedge B$	$\neg$ B
19	$\emptyset$	$\neg(A \rightarrow \neg B) \rightarrow A \wedge B$	$\rightarrow$ E
20	$\emptyset$	$A \wedge B \leftrightarrow \neg(A \rightarrow \neg B)$	$\leftrightarrow$ E

(11) $\vdash \neg(A \wedge B) \leftrightarrow \neg A \vee \neg B$.

Begründung:

1	{1}	$\neg(A \wedge B)$	
2	$\emptyset$	$A \vee \neg A$	$\models_{\overline{\Sigma I}} A \vee \neg A$
3	{3}	A	E
4	{1, 3}	$\neg B$	Satz 1.4.2.(6)
5	{1, 3}	$\neg A \vee \neg B$	$\vee$ EL
6	{1}	$A \rightarrow \neg A \vee \neg B$	$\rightarrow$ E
7	{7}	$\neg A$	E
8	{7}	$\neg A \vee \neg B$	$\vee$ ER
9	$\emptyset$	$\neg A \rightarrow \neg A \vee \neg B$	$\rightarrow$ E
10	{1}	$\neg A \vee \neg B$	$\vee$ B
11	$\emptyset$	$\neg(A \wedge B) \rightarrow \neg A \vee \neg B$	$\rightarrow$ E
12	{12}	$\neg A \vee \neg B$	E
13	{13}	$A \wedge B$	E
14	{13}	A	$\wedge$ BR
15	{13}	B	$\wedge$ BL
16	{13}	$\neg\neg A$	Satz 1.4.2.(4)
17	{12, 13}	$\neg B$	$\neg A, A \vee B \models_{\overline{\Sigma I}} B$
18	{12, 13}	$B \wedge \neg B$	$\wedge$ E
19	{12}	$A \wedge B \rightarrow B \wedge \neg B$	$\rightarrow$ E
20	{12}	$\neg(A \wedge B)$	$\neg$ E
21	$\emptyset$	$\neg A \vee \neg B \rightarrow \neg(A \wedge B)$	$\rightarrow$ E
22	$\emptyset$	$\neg(A \wedge B) \leftrightarrow \neg A \vee \neg B$	$\leftrightarrow$ E

(12) $\vdash \neg(A \vee B) \leftrightarrow \neg A \wedge \neg B$.

Begründung:

| 1 | {1} | $\neg(A \vee B)$ | |
| 2 | {2} | A | E |

242

3	{2}	$A \vee B$	$\vee$ ER
4	{1, 2}	$(A \vee B) \wedge \neg (A \vee B)$	$\wedge$ E
5	{1}	$A \to (A \vee B) \wedge \neg (A \vee B)$	$\to$ E
6	{1}	$\neg A$	$\neg$ E
7	{7}	B	E
8	{7}	$A \vee B$	$\vee$ EL
9	{1, 7}	$(A \vee B) \wedge \neg (A \vee B)$	$\wedge$ E
10	{1}	$B \to (A \vee B) \wedge \neg (A \vee B)$	$\to$ E
11	{1}	$\neg B$	$\neg$ E
12	{1}	$\neg A \wedge \neg B$	$\wedge$ E
13	$\emptyset$	$\neg (A \vee B) \to \neg A \wedge \neg B$	$\to$ E
14	{14}	$\neg A \wedge \neg B$	E
15	{15}	$A \vee B$	E
16	{14}	$\neg A$	$\wedge$ BR
17	{14}	$\neg B$	$\wedge$ BL
18	{14, 15}	B	$\neg A, A \vee B \models_{\overline{\Sigma I}} B$
19	{14, 15}	$B \wedge \neg B$	$\wedge$ E
20	{14}	$A \vee B \to B \wedge \neg B$	$\to$ E
21	{14}	$\neg (A \vee B)$	$\neg$ E
22	$\emptyset$	$\neg A \wedge \neg B \to \neg (A \vee B)$	$\to$ E
23	$\emptyset$	$\neg (A \vee B) \leftrightarrow \neg A \wedge \neg B$	$\leftrightarrow$ E

(13) $\vdash \neg (A \to B) \leftrightarrow A \wedge \neg B$.

Begründung:

1	{1}	$\neg (A \to B)$	
2	{2}	$\neg (A \wedge \neg B)$	E
3	{3}	A	E
4	{2, 3}	$\neg \neg B$	Satz 1.4.2.(6)
5	{2, 3}	B	$\neg$ B
6	{2}	$A \to B$	$\to$ E
7	{1, 2}	$(A \to B) \wedge \neg (A \to B)$	$\wedge$ E
8	{1}	$\neg (A \wedge \neg B) \to (A \to B) \wedge \neg (A \to B)$	$\to$ E
9	{1}	$\neg \neg (A \wedge \neg B)$	$\neg$ E
10	{1}	$A \wedge \neg B$	$\neg$ B
11	$\emptyset$	$\neg (A \to B) \to A \wedge \neg B$	$\to$ E
12	{12}	$A \wedge \neg B$	E
13	{13}	$A \to B$	E
14	{12}	A	$\wedge$ BR
15	{12}	$\neg B$	$\wedge$ BL
16	{12, 13}	B	Satz 1.4.2.(3)
17	{12, 13}	$B \wedge \neg B$	$\wedge$ E

243

18	{12}	$(A \to B) \to B \land \neg B$	$\to E$
19	{12}	$\neg(A \to B)$	$\neg E$
20	∅	$A \land \neg B \to \neg(A \to B)$	$\to E$
21	∅	$\neg(A \to B) \leftrightarrow A \land \neg B$	$\leftrightarrow E$

(14) $\vdash A \land (B \lor C) \leftrightarrow (A \land B) \lor (A \land C)$.

Begründung:

1	{1}	$A \land (B \lor C)$	
2	{1}	A	$\land$ BR
3	{1}	$B \lor C$	$\land$ BL
4	{4}	B	E
5	{1, 4}	$A \land B$	$\land$ E
6	{1}	$B \to A \land B$	$\to E$
7	{7}	C	E
8	{1, 7}	$A \land C$	$\land$ E
9	{1}	$C \to A \land C$	$\to E$
10	{1}	$(A \land B) \lor (A \land C)$	Satz 1.4.7.(5)
11	∅	$A \land (B \lor C) \to (A \land B) \lor (A \land C)$	$\to E$
12	{12}	$(A \land B) \lor (A \land C)$	E
13	{13}	$A \land B$	E
14	{13}	A	$\land$ BR
15	{13}	B	$\land$ BL
16	{13}	$B \lor C$	$\lor$ ER
17	{13}	$A \land (B \lor C)$	$\land$ E
18	∅	$A \land B \to A \land (B \lor C)$	$\to E$
19	{19}	$A \land C$	E
20	{19}	A	$\land$ BR
21	{19}	C	$\land$ BL
22	{19}	$B \lor C$	$\lor$ EL
23	{19}	$A \land (B \lor C)$	$\land$ E
24	∅	$A \land C \to A \land (B \lor C)$	$\to E$
25	{12}	$A \land (B \lor C)$	$\lor$ B
26	∅	$(A \land B) \lor (A \land C) \to A \land (B \lor C)$	$\to E$
27	∅	$A \land (B \lor C) \leftrightarrow (A \land B) \lor (A \land C)$	$\leftrightarrow E$

(15) $\vdash A \lor (B \land C) \leftrightarrow (A \lor B) \land (A \lor C)$.

Begründung:

1	{1}	$A \lor (B \land C)$	
2	{2}	A	E
3	{2}	$A \lor B$	$\lor$ ER

4	{2}	$A \lor C$	$\lor$ ER
5	{2}	$(A \lor B) \land (A \lor C)$	$\land$ E
6	$\emptyset$	$A \to (A \lor B) \land (A \lor C)$	$\to$ E
7	{7}	$B \land C$	E
8	{7}	B	$\land$ BR
9	{7}	C	$\land$ BL
10	{7}	$A \lor B$	$\lor$ EL
11	{7}	$A \lor C$	$\lor$ EL
12	{7}	$(A \lor B) \land (A \lor C)$	$\land$ E
13	$\emptyset$	$B \land C \to (A \lor B) \land (A \lor C)$	$\to$ E
14	{1}	$(A \lor B) \land (A \lor C)$	$\lor$ B
15	$\emptyset$	$A \lor (B \land C) \to (A \lor B) \land (A \lor C)$	$\to$ E
16	{16}	$(A \lor B) \land (A \lor C)$	E
17	{16}	$A \lor B$	$\land$ BR
18	{16}	$A \lor C$	$\land$ BL
19	$\emptyset$	$A \lor \neg A$	$\vdash_{\Sigma 1} A \lor \neg A$
20	$\emptyset$	$A \to A$	Satz 1.4.2.(1)
21	{21}	$\neg A$	E
22	{16, 21}	B	$\neg A, A \lor B \vdash_{\Sigma 1} B$
23	{16, 21}	C	$\neg A, A \lor B \vdash_{\Sigma 1} B$
24	{16, 21}	$B \land C$	$\land$ E
25	{16}	$\neg A \to B \land C$	$\to$ E
26	{16}	$A \lor (B \land C)$	Satz 1.4.7.(5)
27	$\emptyset$	$(A \lor B) \land (A \lor C) \to A \lor (B \land C)$	$\to$ E
28	$\emptyset$	$A \lor (B \land C) \leftrightarrow (A \lor B) \land (A \lor C)$	$\leftrightarrow$ E

Aufgabe: Es seien A, B, C und D irgendwelche *S1*-Formeln. Der Leser zeige, daß gilt:

1. $(A \lor B) \land C \vdash A \lor (B \land C)$
2. $\vdash (A \to B) \lor (B \to A)$
3. $\vdash (A \land B) \lor (\neg A \land C) \leftrightarrow (A \to B) \land (\neg A \to C)$
4. $\vdash (A \leftrightarrow B) \leftrightarrow (A \land B) \lor (\neg A \land \neg B)$
5. $\vdash \neg (A \leftrightarrow B) \leftrightarrow (A \land \neg B) \lor (\neg A \land B)$
6. $\vdash \neg (A \leftrightarrow B) \leftrightarrow (A \lor B) \land \neg (A \land B)$

1.4.8. Die Adäquatheit von $\Sigma 1$

Wir zeigen in diesem Abschnitt zunächst, daß die beiden formalen Systeme $\Sigma 1$ und $\Pi 1$ äquivalent sind. Da $\Pi 1$ nach Satz 1.3.9–1 bezüglich der Klasse der *S1*-gültigen Formeln adäquat ist, folgt dann unmittelbar, daß auch $\Sigma 1$ bezüglich dieser Klasse adäquat ist. Wir beweisen die Äquivalenz in zwei Schritten.

Satz 1.4.8–1.

Jedes Theorem von $\Sigma 1$ ist ein Theorem von $\Pi 1$.

Beweis: Sei A irgendein Theorem von $\Sigma 1$. Dann gibt es einen Beweis $C_1, \ldots, C_n$ für A in $\Sigma 1$ und eine entsprechende Folge $\alpha_1, \ldots, \alpha_n$ von Zahlenklassen. Sei nun für jedes $i(1 \leqq i \leqq n)$ C_i^* eine Formel, für welche gilt:

$$C_i^* = \begin{cases} C_i, & \text{falls } \alpha_i = \emptyset; \\ C_{j_1} \to (C_{j_2} \to \ldots (C_{j_r} \to C_i)\ldots), & \text{falls } \alpha_i = \{j_1, \ldots, j_r\}. \end{cases}$$

Wir beweisen zunächst, daß $\vdash_{\overline{\Pi 1}} C_n^*$. Dies ergibt sich aus dem folgenden Satz, den wir durch starke endliche Induktion beweisen.

Für alle j mit $1 \leqq j \leqq n$ gilt: $\vdash_{\overline{\Pi 1}} C_j^*$.

Induktionsbasis

Da $\alpha_1 = \{1\}$, ist $C_1^* = C_1 \to C_1$. Folglich gilt nach LS (14) $\vdash_{\overline{\Pi 1}} C_1^*$.

Induktionsschritt

Sei k irgendeine natürliche Zahl mit $1 \leqq k < n$ und gelte für alle i mit $1 \leqq i \leqq k$: $\vdash_{\overline{\Pi 1}} C_i^*$. (I.V.)

Definitionsgemäß gilt für $k+1$: die Folge $\langle \alpha_1, C_1 \rangle, \ldots, \langle \alpha_{k+1}, C_{k+1} \rangle$ ergibt sich durch Anwendung einer Ableitungsregel von $\Sigma 1$ auf die Folge $\langle \alpha_1, C_1 \rangle, \ldots, \langle \alpha_k, C_k \rangle$. Wir betrachten nur die Regeln E, $\neg$ E, $\wedge$ E und $\to$ E.

Angenommen, $\langle \alpha_1, C_1 \rangle, \ldots, \langle \alpha_{k+1}, C_{k+1} \rangle$ ergibt sich durch Anwendung von E auf $\langle \alpha_1, C_1 \rangle, \ldots, \langle \alpha_k, C_k \rangle$. Dann ist $\alpha_{k+1} = \{k+1\}$, und es gilt daher $C_{k+1}^* = C_{k+1} \to C_{k+1}$. Also gilt wegen LS (14) $\vdash_{\overline{\Pi 1}} C_{k+1}^*$.

Angenommen, $\langle \alpha_1, C_1 \rangle, \ldots, \langle \alpha_{k+1}, C_{k+1} \rangle$ ergibt sich durch Anwendung von $\neg$ E auf $\langle \alpha_1, C_1 \rangle, \ldots, \langle \alpha_k, C_k \rangle$. Dann gibt es $l(1 \leqq l \leqq k)$, B und C derart, daß $C_l = B \to C \wedge \neg C$, $C_{k+1} = \neg B$ und $\alpha_{k+1} = \alpha_l$. Wir unterscheiden zwei Fälle.

(1) $\alpha_l = \emptyset$.

Dann ist $C_l^* = C_l$ und $C_{k+1}^* = C_{k+1}$. Nun gilt nach I.V. $\vdash_{\overline{\Pi 1}} C_l^*$, d. h. $\vdash_{\overline{\Pi 1}} B \to C \wedge \neg C$. Also ergibt sich mit LS (49), LS (42) und Satz 1.3.5–2.(7) $\vdash_{\overline{\Pi 1}} \neg B$, d. h. $\vdash_{\overline{\Pi 1}} C_{k+1}^*$.

246

(2) $\alpha_l = \{j_1, ..., j_r\}$.

Dann ist $C_l^* = C_{j_1} \to (C_{j_2} \to ... (C_{j_r} \to (B \to C \wedge \neg C))...)$ und $C_{k+1}^* = C_{j_1} \to (C_{j_2} \to ... (C_{j_r} \to \neg B)...)$. Da nach I.V. $\vdash_{\overline{\pi_I}} C_l^*$ gilt, erhält man somit unter Verwendung der Sätze 1.3.3.(10) und 1.3.3.(9) $C_{j_1}, ..., C_{j_r} \vdash_{\overline{\pi_I}} B \to C \wedge \neg C$. Hieraus folgt mit LS (49), Satz 1.3.3.(5), LS (42) und Satz 1.3.5–1.(4) $C_{j_1}, ..., C_{j_r} \vdash_{\overline{\pi_I}} \neg B$. Also ergibt sich mit Satz 1.3.5–2.(2) schließlich $\vdash_{\overline{\pi_I}} C_{j_1} \to (C_{j_2} \to ... (C_{j_r} \to \neg B)...)$, d. h. $\vdash_{\overline{\pi_I}} C_{k+1}^*$.

Angenommen, $\langle \alpha_1, C_1 \rangle, ..., \langle \alpha_{k+1}, C_{k+1} \rangle$ ergibt sich durch Anwendung von $\wedge$E auf $\langle \alpha_1, C_1 \rangle, ..., \langle \alpha_k, C_k \rangle$. Dann gibt es l und m($1 \leqq l$, $m \leqq k$) sowie B und C derart, daß $C_l = B$, $C_m = C$, $C_{k+1} = B \wedge C$ und $\alpha_{k+1} = \alpha_l \cup \alpha_m$. Wir unterscheiden vier Fälle.

(1) $\alpha_l = \emptyset$ und $\alpha_m = \emptyset$.

Dann ist $C_l^* = C_l$, $C_m^* = C_m$ und $C_{k+1}^* = C_{k+1}$. Also gilt nach I.V. $\vdash_{\overline{\pi_I}} B$ und $\vdash_{\overline{\pi_I}} C$. Unter Verwendung von LS (5) und Satz 1.3.5–2.(7) ergibt sich somit $\vdash_{\overline{\pi_I}} B \wedge C$, d. h. $\vdash_{\overline{\pi_I}} C_{k+1}^*$.

(2) $\alpha_l = \{j_1, ..., j_r\}$ und $\alpha_m = \emptyset$.

Dann ist $C_l^* = C_{j_1} \to (C_{j_2} \to ... (C_{j_r} \to B)...)$, $C_m^* = C$ und $C_{k+1}^* = C_{j_1} \to (C_{j_2} \to ... (C_{j_r} \to B \wedge C)...)$. Da nach I.V. $\vdash_{\overline{\pi_I}} C_l^*$ und $\vdash_{\overline{\pi_I}} C_m^*$ gilt, erhält man mit den Sätzen 1.3.3.(10) und 1.3.3.(9) $C_{j_1}, ..., C_{j_r} \vdash_{\overline{\pi_I}} B$ und mit Satz 1.3.3.(5) $C_{j_1}, ..., C_{j_r} \vdash_{\overline{\pi_I}} C$. Also gilt aufgrund von LS (5) und Satz 1.3.5–2.(4) $C_{j_1}, ..., C_{j_r} \vdash_{\overline{\pi_I}} B \wedge C$. Hieraus folgt aber mit Satz 1.3.5–2.(2) $\vdash_{\overline{\pi_I}} C_{k+1}^*$.

(3) $\alpha_l = \emptyset$ und $\alpha_m = \{j_1, ..., j_r\}$. Analog wie (2).

(4) $\alpha_l = \{j_1, ..., j_r\}$ und $\alpha_m = \{l_1, ..., l_s\}$. *Übung!*

Angenommen, $\langle \alpha_1, C_1 \rangle, ..., \langle \alpha_{k+1}, C_{k+1} \rangle$ ergibt sich durch Anwendung von $\to$E auf $\langle \alpha_1, C_1 \rangle, ..., \langle \alpha_k, C_k \rangle$. Dann gibt es l und m($1 \leqq l, m \leqq k$), B und C derart, daß $C_l = B$, $C_m = C$, $C_{k+1} = B \to C$, $\alpha_l = \{l\}$, $l \in \alpha_m$ und $\alpha_{k+1} = \alpha_m \setminus \{l\}$.

(1) $\alpha_m = \{l\}$.

Dann ist $C_m^* = B \to C$. Da $\alpha_{k+1} = \{l\} \setminus \{l\} = \emptyset$, ist auch $C_{k+1}^* = B \to C$. Nun gilt aber aufgrund der I.V. $\vdash_{\overline{\pi_I}} C_m^*$.

(2) $\alpha_m = \{j_1, ..., j_r, l\}$.

Dann ist $C_m^* = C_{k+1}^*$. Nun gilt aber aufgrund der I.V. $\vdash_{\overline{\pi_I}} C_m^*$.

Damit ist gezeigt, daß $\vdash_{\overline{\pi_I}} C_n^*$. Da nun definitionsgemäß $\alpha_n = \emptyset$, ergibt sich also $\vdash_{\overline{\pi_I}} A$.

Satz 1.4.8–2.

Jedes Theorem von $\Pi 1$ ist ein Theorem von $\Sigma 1$.

Beweis: Sei A irgendein Theorem von $\Pi 1$. Dann gibt es einen Beweis $C_1, ..., C_n$ für A in $\Pi 1$. Wir unterscheiden zwei Fälle.

Fall 1: $n = 1$.

Dann ist C_n ein Axiom von $\Pi 1$. Jedes Axiom von $\Pi 1$ ist aber ein Theorem von $\Sigma 1$ *(Übung!)*.

Fall 2: $n > 1$.

Daß auch in diesem Fall gilt $\models_{\Sigma 1} C_n$, ergibt sich aus dem folgenden Satz, den wir durch starke endliche Induktion beweisen.

Für alle j mit $1 \leq j \leq n$ gilt: $\models_{\Sigma 1} C_j$.

Induktionsbasis: s. Fall 1.

Induktionsschritt

Sei k irgendeine natürliche Zahl mit $1 \leq k < n$ und gelte für alle i mit $1 \leq i \leq k$: $\models_{\Sigma 1} C_i$. (I.V.)

Ist C_{k+1} ein Axiom von $\Pi 1$, so gilt $\models_{\Sigma 1} C_{k+1}$ (s. Fall 1). Ergibt sich $C_1, ..., C_{k+1}$ durch Anwendung des $S1$-MP auf $C_1, ..., C_k$, so existiert ein $l (1 \leq l \leq k)$ derart, daß die Formeln C_l und $C_l \rightarrow C_{k+1}$ Glieder von $C_1, ..., C_k$ sind. Nun gilt aber aufgrund der I.V. $\models_{\Sigma 1} C_l$ und $\models_{\Sigma 1} C_l \rightarrow C_{k+1}$. Also erhält man unter Verwendung des Satzes 1.4.4.(9) $\models_{\Sigma 1} C_{k+1}$.

Damit ist der Induktionsbeweis abgeschlossen. Es ist also gezeigt, daß gilt $\models_{\Sigma 1} C_n$, d. h. $\models_{\Sigma 1} A$.

Aus den Sätzen 1.4.8–1 und 1.4.8–2 folgt nun unmittelbar, daß $\Sigma 1$ und $\Pi 1$ äquivalent sind.

Der nächste Satz stellt eine Verallgemeinerung dieses Ergebnisses dar:

Satz 1.4.8–3.

Für jede $S1$-Formel A und jede Teilklasse Γ von $S1$ gilt: A ist in $\Sigma 1$ aus Γ ableitbar gdw A in $\Pi 1$ aus Γ ableitbar ist.

Beweis: Sei A irgendeine $S1$-Formel und Γ irgendeine Teilklasse von $S1$.

Angenommen, $\Gamma \nvdash_{\Sigma 1} A$. Dann gibt es eine endliche Teilklasse $\varDelta$ von Γ mit $\varDelta \nvdash_{\Sigma 1} A$. Ist $\varDelta = \emptyset$, so gilt $\nvdash_{\Sigma 1} A$, und man erhält mit Satz 1.4.8–1 $\nvdash_{\Pi 1} A$. Also gilt $\Gamma \nvdash_{\Pi 1} A$. Ist $\varDelta = \{B_1, ..., B_n\}$, so gewinnt man unter Verwendung von Satz 1.4.4.(13) $\nvdash_{\Sigma 1} B_1 \to (B_2 \to ...(B_n \to A)...)$. Hieraus ergibt sich mit Satz 1.4.8–1 $\nvdash_{\Pi 1} B_1 \to (B_2 \to ...(B_n \to A)...)$. Also gilt auch in diesem Fall $\Gamma \nvdash_{\Pi 1} A$.

Angenommen, $\Gamma \nvdash_{\Pi 1} A$. Dann gibt es eine endliche Teilklasse $\varDelta$ von Γ mit $\varDelta \nvdash_{\Pi 1} A$. Ist $\varDelta = \emptyset$, so gilt $\nvdash_{\Pi 1} A$, und man erhält mit Satz 1.4.8–2 $\nvdash_{\Sigma 1} A$. Also gilt auch $\Gamma \nvdash_{\Sigma 1} A$. Ist $\varDelta = \{B_1, ..., B_n\}$, so ergibt sich mit Satz 1.3.5–2.(2) $\nvdash_{\Pi 1} B_1 \to (B_2 \to ...(B_n \to A)...)$. Hieraus ergibt sich mit Satz 1.4.8–2 $\nvdash_{\Sigma 1} B_1 \to (B_2 \to ...(B_n \to A)...)$. Also gewinnt man unter Verwendung von Satz 1.4.4.(10) auch in diesem Fall $\Gamma \nvdash_{\Sigma 1} A$.

Im folgenden Satz sind einige Konsequenzen, die sich aus der Äquivalenz von $\Sigma 1$ und $\Pi 1$ ergeben, zusammengefaßt.

Satz 1.4.8–4.
  (1) Jedes Theorem von $\Sigma 1$ ist $S1$-gültig *(Korrektheitssatz für $\Sigma 1$)*.
  (2) Für jede $S1$-Formel A und jede Teilklasse Γ von $S1$ gilt: Wenn A in $\Sigma 1$ aus Γ ableitbar ist, dann ist A eine $S1$-Konsequenz aus Γ *(Verallgemeinerter Korrektheitssatz für $\Sigma 1$)*.
  (3) Jede $S1$-gültige Formel ist ein Theorem von $\Sigma 1$ *(Vollständigkeitssatz für $\Sigma 1$)*.
  (4) Für jede $S1$-Formel A und jede endliche Teilklasse Γ von $S1$ gilt: Wenn A eine $S1$-Konsequenz aus Γ ist, dann ist A in $\Sigma 1$ aus Γ ableitbar *(Schwach verallgemeinerter Vollständigkeitssatz für $\Sigma 1$)*.

Beweis:

Ad (2): Sei A irgendeine $S1$-Formel und Γ irgendeine Teilklasse von $S1$.
   Angenommen, $\Gamma \vdash_{\Sigma 1} A$. Dann gilt aufgrund von Satz 1.4.8–3 $\Gamma \vdash_{\Pi 1} A$. Also ergibt sich aufgrund des verallgemeinerten Korrektheitssatzes für $\Pi 1$ (Satz 1.3.9–3) $\Gamma \Vdash A$.

Ad (4): Sei A irgendeine $S1$-Formel und Γ irgendeine endliche Teilklasse von $S1$.
   Angenommen, $\Gamma \Vdash A$. Dann gilt aufgrund des schwach verallgemeinerten Vollständigkeitssatzes für $\Pi 1$ (Satz 1.3.9–8) $\Gamma \vdash_{\Pi 1} A$. Also ergibt sich mit Satz 1.4.8–3 $\Gamma \vdash_{\Sigma 1} A$.

Verzeichnis der verwendeten Symbole und Abkürzungen

Verzeichnis der Sätze und Definitionen

Verzeichnis der Sätze

Verzeichnis der Definitionen

Register